“十二五”国家重点图书出版规划项目

信息与计算科学丛书 59

支持向量机的算法设计与分析

杨晓伟 郝志峰 著

科学出版社
北京

内 容 简 介

支持向量机的研究是近十余年机器学习、模式识别和数据挖掘领域中的研究热点，受到了计算数学、统计、计算机、自动化和电信等有关学科研究者的广泛关注，取得了丰硕的理论成果，并被广泛地应用于文本分类、图像处理、语音识别、时间序列预测和函数估计等领域. 本书首先介绍了核函数的概念；然后从几何直观的角度介绍了建立二分类模型和回归模型过程中所取得的理论成果；最后对于分解算法、最小二乘支持向量机、多分类、模糊支持向量机、在线学习和大规模分类相关的优秀成果进行了归纳和整理，从数学上对相关算法的原理进行了详细分析. 本书的内容既包括支持向量机的最新进展，也包括作者的多年研究成果. 作者希望本书能够有助于对机器学习、模式识别和数据挖掘感兴趣的读者更加快速地了解支持向量机的最新研究动态，能够有助于读者理清算法的本质，从而使读者能够在已有研究成果的基础之上更加有效地开展工作.

本书可作为数学、统计、计算机、电信、自动化等有关专业的高年级本科生和研究生教材，也可作为相关领域的教师和科研工作者的参考书.

图书在版编目(CIP)数据

支持向量机的算法设计与分析/杨晓伟，郝志峰著. —北京：科学出版社，2013

(信息与计算科学丛书；59)

ISBN 978-7-03-037869-9

Ⅰ. ①支… Ⅱ. ①杨… ②郝… Ⅲ. ①向量计算机-算法设计 ②向量计算机-算法分析 Ⅳ. ①TP301.6

中国版本图书馆 CIP 数据核字(2013) 第 128845 号

责任编辑：李 欣／责任校对：胡小洁
责任印制：徐晓晨／封面设计：陈 敬

科学出版社出版
北京东黄城根北街 16 号
邮政编码：100717
http://www.sciencep.com

北京虎彩文化传播有限公司印刷
科学出版社发行 各地新华书店经销
*
2013 年 6 月第 一 版 开本：B5 (720 × 1000)
2019 年 1 月第五次印刷 印张：13 3/4
字数：260 000

定价：118.00 元

(如有印装质量问题，我社负责调换)

《信息与计算科学丛书》序

20 世纪 70 年代末, 由已故著名数学家冯康先生任主编, 科学出版社出版了一套《计算方法丛书》, 至今已逾 30 册. 这套丛书以介绍计算数学的前沿方向和科研成果为主旨, 学术水平高、社会影响大, 对计算数学的发展、学术交流及人才培养起到了重要的作用.

1998 年教育部进行学科调整, 将计算数学及其应用软件、信息科学、运筹控制等专业合并, 定名为"信息与计算科学专业". 为适应新形势下学科发展的需要, 科学出版社将《计算方法丛书》更名为《信息与计算科学丛书》, 组建了新的编委会, 并于2004年9月在北京召开了第一次会议, 讨论并确定了丛书的宗旨、定位及方向等问题.

新的《信息与计算科学丛书》的宗旨是面向高等学校信息与计算科学专业的高年级学生、研究生以及从事这一行业的科技工作者, 针对当前的学科前沿, 介绍国内外优秀的科研成果. 强调科学性、系统性及学科交叉性, 体现新的研究方向. 内容力求深入浅出, 简明扼要.

原《计算方法丛书》的编委和编辑人员以及多位数学家曾为丛书的出版做了大量工作, 在学术界赢得了很好的声誉, 在此表示衷心的感谢. 我们诚挚地希望大家一如既往地关心和支持新丛书的出版, 以期为信息与计算科学在新世纪的发展起到积极的推动作用.

石钟慈

2005 年 7 月

前　言

20 世纪 90 年代中期, 基于统计学习理论, Vapnik 提出了支持向量机 (support vector machine, SVM) 模型. 其在手写体邮政编码识别中的成功应用引起了模式识别、数据挖掘、机器学习、数学、统计等相关领域国内外研究人员的广泛关注. 近十余年来, 研究者在支持向量机的理论研究和算法实现方面都取得了突破性的进展, 涌现出了一批优秀的科研成果. 目前, 支持向量机被广泛地应用于基于内容的视频检索、网页分类、文本分类、光学字符识别、信号处理和生物信息处理等领域.

自 2002 年 10 月以来, 作者一直从事支持向量机方面的研究工作, 在分解算法、最小二乘支持向量机稀疏化、多分类、带噪声的模式识别和大规模分类等方面开展了一些研究工作, 取得了一些有价值的研究成果. 自 2007 年 9 月以来, 作者开始在数学系计算数学专业和概率论与数理统计专业的研究生课程《机器学习》中讲述支持向量机的内容, 并形成了电子讲义. 经过六年的努力, 完成和完善了本书的内容. 本书的内容一定程度上是作者关于支持向量机研究的一种体会和总结, 希望本书的出版对机器学习、模式识别、数据挖掘、数学、统计等相关领域的研究者有所帮助.

本书各章的主要内容如下：第 1 章介绍了核函数、二分类模型和回归模型. 第 2 章讨论了解支持向量机模型的流行方法 —— 分解算法. 第 3 章讨论了最小二乘支持向量机的模型、求解算法和稀疏化问题. 第 4 章讨论了多分类算法. 第 5 章讨论了模糊支持向量机的模型和隶属度设置问题. 第 6 章讨论了支持向量机的在线学习算法. 第 7 章讨论了大规模线性分类算法和大规模非线性分类算法, 特别讨论了最新的基于局部学习的大规模非线性分类算法. 本书包括了作者多年的研究成果. 例如, 对于分解算法, 提出了扩展的 Lagrange 支持向量机; 对于最小二乘支持向量机, 基于增量学习和减量学习, 提出了自下而上的稀疏化算法; 对于多分类, 提出了基于一对多分割的二叉树支持向量机算法和基于一对一策略的嵌套算法; 对于模糊支持向量机, 一方面提出了基于核模糊 c-均值聚类和最远对策略的模糊支持向量机解决带噪声的分类问题, 另一方面也提出了基于孤立点删除的加权最小二乘支持向量机. 对于大规模分类问题, 提出了基于带标注聚类特征树和局部学习的支持向量机算法.

本书的出版得到了国家社科基金重大项目 (11&ZD156)、国家自然科学基金 (61273295, 61070033)、国家出版基金、广东省自然科学基金重点项目 (9251009001000005)、华南理工大学研究生院研究生重点课程建设项目 (yjzk2010007)

等基金的资助. 本书的出版得到了西安交通大学数学与统计学院徐宗本院士、大连理工大学数学科学学院吴微教授和吉林大学计算机科学与技术学院梁艳春教授的大力支持, 在此, 对他们表示感谢. 关于模糊支持向量机的内容, 作者在澳大利亚悉尼科技大学访问时与张广全教授和路节教授进行了大量的讨论, 得到了很大的启发. 本书的大部分内容在华南理工大学理学院数学系研究生《机器学习》课上使用过五年. 在讲课的过程中, 作者的研究生温雯、刘波、蔡瑞初、何丽芳、付春岚、李艳、吕浩然、肖法镇、谭亮军、余巧珍、郭腾蛟等提出了许多宝贵的意见, 在此对他们表示感谢. 另外, 吴广潮副教授帮助校对了本书第 7.7 节的内容. 借此机会, 也特别感谢廖芹教授, 她一直在鼓励出版这本研究生教材.

由于作者水平所限, 书中难免有不妥之处, 欢迎读者批评指正.

杨晓伟　郝志峰

华南理工大学

2013 年 3 月 8 日

目　　录

第 1 章　支持向量机的分类和回归模型

分类和回归问题是模式识别的两个基本问题, 在实际中有着非常广泛的应用. 在支持向量机的研究中, 研究者对分类和回归问题开展了广泛的研究, 取得了大量的研究成果. 核函数在数学上表示为高维特征空间中的向量内积, 巧妙地避免了机器学习和模式识别中的维数灾难问题, 在处理非线性问题时起到了非常重要的作用. 为了清楚地理解支持向量机的原理, 在这一章中, 首先介绍核函数的基本知识, 然后从几何直观的角度出发, 给出二分类问题的数学模型, 最后从二分类的角度给出回归问题的数学模型. 至于模型的求解问题, 放在以后的章节中讨论.

1.1　多项式核函数

定义 1.1(核和正定核)　设 X 是 R^n 中的一个子集, 称定义在 $X \times X$ 上的函数 (对称函数)$K(\boldsymbol{x}, \boldsymbol{z})$ 是核函数 (正定核函数), 如果存在一个从 X 到内积空间 (Hilbert 空间)H 的映射 $\varPhi$

$$\varPhi : \boldsymbol{x} \mapsto \boldsymbol{\varPhi}(\boldsymbol{x}) \in H \tag{1-1}$$

使得对任意的 $\boldsymbol{x}, \boldsymbol{z} \in X$,

$$K(\boldsymbol{x}, \boldsymbol{z}) = (\boldsymbol{\varPhi}(\boldsymbol{x}) \cdot \boldsymbol{\varPhi}(\boldsymbol{z})) \tag{1-2}$$

都成立. 其中 $(\cdot)$ 表示内积空间 (Hilbert 空间)H 中的内积.

定义 1.2(d 阶多项式)　设 $\boldsymbol{x} = ([x]_1, [x]_2, \cdots, [x]_n)^{\mathrm{T}} \in R^n$, 则称乘积 $[x]_{j_1} [x]_{j_2} \cdots [x]_{j_d}$ 为 $\boldsymbol{x}$ 的一个 d 阶多项式, 其中 $j_1, j_2, \cdots, j_d \in \{1, 2, \cdots, n\}$.

考虑二维空间中 ($\boldsymbol{x} \in R^2$) 的模式 $\boldsymbol{x} = ([x]_1, [x]_2)^{\mathrm{T}}$, 如果把 $[x]_1[x]_2$ 和 $[x]_2[x]_1$ 看成两个不同的单项式, 则其所有的 2 阶单项式为

$$[x]_1^2, [x]_2^2, [x]_1[x]_2, [x]_2[x]_1 \tag{1-3}$$

这 4 个单项式张成的是一个四维特征空间, 称为 2 阶有序齐次多项式空间, 记为 H. 相应地可建立从原空间 R^2 到多项式空间 H 的非线性映射

$$C_2 : \boldsymbol{x} = ([x]_1, [x]_2)^{\mathrm{T}} \mapsto \boldsymbol{C}_2(\boldsymbol{x}) = ([x]_1^2, [x]_2^2, [x]_1[x]_2, [x]_2[x]_1)^{\mathrm{T}} \in H \tag{1-4}$$

同理, 从 R^n 到 d 阶有序齐次多项式空间 H 的映射可表示为

$$C_d : \boldsymbol{x} = ([x]_1, [x]_2, \cdots, [x]_n)^{\mathrm{T}} \mapsto \boldsymbol{C}_d(\boldsymbol{x})$$

$$= ([x]_{j_1}[x]_{j_2}\cdots[x]_{j_d}|j_1, j_2, \cdots, j_d \in \{1, 2, \cdots, n\})^{\mathrm{T}} \in H \tag{1-5}$$

这样的有序单项式 $[x]_{j_1}[x]_{j_2}\cdots[x]_{j_d}$ 的个数为 n^d, 即多项式空间 H 的维数 $n_H = n^d$. 如果在 H 中进行内积运算 $\boldsymbol{C}_d(\boldsymbol{x})\cdot\boldsymbol{C}_d(\boldsymbol{z})$, 当 n 和 d 都不太小时, 多项式空间 H 的维数 n_H 会相当大. 譬如, 当 $n = 200$, $d = 5$ 时, 维数可达到上亿维. 显然, 在多项式空间 H 中直接进行内积运算将会引起 "维数灾难" 问题, 那么, 如何处理这个问题呢?

先考查 $n = d = 2$ 的情况, 计算多项式空间 H 中两个向量的内积

$$(\boldsymbol{C}_2(\boldsymbol{x})\cdot\boldsymbol{C}_2(\boldsymbol{z})) = [x]_1^2[z]_1^2+[x]_2^2[z]_2^2+[x]_1[x]_2[z]_1[z]_2+[x]_2[x]_1[z]_2[z]_1 = (\boldsymbol{x}\cdot\boldsymbol{z})^2 \tag{1-6}$$

若定义函数

$$K(\boldsymbol{x},\boldsymbol{z}) = (\boldsymbol{x}\cdot\boldsymbol{z})^2 \tag{1-7}$$

则有

$$(\boldsymbol{C}_2(\boldsymbol{x})\cdot\boldsymbol{C}_2(\boldsymbol{z})) = K(\boldsymbol{x},\boldsymbol{z}) \tag{1-8}$$

即四维多项式空间 H 上的向量内积可以转化为原始二维空间上的向量内积的平方. 对于一般的从 R^n 到 d 阶有序多项式空间 H 的映射 (1-5) 也有类似的结论.

定理 1.1[4] 考虑由式 (1-5) 定义的从 R^n 到多项式空间 H 的映射 $\boldsymbol{C}_d(\boldsymbol{x})$, 则在空间 H 上的内积 $(\boldsymbol{C}_d(\boldsymbol{x})\cdot\boldsymbol{C}_d(\boldsymbol{z}))$ 可表示为

$$(\boldsymbol{C}_d(\boldsymbol{x})\cdot\boldsymbol{C}_d(\boldsymbol{z})) = K(\boldsymbol{x},\boldsymbol{z}) \tag{1-9}$$

其中

$$K(\boldsymbol{x},\boldsymbol{z}) = (\boldsymbol{x}\cdot\boldsymbol{z})^d \tag{1-10}$$

上述定理表明, 我们并不需要在高维的多项式空间 H 中直接做内积运算 $(\boldsymbol{C}_d(\boldsymbol{x})\cdot\boldsymbol{C}_d(\boldsymbol{z}))$, 而利用式 (1-10) 给出的输入空间 R^n 上的二元函数 $K(\boldsymbol{x},\boldsymbol{z})$ 来计算高维多项式空间中的内积.

在式 (1-5) 定义的映射中, 多项式空间 H 的分量由所有的 d 阶有序单项式组成. 如果把该多项式空间的分量扩充为所有不超过 d 阶的有序单项式, 便得到从 R^n 到有序多项式空间的映射 $\widetilde{C}_d$

$$\begin{aligned}\widetilde{C}_d : \boldsymbol{x} =& ([x]_1, [x]_2, \cdots, [x]_n)^{\mathrm{T}} \mapsto \widetilde{\boldsymbol{C}}_d(\boldsymbol{x})\\ =& ([x]_{j_1}\cdots[x]_{j_d}, \sqrt{d}[x]_{j_1}\cdots[x]_{j_{d-1}}, \cdots,\\ & \sqrt{d}[x]_1, \cdots, \sqrt{d}[x]_n, 1|j_1, j_2, \cdots, j_d \in \{1, 2, \cdots, n\})^{\mathrm{T}}\end{aligned} \tag{1-11}$$

对于这个映射, 有如下定理:

定理 1.2[4] 考虑由式 (1-11) 定义的从 R^n 到多项式空间 H 的映射 $\widetilde{C}_d$, 则空间 H 上的内积 $(\widetilde{\boldsymbol{C}}_d(\boldsymbol{x})\cdot\widetilde{\boldsymbol{C}}_d(\boldsymbol{z}))$ 可表为空间 R^n 上的内积 $(\boldsymbol{x}\cdot\boldsymbol{z})$ 的函数 $((\boldsymbol{x}\cdot\boldsymbol{z})+1)^d$, 即若定义两个变量 $\boldsymbol{x}$ 和 $\boldsymbol{z}$ 的函数

$$K(\boldsymbol{x},\boldsymbol{z})=((\boldsymbol{x}\cdot\boldsymbol{z})+1)^d \tag{1-12}$$

则有

$$(\widetilde{\boldsymbol{C}}_d(\boldsymbol{x})\cdot\widetilde{\boldsymbol{C}}_d(\boldsymbol{z}))=K(\boldsymbol{x},\boldsymbol{z}) \tag{1-13}$$

根据定义 1.1, 称式 (1-12) 为 d 阶多项式核函数.

如果把式 (1-4) 中的 $[x]_1[x]_2$ 和 $[x]_2[x]_1$ 看做相同的单项式, 那么就可以把从 R^2 到四维多项式空间 H 的映射 (1-4) 简化为从 R^2 到三维多项式空间的映射

$$([x]_1[x]_2)^{\mathrm{T}}\mapsto([x]_1^2,[x]_2^2,[x]_1[x]_2)^{\mathrm{T}} \tag{1-14}$$

将映射 (1-14) 调整为

$$\boldsymbol{\varPhi}_2(\boldsymbol{x})=\boldsymbol{\varPhi}_2([x]_1,[x]_2)=([x]_1^2,[x]_2^2,\sqrt{2}[x]_1[x]_2) \tag{1-15}$$

则相应的多项式空间称为 2 阶无序多项式空间, 并且有

$$(\boldsymbol{\varPhi}_2(\boldsymbol{x})\cdot\boldsymbol{\varPhi}_2(\boldsymbol{z}))=(\boldsymbol{x}\cdot\boldsymbol{z})^2 \tag{1-16}$$

比较式 (1-4) 定义的变换 $\boldsymbol{C}_2(\boldsymbol{x})$ 和式 (1-15) 定义的 $\boldsymbol{\varPhi}_2(\boldsymbol{x})$ 可以发现, 它们所映射到的多项式空间是不同的. 前者是一个四维多项式空间, 后者为一个三维多项式空间. 但是内积是相同的, 它们都可以表示为内积的函数 $K(\boldsymbol{x},\boldsymbol{z})=(\boldsymbol{x}\cdot\boldsymbol{z})^2$. 这说明: 多项式空间不是由核函数唯一确定的.

1.2 Mercer 核

Mercer 定理是支持向量机解决非线性模式识别问题的重要理论基础, 它是 Mercer 在 1909 年提出的[1]. 1964 年, Aizerman、Braverman 和 Rozonoer 把核函数引入机器学习领域, 并运用 Mercer 定理把核函数解释为 Hilbert 空间中的内积[2]. 1992 年, Boser、Guyon 和 Vapnik 首次把这种思想引入支持向量机领域[3], 其工作为支持向量机的蓬勃发展奠定了坚实的理论基础. 在这一节中, 首先介绍半正定矩阵的特征展开, 然后介绍半正定积分算子的特征展开, 最后给出 Mercer 定理和 Mercer 核.

1.2.1 半正定矩阵的特征展开

给定向量集合 $X=\{\boldsymbol{x}_1,\boldsymbol{x}_2,\cdots,\boldsymbol{x}_l\}$, 其中 $\boldsymbol{x}_i\in R^n, i=1,2,\cdots,l$. 设 $K(\boldsymbol{x},\boldsymbol{z})$ 是 $X\times X$ 上的对称函数, 定义

$$G_{ij}=K(\boldsymbol{x}_i,\boldsymbol{x}_j),\quad i,j=1,2,\cdots,l \tag{1-17}$$

则称 $\boldsymbol{G}=(G_{ij})$ 是 $K(\boldsymbol{x},\boldsymbol{z})$ 关于 X 的 Gram 矩阵. 那么, 当 Gram 矩阵 $\boldsymbol{G}$ 满足什么条件时, 函数 $K(\cdot,\cdot)$ 是一个核函数呢?

定义 1.3(矩阵算子) 定义在 R^l 上的矩阵算子 $\boldsymbol{G}$: 对 $\boldsymbol{u}=(u_1,u_2,\cdots,u_l)^{\mathrm{T}}\in R^l$, $\boldsymbol{Gu}$ 的分量由下式确定

$$[\boldsymbol{Gu}]_i=\sum_{j=1}^{l}K(\boldsymbol{x}_i,\boldsymbol{x}_j)u_j,\quad i=1,2,\cdots,l \tag{1-18}$$

定义 1.4(特征值和特征向量) 考虑定义 1.2 给出的矩阵算子 $\boldsymbol{G}$. 称 $\lambda\in R$ 为它的特征值, 并称 $\boldsymbol{v}$ 为相应的特征向量, 如果

$$\boldsymbol{Gv}=\lambda\boldsymbol{v}\quad 且\boldsymbol{v}\neq\boldsymbol{0} \tag{1-19}$$

定义 1.5(半正定性) 考虑定义 1.2 给出的矩阵算子 $\boldsymbol{G}$. 称它是半正定的, 如果 $\forall\boldsymbol{u}=(u_1,u_2,\cdots,u_l)^{\mathrm{T}}\in R^l$, 有

$$\boldsymbol{u}^{\mathrm{T}}\boldsymbol{Gu}=\sum_{i,j=1}^{l}K(\boldsymbol{x}_i,\boldsymbol{x}_j)u_iu_j\geqslant 0 \tag{1-20}$$

引理 1.1[4] 若定义 1.2 给出的矩阵算子 $\boldsymbol{G}$ 是半正定的, 则存在 l 个非负特征值 λ_t 和互相正交的单位特征向量 $\boldsymbol{v}_t$, 使得

$$K(\boldsymbol{x}_i,\boldsymbol{x}_j)=\sum_{t=1}^{l}\lambda_t v_{ti}v_{tj},\quad i,j=1,2,\cdots,l \tag{1-21}$$

引理 1.2 若引理 1.1 的结论成立, 则存在着从 X 到 R^l 的映射 $\varPhi$, 使得

$$K(\boldsymbol{x}_i,\boldsymbol{x}_j)=(\boldsymbol{\varPhi}(\boldsymbol{x}_i)\cdot\boldsymbol{\varPhi}(\boldsymbol{x}_j)),\quad i,j=1,2,\cdots,l \tag{1-22}$$

其中 $(\cdot)$ 是特征空间 R^l 的内积. 因而 $K(\cdot,\cdot)$ 是一个正定核函数.

证明 定义映射

$$\varPhi:\boldsymbol{x}_i\mapsto\boldsymbol{\varPhi}(\boldsymbol{x}_i)=(\sqrt{\lambda_1}v_{1i},\sqrt{\lambda_2}v_{2i},\cdots,\sqrt{\lambda_l}v_{li})^{\mathrm{T}}\in R^l \tag{1-23}$$

直接验证可知引理 1.2 成立.

引理 1.3 若引理 1.2 的结论成立, 则矩阵 $\boldsymbol{G}$ 是半正定的.

证明 设 $\boldsymbol{G}$ 不是半正定的, 则一定存在与一个负特征值 λ_s 相对应的单位特征向量 $\boldsymbol{v}_s$. 定义 R^l 中的向量 $\boldsymbol{z}$

$$\boldsymbol{z}=[\boldsymbol{\Phi}(\boldsymbol{x}_1),\boldsymbol{\Phi}(\boldsymbol{x}_2),\cdots,\boldsymbol{\Phi}(\boldsymbol{x}_l)]\boldsymbol{v}_s \tag{1-24}$$

则有

$$0\leqslant\|\boldsymbol{z}\|^2=\boldsymbol{v}_s^{\mathrm{T}}[\boldsymbol{\Phi}(\boldsymbol{x}_1),\cdots,\boldsymbol{\Phi}(\boldsymbol{x}_l)]^{\mathrm{T}}[\boldsymbol{\Phi}(\boldsymbol{x}_1),\cdots,\boldsymbol{\Phi}(\boldsymbol{x}_l)]\boldsymbol{v}_s=\boldsymbol{v}_s^{\mathrm{T}}\boldsymbol{G}\boldsymbol{v}_s=\lambda_s\|\boldsymbol{v}_s\|^2=\lambda_s \tag{1-25}$$

显然, 这与 λ_s 是负特征值相矛盾. 因此 $\boldsymbol{G}$ 必须是半正定的.

定理 1.3[4] 设 X 是有限集合 $X=\{\boldsymbol{x}_1,\boldsymbol{x}_2,\cdots,\boldsymbol{x}_l\}$, $K(\boldsymbol{x},\boldsymbol{z})$ 是定义在 $X\times X$ 上的对称函数. 则由定义 1.3 给出的矩阵算子 $\boldsymbol{G}$ 半正定, 等价于 $K(\cdot,\cdot)$ 可表示为

$$K(\boldsymbol{x}_i,\boldsymbol{x}_j)=\sum_{t=1}^{l}\lambda_t v_{ti}v_{tj},\quad i,j=1,2,\cdots,l \tag{1-26}$$

其中 $\lambda_t\geqslant 0$ 是矩阵

$$\boldsymbol{G}=(K(\boldsymbol{x}_i,\boldsymbol{x}_j))_{i,j=1}^{l} \tag{1-27}$$

的特征值, $\boldsymbol{v}_t=(v_{t1},v_{t2},\cdots,v_{tl})^{\mathrm{T}}$ 为对应于 λ_t 的特征向量, 也等价于 $K(\boldsymbol{x},\boldsymbol{z})$ 是一个正定核函数, 即 $K(\boldsymbol{x}_i,\boldsymbol{x}_j)=(\boldsymbol{\Phi}(\boldsymbol{x}_i)\cdot\boldsymbol{\Phi}(\boldsymbol{x}_j))$, 其中映射 Φ 由式 (1-23) 定义.

1.2.2 半正定积分算子的特征展开

设输入集合为 R^n 中的紧集 X, 并设 $K(\boldsymbol{x},\boldsymbol{z})$ 是 $X\times X$ 的连续对称函数. 当 $K(\boldsymbol{x},\boldsymbol{z})$ 满足什么条件时, 它是一个核函数呢?

定义 1.6(积分算子 T_K) 定义积分算子 T_K 为按下式确定的在 $L_2(x)$ 上的积分算子

$$T_K f=T_K f(\cdot)=\int_X K(\cdot,\boldsymbol{z})f(\boldsymbol{z})\mathrm{d}\boldsymbol{z},\quad \forall f\in L_2(\boldsymbol{x}) \tag{1-28}$$

定义 1.7(特征值和特征函数) 考虑定义 1.6 给出的积分算子 T_K, 称 λ 为它的特征值, φ 为相应的特征函数, 如果

$$T_K\varphi=\lambda\varphi \tag{1-29}$$

定义 1.8(半正定性) 考虑定义 1.6 给出的积分算子 T_K, 称它是半正定的, 如果对 $\forall f\in L_2(\boldsymbol{x})$, 有

$$\int_{X\times X}K(\boldsymbol{x},\boldsymbol{z})f(\boldsymbol{x})f(\boldsymbol{z})\mathrm{d}\boldsymbol{x}\mathrm{d}\boldsymbol{z}\geqslant 0 \tag{1-30}$$

引理 1.4[4]　若定义 1.6 给出的积分算子 T_K 是半正定的, 则存在可数个非负特征值 λ_t 和相应的互相正交的单位特征函数 $\varphi_t(x)$, 使得 $K(\cdot,\cdot)$ 可表示为 $X \times X$ 上的一致收敛级数

$$K(\boldsymbol{x},\boldsymbol{z})=\sum_{t=1}^{\infty}\lambda_t\varphi_t(\boldsymbol{x})\varphi_t(\boldsymbol{z}) \tag{1-31}$$

引理 1.5　若引理 1.4 的结论成立, 则存在着 $X \in R^n$ 到 Hilbert 空间 l_2 的映射 $\varPhi$, 使得

$$K(\boldsymbol{x},\boldsymbol{z})=(\boldsymbol{\varPhi}(\boldsymbol{x})\cdot\boldsymbol{\varPhi}(\boldsymbol{z})),\quad \boldsymbol{x},\boldsymbol{z}\in X \tag{1-32}$$

其中 $(\cdot)$ 是 l_2 上的内积. 因而 $K(\cdot,\cdot)$ 是一个正定核函数.

证明　定义映射

$$\varPhi:\boldsymbol{x}\mapsto\boldsymbol{\varPhi}(\boldsymbol{x})=(\sqrt{\lambda_1}\varphi_1(\boldsymbol{x}),\sqrt{\lambda_2}\varphi_2(\boldsymbol{x}),\cdots)^{\mathrm{T}} \tag{1-33}$$

则可验证引理 1.5 成立.

由引理 1.5 和定义 1.8, 很容易得到下面的引理成立.

引理 1.6[4]　若引理 1.5 的结论成立, 则积分算子 T_K 是半正定的.

定理 1.4(Mercer 定理)　令 X 是 R^n 上的一个紧集, $K(\boldsymbol{x},\boldsymbol{z})$ 是 $X \times X$ 上的连续实值对称函数. 则由定义 1.6 给出的积分算子 T_K 半正定

$$\int_{X\times X}K(\boldsymbol{x},\boldsymbol{z})f(\boldsymbol{x})f(\boldsymbol{z})\mathrm{d}\boldsymbol{x}\mathrm{d}\boldsymbol{z}\geqslant 0,\quad \forall f\in L_2(\boldsymbol{x}) \tag{1-34}$$

等价于 $K(\cdot\,,\,\cdot)$ 可表示为 $X \times X$ 上的一致收敛级数

$$K(\boldsymbol{x},\boldsymbol{z})=\sum_{t=1}^{\infty}\lambda_t\varphi_t(\boldsymbol{x})\cdot\varphi_t(\boldsymbol{z}) \tag{1-35}$$

其中 $\lambda_t > 0$ 是 T_K 的特征值, $\varphi_t \in L_2(\boldsymbol{x})$ 是对应 λ_t 的特征函数. 它也等价于 $K(\boldsymbol{x},\boldsymbol{z})$ 是一个正定核函数

$$K(\boldsymbol{x},\boldsymbol{z})=(\boldsymbol{\varPhi}(\boldsymbol{x})\cdot\boldsymbol{\varPhi}(\boldsymbol{z})) \tag{1-36}$$

其中映射 $\varPhi$ 由式 (1-33) 定义.

定义 1.9(Mercer 核)　称函数 $K(\boldsymbol{x},\boldsymbol{z})$ 为 Mercer 核, 如果 $K(\boldsymbol{x},\boldsymbol{z})$ 是定义在 $X \times X$ 上的连续对称函数, 其中 X 是 R^n 的紧集, 且由定义 1.6 给出的积分算子是半正定的.

定理 1.5[4]　设 X 为 R^n 上的紧集, $K(\boldsymbol{x},\boldsymbol{z})$ 是 $X \times X$ 上的连续对称函数, 则积分算子 T_K 半正定的充要条件是 $K(\boldsymbol{x},\boldsymbol{z})$ 关于任意的 $\boldsymbol{x}_1,\boldsymbol{x}_2,\cdots,\boldsymbol{x}_l \in X$ 的 Gram 矩阵半正定.

1.3 再生核 Hilbert 空间

再生核 Hilbert 空间是 Aronszajn 在 1950 年提出的[5]. Schölkopf、Burges 和 Smola 在 1999 年给出了 Hilbert 空间的微分几何描述, 并且还给出了核函数满足 Mercer 定理的必要条件[6]. 2004 年, 邓乃扬和田英杰从构造特殊映射的角度出发给出了核函数是正定核函数的充分条件和再生核 Hilbert 空间的定义[4]. 在这一节中, 将详细地介绍文献 [4] 的结果.

定理 1.6 设 X 是 R^n 的子集. 若 $K(\boldsymbol{x},\boldsymbol{z})$ 是定义在 $X\times X$ 上的正定核, 则 $\forall \boldsymbol{x}_1,\boldsymbol{x}_2,\cdots,\boldsymbol{x}_l\in X$, 函数 $K(\boldsymbol{x},\boldsymbol{z})$ 关于 $\boldsymbol{x}_1,\boldsymbol{x}_2,\cdots,\boldsymbol{x}_l$ 的 Gram 矩阵都是半正定的.

证明 $K(\boldsymbol{x},\boldsymbol{z})$ 是定义在 $X\times X$ 上的正定核, 因此存在着从 X 到 Hilbert 空间 H 的映射 Φ, 使得

$$K(\boldsymbol{x},\boldsymbol{z})=(\boldsymbol{\Phi}(\boldsymbol{x})\cdot\boldsymbol{\Phi}(\boldsymbol{z})) \tag{1-37}$$

任取 $\boldsymbol{x}_1,\boldsymbol{x}_2,\cdots,\boldsymbol{x}_l\in X$, 构造 $K(\cdot,\cdot)$ 关于 $\boldsymbol{x}_1,\boldsymbol{x}_2,\cdots,\boldsymbol{x}_l$ 的 Gram 矩阵 $(K_{ij})_{i,j=1}^{l}=(K(\boldsymbol{x}_i,\boldsymbol{x}_j))_{i.j=1}^{l}$. 显然, 由式 (1-37) 可以断言, $\forall C_1,C_2,\cdots,C_l\in R$, 有

$$\begin{aligned}\sum_{i,j}C_iC_jK(\boldsymbol{x}_i,\boldsymbol{x}_j)&=\sum_{i,j}C_iC_j\boldsymbol{\Phi}(\boldsymbol{x}_i)\cdot\boldsymbol{\Phi}(\boldsymbol{x}_j)\\&=\left(\sum_i C_i\boldsymbol{\Phi}(\boldsymbol{x}_i)\cdot\sum_j C_j\boldsymbol{\Phi}(\boldsymbol{x}_j)\right)=\left\|\sum_i C_i\boldsymbol{\Phi}(\boldsymbol{x}_i)\right\|^2\geqslant 0\end{aligned} \tag{1-38}$$

这表明 $K(\boldsymbol{x},\boldsymbol{z})$ 关于 $\boldsymbol{x}_1,\boldsymbol{x}_2,\cdots,\boldsymbol{x}_l$ 的 Gram 矩阵是半正定的.

引理 1.7 若集合 S 由所有的下列元素组成

$$f(\cdot)=\sum_{i=1}^{l}\alpha_iK(\cdot,\boldsymbol{x}_i) \tag{1-39}$$

其中 l 为任意的正整数, $\alpha_1,\alpha_2,\cdots,\alpha_l\in R$, $\boldsymbol{x}_1,\boldsymbol{x}_2,\cdots,\boldsymbol{x}_l\in X$, 则 S 为一个向量空间.

证明 显然集合 S 中的元素对于加法和数乘运算封闭.

设

$$f(\cdot)=\sum_{i=1}^{l}\alpha_iK(\cdot,\boldsymbol{x}_i),\quad g(\cdot)=\sum_{i=1}^{l}\beta_iK(\cdot,\boldsymbol{x}_i),\quad h(\cdot)=\sum_{i=1}^{l}\gamma_iK(\cdot,\boldsymbol{x}_i) \tag{1-40}$$

为集合 S 中的任意三个元素, c 和 d 是任意的实数. 则有

$$f(\cdot)+g(\cdot)=\sum_{i=1}^{l}\alpha_iK(\cdot,\boldsymbol{x}_i)+\sum_{i=1}^{l}\beta_iK(\cdot,\boldsymbol{x}_i)=\sum_{i=1}^{l}(\alpha_i+\beta_i)K(\cdot,\boldsymbol{x}_i)=\sum_{i=1}^{l}(\beta_i+\alpha_i)K(\cdot,\boldsymbol{x}_i)$$

$$= \sum_{i=1}^{l} \beta_i K(\cdot, \boldsymbol{x}_i) + \sum_{i=1}^{l} \alpha_i K(\cdot, \boldsymbol{x}_i) = g(\cdot) + f(\cdot) \tag{1-41}$$

$$(f(\cdot) + g(\cdot)) + h(\cdot) = \left(\sum_{i=1}^{l} \alpha_i K(\cdot, \boldsymbol{x}_i) + \sum_{i=1}^{l} \beta_i K(\cdot, \boldsymbol{x}_i) \right) + \sum_{i=1}^{l} \gamma_i K(\cdot, \boldsymbol{x}_i)$$

$$= \sum_{i=1}^{l} (\alpha_i + \beta_i + \gamma_i) K(\cdot, \boldsymbol{x}_i)$$

$$= \sum_{i=1}^{l} (\alpha_i + (\beta_i + \gamma_i)) K(\cdot, \boldsymbol{x}_i) = \sum_{i=1}^{l} \alpha_i K(\cdot, \boldsymbol{x}_i) + \left(\sum_{i=1}^{l} \beta_i K(\cdot, \boldsymbol{x}_i) + \sum_{i=1}^{l} \gamma_i K(\cdot, \boldsymbol{x}_i) \right)$$

$$= f(\cdot) + (g(\cdot) + h(\cdot)) \tag{1-42}$$

$$f(\cdot) + 0 = \sum_{i=1}^{l} \alpha_i K(\cdot, \boldsymbol{x}_i) + 0 = \sum_{i=1}^{l} (\alpha_i + 0) K(\cdot, \boldsymbol{x}_i) = \sum_{i=1}^{l} \alpha_i K(\cdot, \boldsymbol{x}_i) = f(\cdot) \tag{1-43}$$

$$f(\cdot) - f(\cdot) = \sum_{i=1}^{l} \alpha_i K(\cdot, \boldsymbol{x}_i) - \sum_{i=1}^{l} \alpha_i K(\cdot, \boldsymbol{x}_i) = \sum_{i=1}^{l} (\alpha_i - \alpha_i) K(\cdot, \boldsymbol{x}_i) = 0 \tag{1-44}$$

$$1 \times f(\cdot) = 1 \times \left(\sum_{i=1}^{l} \alpha_i K(\cdot, \boldsymbol{x}_i) \right) = \sum_{i=1}^{l} (1 \times \alpha_i) K(\cdot, \boldsymbol{x}_i) = \sum_{i=1}^{l} \alpha_i K(\cdot, \boldsymbol{x}_i) = f(\cdot) \tag{1-45}$$

$$c(df(\cdot)) = c \left(d \sum_{i=1}^{l} \alpha_i K(\cdot, \boldsymbol{x}_i) \right) = (cd) \left(\sum_{i=1}^{l} \alpha_i K(\cdot, \boldsymbol{x}_i) \right) = (cd) f(\cdot) \tag{1-46}$$

$$(c+d) f(\cdot) = (c+d) \sum_{i=1}^{l} \alpha_i K(\cdot, \boldsymbol{x}_i) = \sum_{i=1}^{l} (c+d) \alpha_i K(\cdot, \boldsymbol{x}_i) = \sum_{i=1}^{l} (c\alpha_i + d\alpha_i) K(\cdot, \boldsymbol{x}_i)$$

$$= \sum_{i=1}^{l} c\alpha_i K(\cdot, \boldsymbol{x}_i) + \sum_{i=1}^{l} d\alpha_i K(\cdot, \boldsymbol{x}_i)$$

$$= c \sum_{i=1}^{l} \alpha_i K(\cdot, \boldsymbol{x}_i) + d \sum_{i=1}^{l} \alpha_i K(\cdot, \boldsymbol{x}_i) = cf(\cdot) + df(\cdot) \tag{1-47}$$

$$c(f(\cdot) + g(\cdot)) = c \left(\sum_{i=1}^{l} \alpha_i K(\cdot, \boldsymbol{x}_i) + \sum_{i=1}^{l} \beta_i K(\cdot, \boldsymbol{x}_i) \right)$$

$$= c \sum_{i=1}^{l} (\alpha_i + \beta_i) K(\cdot, \boldsymbol{x}_i) = \sum_{i=1}^{l} c(\alpha_i + \beta_i) K(\cdot, \boldsymbol{x}_i)$$

$$
\begin{aligned}
&= \sum_{i=1}^{l} c\alpha_i K(\cdot, \boldsymbol{x}_i) + \sum_{i=1}^{l} c\beta_i K(\cdot, \boldsymbol{x}_i) \\
&= c\sum_{i=1}^{l} \alpha_i K(\cdot, \boldsymbol{x}_i) + c\sum_{i=1}^{l} \beta_i K(\cdot, \boldsymbol{x}_i) = cf(\cdot) + cg(\cdot)
\end{aligned} \tag{1-48}
$$

由向量空间的定义知: 集合 S 构成一个向量空间.

引理 1.8[4] 若对 S 中的两元素

$$
f(\cdot) = \sum_{i=1}^{l} \alpha_i K(\cdot, \boldsymbol{x}_i) \text{和} g(\cdot) = \sum_{j=1}^{l} \beta_j K(\cdot, \boldsymbol{x}_j) \tag{1-49}
$$

定义运算 $*$

$$
f * g = \sum_{i=1}^{l} \sum_{j=1}^{l} \alpha_i \beta_j K(\boldsymbol{x}_i, \boldsymbol{x}_j) \tag{1-50}
$$

如果 $K(\boldsymbol{x}, \boldsymbol{z})$ 是正定核, 并由此定义在 $S \times S$ 上的函数 $\widetilde{K}(f, g) = f * g$, 则该函数关于 $\forall f_1, f_2, \cdots, f_l \in S$ 的 Gram 矩阵都是半正定的.

引理 1.9 在引理 1.8 中定义的运算 $*$ 具有如下性质: $\forall f, g \in S$, 有

$$
|f * g|^2 \leqslant (f * f) \cdot (g * g) \tag{1-51}
$$

证明 任取 $f, g \in S$, 则 $\widetilde{K}$ 关于 f, g 的 Gram 矩阵为

$$
\begin{pmatrix} \widetilde{K}(f, f) & \widetilde{K}(f, g) \\ \widetilde{K}(g, f) & \widetilde{K}(g, g) \end{pmatrix} \tag{1-52}
$$

因为 $\widetilde{K}(f, g) = \widetilde{K}(g, f)$, 所以由引理 1.8 可知: 矩阵 (1-52) 是半正定的, 其行列式非负. 由此可知

$$
\begin{aligned}
&\widetilde{K}(f, f) \cdot \widetilde{K}(g, g) - \widetilde{K}(f, g) \cdot \widetilde{K}(g, f) \geqslant 0 \\
\Rightarrow &\left| \tilde{K}(f, g) \right|^2 \leqslant \tilde{K}(f, f) \cdot \tilde{K}(g, g) \\
\Rightarrow &|f * g|^2 \leqslant (f * f) \cdot (g * g)
\end{aligned} \tag{1-53}
$$

引理 1.10 引理 1.8 中定义的运算 $*$ 是 S 上的内积运算, 因而可记为

$$
f * g = (f \cdot g) \tag{1-54}
$$

证明 直接验证可知该运算具有内积运算应满足的如下性质: $\forall f, g, h \in S$ 和 $c, d \in R$ 有

$$
f * f \geqslant 0 \tag{1-55}
$$

$$(cf+dg)*h=c(f*h)+d(g*h) \tag{1-56}$$

$$f*g=g*f \tag{1-57}$$

只需证明

$$f*f=0 \Rightarrow f=0 \tag{1-58}$$

事实上, 若

$$f(\cdot)=\sum_{i=1}^{l}\alpha_i K(\cdot,\boldsymbol{x}_i) \tag{1-59}$$

则按运算规则 (1-50) 知, $\forall \boldsymbol{x}\in X$, 有

$$K(\cdot,\boldsymbol{x})*f=f(\boldsymbol{x}) \tag{1-60}$$

由于

$$|K(\cdot,\boldsymbol{x})*f|^2 \leqslant (K(\cdot,\boldsymbol{x})*K(\cdot,\boldsymbol{x}))\cdot(f*f)=(K(\boldsymbol{x},\boldsymbol{x})\cdot(f*f)) \tag{1-61}$$

所以

$$|f(\boldsymbol{x})|^2 \leqslant K(\boldsymbol{x},\boldsymbol{x})\cdot(f*f) \tag{1-62}$$

此式意味着当 $f*f=0$ 时, $\forall \boldsymbol{x}$, 都有 $|f(\boldsymbol{x})|=0$, 即 f 为零元素.

引理 1.11[4] 若 H 是引理 1.7 中的集合 S 在引理 1.8 中定义的内积运算意义下的闭包, 则 H 是一个 Hilbert 空间.

定理 1.7 设 $K(\boldsymbol{x},\boldsymbol{z})$ 是定义在 $X\times X$ 上的对称函数. 若 $\forall \boldsymbol{x}_1,\boldsymbol{x}_2,\cdots,\boldsymbol{x}_l\in X$, 函数 $K(\boldsymbol{x},\boldsymbol{z})$ 关于 $\boldsymbol{x}_1,\boldsymbol{x}_2,\cdots,\boldsymbol{x}_l$ 的 Gram 矩阵都是半正定的, 则 $K(\boldsymbol{x},\boldsymbol{z})$ 是一个正定核.

证明 定义映射

$$\varPhi:\boldsymbol{x}\to K(\cdot,\boldsymbol{x}) \tag{1-63}$$

由引理 1.7 和引理 1.11 知, 该映射是从 X 到某一 Hilbert 空间的映射. 由式 (1-60) 可得到

$$K(\cdot,\boldsymbol{x})*K(\cdot,\boldsymbol{z})=K(\boldsymbol{x},\boldsymbol{z}) \tag{1-64}$$

由引理 1.10 知, 引理 1.8 中定义的运算 $*$ 是内积运算. 利用式 (1-63) 可得到

$$K(\boldsymbol{x},\boldsymbol{z})=(\boldsymbol{\varPhi}(\boldsymbol{x})\cdot\boldsymbol{\varPhi}(\boldsymbol{z})) \tag{1-65}$$

由定义 1.1 知 $K(\boldsymbol{x},\boldsymbol{z})$ 是正定核.

定义 1.10(再生核 Hilbert 空间) 设 X 是 R^n 的子集, H 是一个由函数 $f:X\to R$ 组成的, 内积由式 (1-50) 定义以及范数由 $\|f\|\triangleq\sqrt{f\cdot f}$ 定义的 Hilbert 空

间. 称 H 是一个再生核 Hilbert 空间 (简称 RKHS), 如果存在 $K: X \times X \to R$ 满足如下性质:

(1) K 具有再生性, 即 $\forall f \in H$, 有

$$(f \cdot K(\boldsymbol{x}, \cdot)) = f(\boldsymbol{x}) \tag{1-66}$$

特别地

$$(K(\boldsymbol{x}, \cdot) \cdot K(\cdot, \boldsymbol{z})) = K(\boldsymbol{x}, \boldsymbol{z}) \tag{1-67}$$

(2) K 张成空间 H, 即

$$H = \overline{\mathrm{span}\{K(\boldsymbol{x}, \cdot) | \boldsymbol{x} \in X\}} \tag{1-68}$$

其中 $\overline{A}$ 表示集合 A 的闭包.

1.4 正定核函数的构造

在使用支持向量机解决实际问题时, 选择适当的核函数是一个关键因素, 它严重地影响支持向量机的学习性能. 根据定理 1.7, 邓乃扬[4] 和 Shawe-Taylor[7] 证明了系数为正的多项式函数和高斯函数均是正定核函数. 为了让读者清楚地理解如何从简单的核函数构造复杂的核函数, 在这一节中, 将详细地介绍它们的证明过程.

定理 1.8 若 $f(\cdot)$ 是定义在 $X \subset R^n$ 上的实值函数, 则 $K(\boldsymbol{x}, \boldsymbol{z}) = f(\boldsymbol{x}) \cdot f(\boldsymbol{z})$ 是正定核.

证明 $\forall \boldsymbol{x}_1, \boldsymbol{x}_2, \cdots, \boldsymbol{x}_l \in X$, 由

$$\begin{aligned}\sum_{i=1}^{l}\sum_{j=1}^{l}\alpha_i\alpha_j K(\boldsymbol{x}_i, \boldsymbol{x}_j) &= \sum_{i=1}^{l}\sum_{j=1}^{l}\alpha_i\alpha_j f(\boldsymbol{x}_i) f(\boldsymbol{x}_j) \\ &= \sum_{i=1}^{l}\alpha_i f(\boldsymbol{x}_i) \cdot \sum_{j=1}^{l}\alpha_j f(\boldsymbol{x}_j) \\ &= \left(\sum_{i=1}^{l}(\alpha_i f(\boldsymbol{x}_i))\right)^2 \geqslant 0\end{aligned} \tag{1-69}$$

知: 函数 $K(\boldsymbol{x}, \boldsymbol{z})$ 关于 $\boldsymbol{x}_1, \boldsymbol{x}_2, \cdots, \boldsymbol{x}_l$ 的 Gram 矩阵是半正定的. 由定理 1.7 知, 该函数是正定核函数.

定理 1.9[7] 设 K_1 和 K_2 是 $X \times X$ 上的正定核, $X \subset R^n$. 设常数 $a \geqslant 0$, 则下面的函数均是正定核函数:

(1) $K(\boldsymbol{x}, \boldsymbol{z}) = K_1(\boldsymbol{x}, \boldsymbol{z}) + K_2(\boldsymbol{x}, \boldsymbol{z})$ (1-70)

(2) $K(\boldsymbol{x},\boldsymbol{z})=aK_1(\boldsymbol{x},\boldsymbol{z})$ (1-71)

(3) $K(\boldsymbol{x},\boldsymbol{z})=K_1(\boldsymbol{x},\boldsymbol{z})\cdot K_2(\boldsymbol{x},\boldsymbol{z})$ (1-72)

证明 $\forall \boldsymbol{x}_1,\boldsymbol{x}_2,\cdots,\boldsymbol{x}_l\in X$, 令 $\boldsymbol{K}_1$ 和 $\boldsymbol{K}_2$ 分别是 K_1 和 K_2 关于 $\boldsymbol{x}_1,\boldsymbol{x}_2,\cdots,\boldsymbol{x}_l$ 的 Gram 矩阵.

(1) $\forall\boldsymbol{\alpha}\in R^l$, 有

$$\boldsymbol{\alpha}^{\mathrm{T}}(\boldsymbol{K}_1+\boldsymbol{K}_2)\boldsymbol{\alpha}=\boldsymbol{\alpha}^{\mathrm{T}}\boldsymbol{K}_1\boldsymbol{\alpha}+\boldsymbol{\alpha}^{\mathrm{T}}\boldsymbol{K}_2\boldsymbol{\alpha}\geqslant 0 \tag{1-73}$$

所以 $\boldsymbol{K}_1+\boldsymbol{K}_2$ 是半正定的, 因而 $K(\boldsymbol{x},\boldsymbol{z})=K_1(\boldsymbol{x},\boldsymbol{z})+K_2(\boldsymbol{x},\boldsymbol{z})$ 是正定核函数.

(2) 由 $\boldsymbol{\alpha}^{\mathrm{T}}a\boldsymbol{K}_1\boldsymbol{\alpha}=a\boldsymbol{\alpha}^{\mathrm{T}}\boldsymbol{K}_1\boldsymbol{\alpha}\geqslant 0$ 和定理 1.7 知: $a\boldsymbol{K}_1$ 是正定核函数.

(3) 设 $\boldsymbol{K}$ 为 $K(\boldsymbol{x},\boldsymbol{z})=K_1(\boldsymbol{x},\boldsymbol{z})\cdot K_2(\boldsymbol{x},\boldsymbol{z})$ 关于 $\boldsymbol{x}_1,\boldsymbol{x}_2,\cdots,\boldsymbol{x}_l$ 的 Gram 矩阵, 则 $\boldsymbol{K}$ 的元素是 $\boldsymbol{K}_1$ 和 $\boldsymbol{K}_2$ 对应元素的乘积

$$\boldsymbol{K}=\boldsymbol{K}_1\circ\boldsymbol{K}_2 \tag{1-74}$$

现证明 $\boldsymbol{K}$ 是半正定矩阵. 令 $\boldsymbol{K}_1=\boldsymbol{C}^{\mathrm{T}}\boldsymbol{C},\boldsymbol{K}_2=\boldsymbol{D}^{\mathrm{T}}\boldsymbol{D}$, 则 $\forall\beta\in R^l$,

$$\begin{aligned}\boldsymbol{\beta}^{\mathrm{T}}(\boldsymbol{K}_1\circ\boldsymbol{K}_2)\boldsymbol{\beta}&=\mathrm{tr}[(\mathrm{diag}\boldsymbol{\beta})\boldsymbol{K}_1(\mathrm{diag}\boldsymbol{\beta})\boldsymbol{K}_2^{\mathrm{T}}]\\&=\mathrm{tr}[(\mathrm{diag}\boldsymbol{\beta})\boldsymbol{C}^{\mathrm{T}}\boldsymbol{C}(\mathrm{diag}\boldsymbol{\beta})\boldsymbol{D}^{\mathrm{T}}\boldsymbol{D}]\\&=\mathrm{tr}[\boldsymbol{D}(\mathrm{diag}\boldsymbol{\beta})\boldsymbol{C}^{\mathrm{T}}\boldsymbol{C}(\mathrm{diag}\boldsymbol{\beta})\boldsymbol{D}^{\mathrm{T}}]\\&=\mathrm{tr}[(\boldsymbol{C}(\mathrm{diag}\boldsymbol{\beta})\boldsymbol{D}^{\mathrm{T}})^{\mathrm{T}}(\boldsymbol{C}(\mathrm{diag}\boldsymbol{\beta})\boldsymbol{D}^{\mathrm{T}})]\geqslant 0\end{aligned} \tag{1-75}$$

从而 $\boldsymbol{K}$ 是半正定矩阵. 由定理 1.7 知: $K(\boldsymbol{x},\boldsymbol{z})=K_1(\boldsymbol{x},\boldsymbol{z})\cdot K_2(\boldsymbol{x},\boldsymbol{z})$ 为正定核函数.

定理 1.10[7] 设 $K_1(\boldsymbol{x},\boldsymbol{z})$ 是 $X\times X$ 上的正定核函数. 又设 $p(x)$ 是系数全为正数的多项式. 则下面的函数均是正定核函数.

(1) $K(\boldsymbol{x},\boldsymbol{z})=p(K_1(\boldsymbol{x},\boldsymbol{z}))$ (1-76)

(2) $K(\boldsymbol{x},\boldsymbol{z})=\exp(K_1(\boldsymbol{x},\boldsymbol{z}))$ (1-77)

(3) $K(\boldsymbol{x},\boldsymbol{z})=\exp\left(-\dfrac{\|\boldsymbol{x}-\boldsymbol{z}\|^2}{2\sigma^2}\right)$ (1-78)

证明 (1) 记系数全为正数的 q 阶多项式为 $p(\boldsymbol{x})=a_q\boldsymbol{x}^q+\cdots+a_1\boldsymbol{x}+a_0$, 则有

$$K(\boldsymbol{x},\boldsymbol{z})=p(K_1(\boldsymbol{x},\boldsymbol{z}))=a_q[K_1(\boldsymbol{x},\boldsymbol{z})]^q+\cdots+a_1K_1(\boldsymbol{x},\boldsymbol{z})+a_0 \tag{1-79}$$

由定理 1.9 知结论成立.

(2) 由于指数函数可以用多项式无限逼近, 所以 $\exp(K_1(\boldsymbol{x},\boldsymbol{z}))$ 是正定核函数的极限. 再注意到正定核函数集是闭集, 便知结论成立.

(3) 由于

$$\exp\left(-\frac{\|\boldsymbol{x}-\boldsymbol{z}\|^2}{2\sigma^2}\right)=\exp\left(-\frac{\|\boldsymbol{x}\|^2}{2\sigma^2}\right)\cdot\exp\left(-\frac{\|\boldsymbol{z}\|^2}{2\sigma^2}\right)\cdot\exp\left(\frac{(\boldsymbol{x}\cdot\boldsymbol{z})}{\sigma^2}\right) \tag{1-80}$$

由定理 1.8 知, 上式右端前两个因子构成一个正定核, $\frac{(\boldsymbol{x}\cdot\boldsymbol{z})}{\sigma^2}$ 构成一个正定核. 从结论 (2) 可知: 第三个因子也是一个正定核. 由定理 1.9 的结论 (3), 便知结论成立.

定理 1.11[7] 设 $K_1(\boldsymbol{x},\boldsymbol{z})$ 是 $X\times X$ 上的正定核函数, 且 $K_1(\boldsymbol{x},\boldsymbol{z})=(\boldsymbol{\Phi}_1(\boldsymbol{x})\cdot\boldsymbol{\Phi}_1(\boldsymbol{z}))$. 则 $K(\boldsymbol{x},\boldsymbol{z})=\frac{K_1(\boldsymbol{x},\boldsymbol{z})}{\sqrt{K_1(\boldsymbol{x},\boldsymbol{x})K_1(\boldsymbol{z},\boldsymbol{z})}}$ 也是定义在 $X\times X$ 上的正定核函数.

证明 设 $g_1(\boldsymbol{x})=\frac{1}{\sqrt{K_1(\boldsymbol{x},\boldsymbol{x})}}$ 为定义在 $X\subset R^n$ 上的实值函数. 由定理 1.8 知: 函数$g_1(\boldsymbol{x})\cdot g_1(\boldsymbol{z})=\frac{1}{\sqrt{K_1(\boldsymbol{x},\boldsymbol{x})K_1(\boldsymbol{z},\boldsymbol{z})}}$ 是定义在 $X\times X$ 上的正定核函数. 从而, 由定理 1.9 的结论 (3) 知: $K(\boldsymbol{x},\boldsymbol{z})=\frac{K_1(\boldsymbol{x},\boldsymbol{z})}{\sqrt{K_1(\boldsymbol{x},\boldsymbol{x})K_1(\boldsymbol{z},\boldsymbol{z})}}$ 是定义在 $X\times X$ 上的正定核函数.

考虑到$K(\boldsymbol{x},\boldsymbol{z})=\frac{K_1(\boldsymbol{x},\boldsymbol{z})}{\sqrt{K_1(\boldsymbol{x},\boldsymbol{x})K_1(\boldsymbol{z},\boldsymbol{z})}}=\frac{(\boldsymbol{\Phi}_1(\boldsymbol{x})\cdot\boldsymbol{\Phi}_1(\boldsymbol{z}))}{\|\boldsymbol{\Phi}_1(\boldsymbol{x})\|\cdot\|\boldsymbol{\Phi}_1(\boldsymbol{z})\|}=\left(\frac{\boldsymbol{\Phi}_1(\boldsymbol{x})}{\|\boldsymbol{\Phi}_1(\boldsymbol{x})\|},\frac{\boldsymbol{\Phi}_1(\boldsymbol{z})}{\|\boldsymbol{\Phi}_1(\boldsymbol{z})\|}\right)$, 称 $K(\boldsymbol{x},\boldsymbol{z})=\frac{K_1(\boldsymbol{x},\boldsymbol{z})}{\sqrt{K_1(\boldsymbol{x},\boldsymbol{x})K_1(\boldsymbol{z},\boldsymbol{z})}}$为核函数 $K_1(\boldsymbol{x},\boldsymbol{z})$ 的归一化核函数.

定义 1.11(核矩阵的相似度)[7] 给定向量集合 $X=\{\boldsymbol{x}_1,\boldsymbol{x}_2,\cdots,\boldsymbol{x}_l\}$, 其中 $\boldsymbol{x}_i\in R^n, i=1,2,\cdots,l$. 设 K_1 和 K_2 是 $X\times X$ 上的两个正定核函数, $\boldsymbol{K}_1$ 和 $\boldsymbol{K}_2$ 分别是 K_1 和 K_2 关于 X 的 Gram 矩阵. 则称 $A(\boldsymbol{K}_1,\boldsymbol{K}_2)=\frac{(\boldsymbol{K}_1,\boldsymbol{K}_2)}{\sqrt{(\boldsymbol{K}_1,\boldsymbol{K}_1)(\boldsymbol{K}_2,\boldsymbol{K}_2)}}$ 为 $\boldsymbol{K}_1$ 和 $\boldsymbol{K}_2$ 之间的相似度, 其中 $(\boldsymbol{K}_1,\boldsymbol{K}_2)$ 是 $\boldsymbol{K}_1$ 和 $\boldsymbol{K}_2$ 的内积. 当内积为 Frobenius 内积时, $(\boldsymbol{K}_1,\boldsymbol{K}_2)=\mathrm{tr}(\boldsymbol{K}_1^{\mathrm{T}}\boldsymbol{K}_2)$.

1.5 二分类问题的数学提法

考虑 $n+1$ 维空间上的 l 个样本点组成的集合

$$T=\{(\boldsymbol{x}_1,y_1),\cdots,(\boldsymbol{x}_l,y_l)\} \tag{1-81}$$

其中 $\boldsymbol{x}_i\in R^n$ 是输入向量, $y_i\in\{-1,1\}$ 是 $\boldsymbol{x}_i$ 的类标. 二分类问题是: 根据给定的训练集合 T, 寻找 R^n 上的一个实值函数 $g(\boldsymbol{x})$, 以便用决策函数

$$f(\boldsymbol{x})=\mathrm{sgn}(g(\boldsymbol{x})) \tag{1-82}$$

对任意给定的一个新模式 x, 推断它所对应的 y. 由此可见, 求解二分类问题, 实质上就是找到一个把 R^n 上的点分成两部分的规则.

当 $g(\boldsymbol{x})$ 为线性函数 $g(\boldsymbol{x}) = (\boldsymbol{w} \cdot \boldsymbol{x}) + b$ 时, 称由决策函数 (1-82) 确定的分类准则为线性分类器; 当 $g(\boldsymbol{x})$ 为非线性函数时, 称由决策函数 (1-82) 确定的分类准则为非线性分类器.

二分类问题大体有三种类型. 我们以二维空间中的二分类问题为例, 从直观上予以说明. 首先, 对于图 1.1 所示的问题, 很容易用一条直线把训练集正确地分开 (即两类点分别在直线的两侧, 没有错分点), 这类问题称为线性可分问题. 对于图 1.2 所示的问题, 用一条直线也能大体上把训练集正确分开, 这类问题称为近似线性可分问题. 对于图 1.3 所示的问题, 显然, 这时用直线分划会产生很大的误差, 这类问题称为线性不可分问题. 这时必须用非线性分类器.

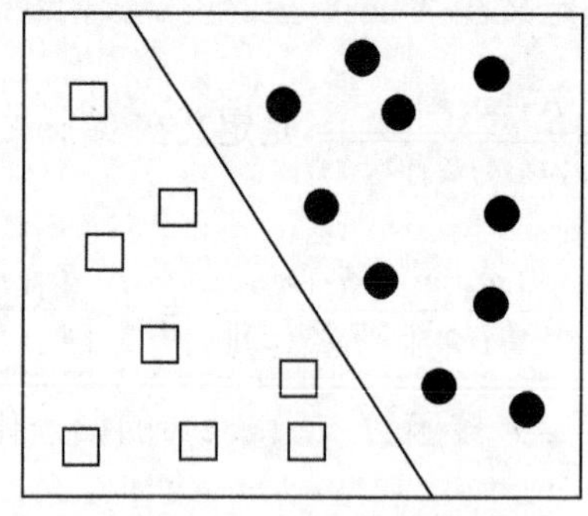

图 1.1　线性可分情况

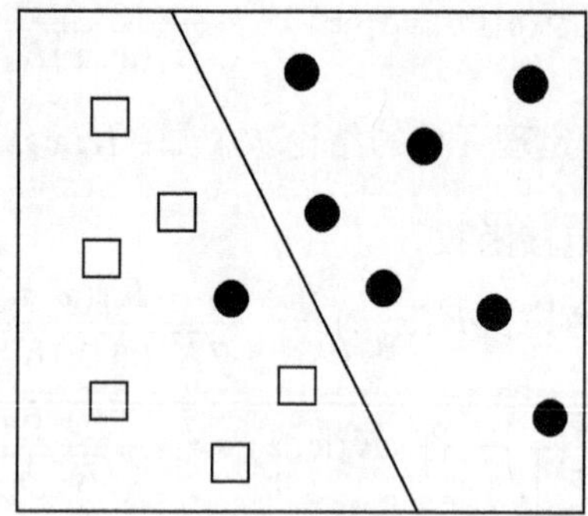

图 1.2　近似线性可分情况

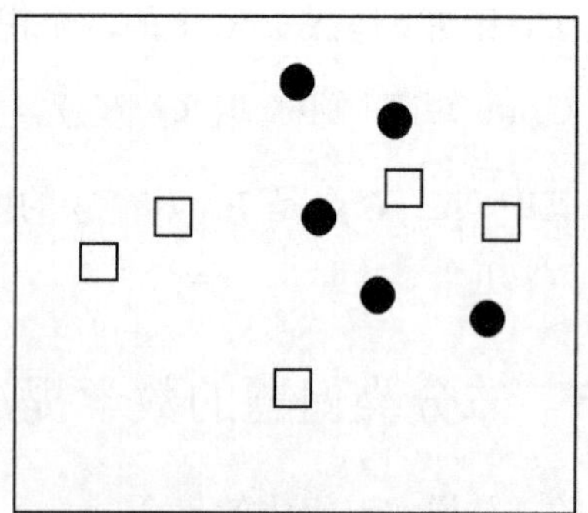

图 1.3　线性不可分情况

1.6　平分最近点模型

定义 1.11(线性可分)　考虑式 (1-81) 所示的训练集 T. 若存在 $\boldsymbol{w} \in R^n, b \in R$

和正数 ε, 使得下式成立

$$y_i\left[(\boldsymbol{w}\cdot\boldsymbol{x}_i)+b\right]\geqslant\varepsilon,\quad i=1,2,\cdots,l \tag{1-83}$$

则称训练集 T 线性可分, 同时也称相应的分类问题是线性可分的.

定义 1.12(凸壳) 设集合 S 是由 R^n 中的 k 个点组成的集合, 即 $S=\{\boldsymbol{x}_1,\boldsymbol{x}_2,\cdots,\boldsymbol{x}_k\}$. 定义 S 的凸壳 $\operatorname{conv}(S)$ 为

$$\operatorname{conv}(S)=\left\{\boldsymbol{x}=\sum_{j=1}^{k}\lambda_j\boldsymbol{x}_j\middle|\sum_{j=1}^{k}\lambda_j=1,\quad\lambda_j\geqslant 0,j=1,2,\cdots,k\right\} \tag{1-84}$$

定理 1.12[4] 由式 (1-81) 所定义的训练集 T 线性可分的充要条件是: T 的正类点集 $\{\boldsymbol{x}_i|y_i=1\}$ 的凸壳和负类点集 $\{\boldsymbol{x}_i|y_i=-1\}$ 的凸壳不相交.

1.6.1 线性可分的平分最近点模型

对于线性可分问题, 考虑图 1.4 所示的二维空间的分类问题. 分别做它们的凸壳, 找到这两个凸壳的最近点 $\boldsymbol{c}$ 和 $\boldsymbol{d}$, 作线段 $\boldsymbol{cd}$ 的垂直平分线, 以此直线把平面划分成两部分. 这种方法被称为平分最近点法[8], 所建立的数学模型称为平分最近点模型.

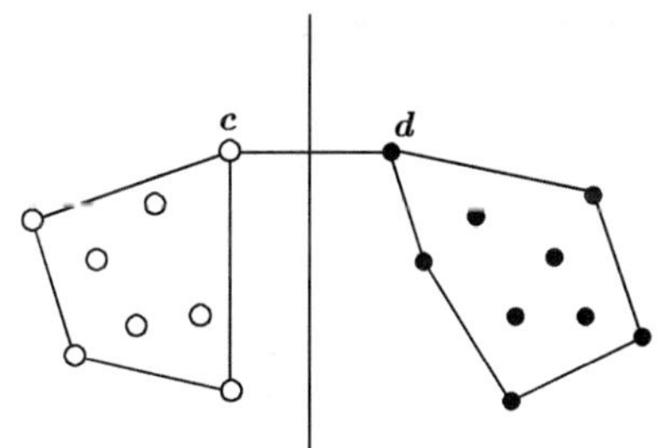

图 1.4 线性可分问题的平分最近点法

由于训练集合 T 的正类点凸壳的任何一点可以表示为 $\sum\limits_{y_i=1}\alpha_i\boldsymbol{x}_i$, 负类点凸壳的任何一点可以表示为 $\sum\limits_{y_i=-1}\alpha_i\boldsymbol{x}_i$, 其中 $\alpha_1,\cdots,\alpha_l$ 满足

$$\sum_{y_i=1}\alpha_i=1,\quad\sum_{y_i=-1}\alpha_i=1,\quad\alpha_i\geqslant 0,\quad i=1,2,\cdots,l \tag{1-85}$$

因此, 为了寻求这两个凸壳的最近点 $\boldsymbol{c}$ 和 $\boldsymbol{d}$, 只需在约束 (1-85) 下, 求解以 $\boldsymbol{\alpha}=(\alpha_1,\alpha_2,\cdots,\alpha_l)^{\mathrm{T}}$ 为变量的函数 $\dfrac{1}{2}\left\|\sum\limits_{y_i=1}\alpha_i\boldsymbol{x}_i-\sum\limits_{y_i=-1}\alpha_i\boldsymbol{x}_i\right\|^2$ 的极小点 $\tilde{\boldsymbol{\alpha}}=(\tilde{\alpha}_1,$

$\tilde{\alpha}_2,\cdots,\tilde{\alpha}_l)^{\mathrm{T}}$ 就可以了. 得到这两个凸壳的最近点 $\boldsymbol{c}=\sum\limits_{y_i=1}\tilde{\alpha}_i\boldsymbol{x}_i$ 和 $\boldsymbol{d}=\sum\limits_{y_i=-1}\tilde{\alpha}_i\boldsymbol{x}_i$ 之后, 便可以计算线段 $\boldsymbol{cd}$ 的垂直平分线 $(\tilde{\boldsymbol{w}}\cdot\boldsymbol{x})+\tilde{b}=0$, 其中 $\tilde{\boldsymbol{w}}=\boldsymbol{c}-\boldsymbol{d}$, $\tilde{b}=-\dfrac{1}{2}((\boldsymbol{c}-\boldsymbol{d})\cdot(\boldsymbol{c}+\boldsymbol{d}))$. 这条垂直平分线就是欲求的分划直线.

上述做法也可推广到一般的 n 维空间上的分类问题, 从而得到下列平分最近点模型[8~10]:

$$\min_{\boldsymbol{\alpha}}\quad \frac{1}{2}\left\|\sum_{y_i=1}\alpha_i\boldsymbol{x}_i-\sum_{y_i=-1}\alpha_i\boldsymbol{x}_i\right\|^2 \tag{1-86}$$

$$\text{s.t.}\quad \sum_{y_i=1}\alpha_i=\sum_{y_i=-1}\alpha_i=1 \tag{1-87}$$

$$\alpha_i\geqslant 0,\quad i=1,2,\cdots,l \tag{1-88}$$

优化问题 (1-86)~(1-88) 可以用 Keerthi 提出的快速迭代内点算法求解[11].

1.6.2 近似线性可分的平分最近点模型

对于近似线性可分问题, 考虑图 1.5(a) 所示的二维空间的分类问题. 它的两类点的凸壳已相交, 平分最近法不能直接使用. 然而如果能够适当地缩小这两个凸壳, 使得缩小后的两个凸壳不再相交, 就有可能对缩小后的两个凸壳进行 "平分最近法". 缩小这个凸壳的一种方式是, 取参数 $D<1$, 并把不等式 $0\leqslant\alpha_i\leqslant 1$ 加强为 $0\leqslant\alpha_i\leqslant D$, 即把正类点的凸壳缩小为[8~10,12]

$$\left\{\sum_{y_i=1}\alpha_i\boldsymbol{x}_i\Big|\sum_{y_i=1}\alpha_i=1,0\leqslant\alpha_i\leqslant D,i\in\{i|y_i=1\}\right\} \tag{1-89}$$

这里参数 D 是一个比例因子. 当 D 逐渐减少时, 相应的凸壳会逐渐缩小. 用同样的方法可以将负类点的凸壳缩小. 图 1.5(b) 画出了 $D=0.5$ 时缩小后的两个凸壳.

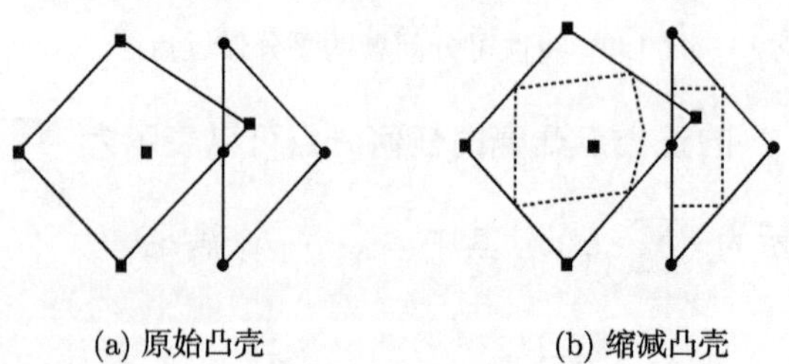

(a) 原始凸壳　　(b) 缩减凸壳

图 1.5 近似线性可分问题的平均最近点法

从而近似线性可分问题的平分最近点模型如下[8~10,12]:

$$\min_{\boldsymbol{\alpha}}\quad \frac{1}{2}\left\|\sum_{y_i=1}\alpha_i\boldsymbol{x}_i-\sum_{y_i=-1}\alpha_i\boldsymbol{x}_i\right\|^2 \tag{1-90}$$

$$\text{s.t.} \quad \sum_{y_i=1} \alpha_i = \sum_{y_i=-1} \alpha_i = 1 \tag{1-91}$$

$$0 \leqslant \alpha_i \leqslant D, \quad i = 1, 2, \cdots, l \tag{1-92}$$

优化问题 (1-90)~(1-92) 可以用一些几何方法求解[13~16].

1.7 最大间隔模型

1.7.1 线性可分的最大间隔模型

对于线性分类问题, 考虑图 1.6 所示的二维空间上的二分类问题. 这时有许多直线能将两类点正确分开, 我们探讨一下哪条直线更好些.

首先假定分划直线的法方向 $\boldsymbol{w}$ 已经给定. 直线 l_1 是一条以 $\boldsymbol{w}$ 为法方向且能够正确分划两类点的直线, 显然这样的直线并不唯一. 我们平行地向右上方或左下方推移直线 l_1, 直到碰到某类训练点. 这样就得到了两条极端的直线 l_2 和 l_3, 称这两条直线之间的距离为与该法方向相应的 "间隔". 在 l_2 和 l_3 之间的平行直线都能正确分划两类点, 我们以 l_2 和 l_3"中间" 的那条直线为分划直线, 见图 1.7. 为了得到好的分划效果, 选取使 "间隔" 达到最大的那个法方向. 这种方法称为最大间隔法[8].

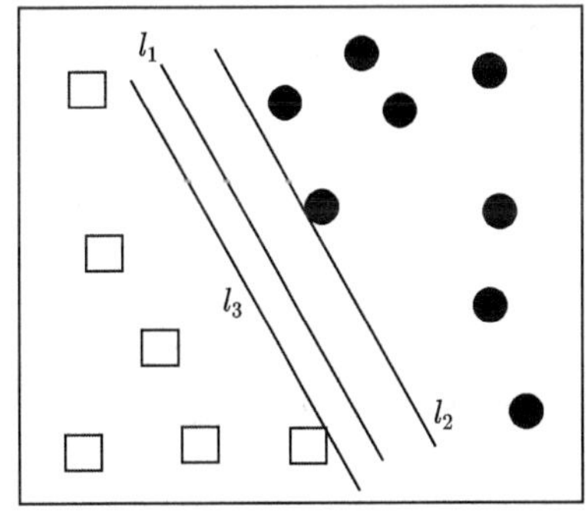

图 1.6 线性可分的二维分类问题

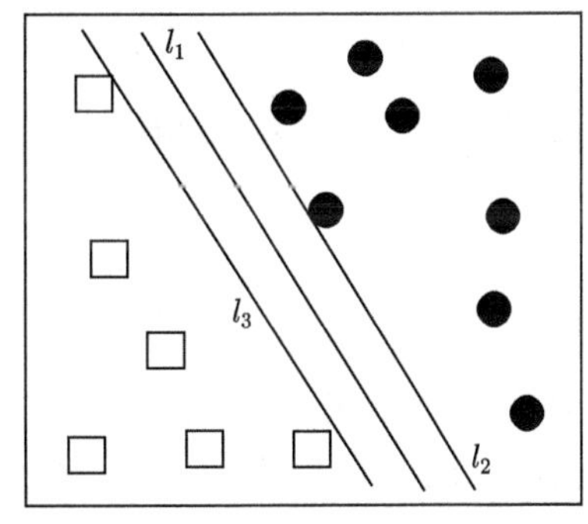

图 1.7 最大间隔法

现在推导最大间隔法的数学模型.

给定适当的法方向 $\tilde{\boldsymbol{w}}$ 后, 两条极端直线 l_2 和 l_3 可分别表示为

$$(\tilde{\boldsymbol{w}} \cdot \boldsymbol{x}) + \tilde{b} = k_1 \tag{1-93}$$

$$(\tilde{\boldsymbol{w}} \cdot \boldsymbol{x}) + \tilde{b} = k_2 \tag{1-94}$$

令 $\bar{b} = \tilde{b} - \dfrac{k_1 + k_2}{2}$, $k = \dfrac{k_1 - k_2}{2}$, 则直线 l_2 和 l_3 可分别表示为

$$(\tilde{\boldsymbol{w}} \cdot \boldsymbol{x}) + \bar{b} = k \tag{1-95}$$

$$(\tilde{\boldsymbol{w}}\cdot\boldsymbol{x})+\bar{b}=-k \tag{1-96}$$

l_2 和 l_3 中间的直线 l 可表示为

$$(\tilde{\boldsymbol{w}}\cdot\boldsymbol{x})+\bar{b}=0 \tag{1-97}$$

令 $\boldsymbol{w}=\dfrac{\tilde{\boldsymbol{w}}}{k}$, $b=\dfrac{\bar{b}}{k}$, 则式 (1-95) 和式 (1-96) 可以等价地写为

$$(\boldsymbol{w}\cdot\boldsymbol{x})+b=1 \tag{1-98}$$

$$(\boldsymbol{w}\cdot\boldsymbol{x})+b=-1 \tag{1-99}$$

与此相应的分划直线 (1-97) 可表为

$$(\boldsymbol{w}\cdot\boldsymbol{x})+b=0 \tag{1-100}$$

直接计算可知, 两条极端直线 l_2 和 l_3 之间的距离为 $\dfrac{2}{\|\boldsymbol{w}\|}$, 即相应的 "间隔" 为 $\dfrac{2}{\|\boldsymbol{w}\|}$. 极大化 "间隔" 的思想, 导致求解下列对变量 $\boldsymbol{w}$ 和 b 的最优化问题.

$$\max_{\boldsymbol{w},b}\quad \frac{2}{\|\boldsymbol{w}\|} \tag{1-101}$$

$$\text{s.t.}\quad (\boldsymbol{w}\cdot\boldsymbol{x}_i)+b\geqslant 1,\quad \forall\boldsymbol{x}_i\in\{\boldsymbol{x}_i|y_i=1\} \tag{1-102}$$

$$(\boldsymbol{w}\cdot\boldsymbol{x}_i)+b\leqslant -1,\quad \forall\boldsymbol{x}_i\in\{\boldsymbol{x}_i|y_i=-1\} \tag{1-103}$$

上述优化问题等价于下列优化问题

$$\min_{\boldsymbol{w},b}\quad \frac{1}{2}\|\boldsymbol{w}\|^2 \tag{1-104}$$

$$\text{s.t.}\quad y_i((\boldsymbol{w}\cdot\boldsymbol{x}_i)+b)\geqslant 1,\quad i=1,2,\cdots,l \tag{1-105}$$

优化模型 (1-104)~(1-105) 是对二维空间的线性可分问题导出的, 但对于一般 n 维空间的线性可分类问题也同样适用.

1.7.2 近似线性可分的最大间隔模型

对于近似线性可分问题, 任何分划超平面都必有错划, 所以不能再要求所有训练点满足约束条件 $y_i((\boldsymbol{w}\cdot\boldsymbol{x}_i)+b)\geqslant 1$. 为此, 对第 i 个训练点 $(\boldsymbol{x}_i,y_i)$, 引进松弛变量 $\xi_i\geqslant 0$, 把约束条件放松为 $y_i((\boldsymbol{w}\cdot\boldsymbol{x}_i)+b)+\xi_i\geqslant 1$. 显然, 向量 $\boldsymbol{\xi}=(\xi_1,\xi_2,\cdots,\xi_l)^{\mathrm{T}}$ 体现了允许训练集被错划分的情况, 而由 $\boldsymbol{\xi}$ 可以构造出描述训练集被错分的程度, 例如, 可以采用 $\sum\limits_{i=1}^{l}\xi_i$ 作为一种度量. 这样就有两个目标: 一个是最大化间隔 $\dfrac{2}{\|\boldsymbol{w}\|}$, 一个是最小化错划程度 $\sum\limits_{i=1}^{l}\xi_i$. 为把这两个目标综合为一个目标, 可以引进一个惩

罚因子 C 作为综合这两个目标的权重, 即极小化新的目标函数 $\frac{1}{2}\|\boldsymbol{w}\|^2 + C\sum_{i=1}^{l}\xi_i$. 这种考虑导出近似线性可分问题的最大间隔模型[17,18]

$$\min_{\boldsymbol{w},b,\boldsymbol{\xi}} \quad \frac{1}{2}\|\boldsymbol{w}\|^2 + C\sum_{i=1}^{l}\xi_i \tag{1-106}$$

$$\text{s.t.} \quad y_i((\boldsymbol{w}\cdot\boldsymbol{x}_i)+b)+\xi_i \geqslant 1 \tag{1-107}$$

$$\xi_i \geqslant 0, \quad i=1,2,\cdots,l \tag{1-108}$$

1.7.3 线性不可分的最大间隔模型

对于线性不可分问题, 为了使用前面所提出的方法, 首先引进从输入空间 R^n 到一个高维 Hilbert 空间 H 的变换.

$$\varPhi: X \subset R^n \to X' \subset H \tag{1-109}$$

利用这个变换, 由原来的对应于输入空间 R^n 的训练集

$$T = \{(\boldsymbol{x}_1, y_1), \cdots, (\boldsymbol{x}_l, y_l)\} \tag{1-110}$$

可以得到对应于 Hilbert 空间 H 的新训练集

$$\widetilde{T} = \{(\boldsymbol{\varPhi}(\boldsymbol{x}_1), y_1), \cdots, (\boldsymbol{\varPhi}(\boldsymbol{x}_l), y_l)\} \tag{1-111}$$

假如说, 在空间 H 中训练集 $\widetilde{T}$ 是近似线性可分的, 那么, 就可以把近似线性可分的相关方法移植过来, 从而得到线性不可分情况下最大间隔数学模型[17,18].

$$\min_{\boldsymbol{w},b,\xi} \quad \frac{1}{2}\|\boldsymbol{w}\|^2 + C\sum_{i=1}^{l}\xi_i \tag{1-112}$$

$$\text{s.t.} \quad y_i((\boldsymbol{w}\cdot\boldsymbol{\varPhi}(\boldsymbol{x}_i))+b) > 1-\xi_i, \quad i=1,2,\cdots,l \tag{1-113}$$

$$\xi_i \geqslant 0, \quad i=1,2\cdots,l \tag{1-114}$$

1.8 平分最近点模型和最大间隔模型之间的关系

相关研究表明: 针对线性可分问题, 下面的两个引理成立[4]:

引理 1.12 若训练集 T 是线性可分的, 则平分最近点模型所得到的分划超平面存在且唯一, 且此分划超平面能将训练集中的两类点完全正确地分开.

引理 1.13 若训练集 T 是线性可分的, 则最大间隔模型所得到的分划超平面存在且唯一, 且此分划超平面能将训练集中的两类点完全正确地分开.

那么, 这两个超平面哪一个更好一些呢? 1997 年, Bennett[19] 首次证明了它们得到的是同一个超平面, 2002 年, Zhou[20] 从几何的角度得到了同样的结果, 2004 年, 邓乃扬[4] 给出了更加详细的证明. 在这一部分, 主要介绍邓乃扬的证明方法.

引理 1.14 优化问题 (1-104)~(1-105) 的对偶问题是

$$\min_{\boldsymbol{\alpha}} \quad \frac{1}{2}\sum_{i=1}^{l}\sum_{j=1}^{l}\alpha_i\alpha_j y_i y_j(\boldsymbol{x}_i\cdot\boldsymbol{x}_j)-\sum_{i=1}^{l}\alpha_i \tag{1-115}$$

$$\text{s.t.} \quad \sum_{i=1}^{l}\alpha_i y_i=0 \tag{1-116}$$

$$\alpha_i \geqslant 0, \quad i=1,2,\cdots,l \tag{1-117}$$

证明 首先引入 Lagrange 函数

$$L(\boldsymbol{w},b,\boldsymbol{\alpha})=\frac{1}{2}\|\boldsymbol{w}\|^2-\sum_{i=1}^{l}\alpha_i(y_i((\boldsymbol{w}\cdot\boldsymbol{x}_i)+b)-1) \tag{1-118}$$

其中 $\boldsymbol{\alpha}=(\alpha_1,\alpha_2,\cdots,\alpha_l)^{\mathrm{T}}\in R_+^l$ 为 Lagrange 乘子.

根据 Wolfe 对偶的定义, 求 Lagrange 函数关于 $\boldsymbol{w}$, b 的极值可得

$$\frac{\partial L}{\partial \boldsymbol{w}}=0\Rightarrow \boldsymbol{w}=\sum_{i=1}^{l}\alpha_i y_i\boldsymbol{x}_i \tag{1-119}$$

$$\frac{\partial L}{\partial b}=0\Rightarrow \sum_{i=1}^{l}(\alpha_i y_i)=0 \tag{1-120}$$

把式 (1-120) 代入式 (1-118), 并利用式 (1-119), 即知原始优化问题的对偶问题可表示为

$$\max_{\boldsymbol{\alpha}} \quad -\frac{1}{2}\sum_{i=1}^{l}\sum_{j=1}^{l}\alpha_i\alpha_j y_i y_j(\boldsymbol{x}_i\cdot\boldsymbol{x}_j)+\sum_{i=1}^{l}\alpha_i \tag{1-121}$$

$$\text{s.t.} \quad \sum_{i=1}^{l}\alpha_i y_i=0 \tag{1-122}$$

$$\alpha_i \geqslant 0, \quad i=1,2,\cdots,l \tag{1-123}$$

把目标函数 (1-120) 转换成求极小, 就得到了对偶问题 (1-115)~(1-117).

引理 1.15[4] 设 $\boldsymbol{\alpha}^*=(\alpha_1^*,\alpha_2^*,\cdots,\alpha_l^*)^{\mathrm{T}}$ 是对偶问题 (1-115)~(1-117) 的任意解, 则可按下式计算出原始问题 (1-104)~(1-105) 的解 $(\boldsymbol{w}^*,b^*)$:

$$\boldsymbol{w}^*=\sum_{i=1}^{l}\alpha_i^* y_i\boldsymbol{x}_i \tag{1-124}$$

$$b^* = y_j - \sum_{i=1}^{l} \alpha_i^* y_i (\boldsymbol{x}_i \cdot \boldsymbol{x}_j), \quad j \in \{j | \alpha_j^* > 0\} \tag{1-125}$$

引理 1.16[4] 设 $\boldsymbol{\alpha}^* = (\alpha_1^*, \alpha_2^*, \cdots, \alpha_l^*)^{\mathrm{T}}$ 是优化问题 (1-115)~(1-117) 的最优解, 若令 $\tilde{\boldsymbol{\alpha}} = \dfrac{\alpha^*}{M}$, 其中 $M = \sum\limits_{y_i=1} \alpha_i^*$, 则 $\tilde{\boldsymbol{\alpha}}$ 是问题 (1-86)~(1-88) 的最优解.

定理 1.13 设训练集 T 线性可分, 则平分最近点模型和最大间隔模型得到的是同一分划超平面.

证明 设对偶问题 (1-115)~(1-117) 的解为 $\boldsymbol{\alpha}^* = (\alpha_1^*, \alpha_2^*, \cdots, \alpha_l^*)^{\mathrm{T}}$. 则由引理 1.15 可知, 按式 (1-104) 和式 (1-105) 确定的 $(\boldsymbol{w}^*, b^*)$ 是优化问题 (1-104)~(1-105) 的解. 根据最大间隔模型所得分划超平面的唯一性可知 (引理 1.13), 由 $(\boldsymbol{w}^*, b^*)$ 确定的分划超平面 $(\boldsymbol{w}^* \cdot \boldsymbol{x}) + b^* = 0$ 就是最大间隔模型所得到的分划超平面.

由引理 1.16 知 $\tilde{\boldsymbol{\alpha}} = \dfrac{\boldsymbol{\alpha}^*}{M}$ 是问题 (1-86)~(1-88) 的解, 因而与此对应的平分最近点模型所得到的 $\tilde{\boldsymbol{w}}$ 和 $\tilde{b}$ 满足

$$\tilde{\boldsymbol{w}} = \sum_{i=1}^{l} \tilde{\alpha}_i y_i \boldsymbol{x}_i = \frac{\boldsymbol{w}^*}{M} \tag{1-126}$$

$$\begin{aligned}
\tilde{b} &= -\frac{1}{2}\left(\tilde{\boldsymbol{w}} \cdot \left(\sum_{y_i=1} \tilde{\alpha}_i \boldsymbol{x}_i + \sum_{y_i=-1} \tilde{\alpha}_i \boldsymbol{x}_i\right)\right) \\
&= -\frac{1}{2M^2}\left(\sum_{y_i=1} \alpha_i^* (\boldsymbol{w}^* \cdot \boldsymbol{x}_i) + \sum_{y_i=-1} \alpha_i^* (\boldsymbol{w}^* \cdot \boldsymbol{x}_i)\right) \\
&= \frac{1}{2M^2}\left(\sum_{y_i=1} \alpha_i^* (y_i - (\boldsymbol{w}^* \cdot \boldsymbol{x}_i)) + \sum_{y_i=-1} \alpha_i^* (y_i - (\boldsymbol{w}^* \cdot \boldsymbol{x}_i))\right) \\
&= \frac{1}{2M^2} \sum_{i=1}^{l} \alpha_i^* b^* = \frac{1}{2M^2} \times 2Mb^* = \frac{b^*}{M}
\end{aligned} \tag{1-127}$$

由引理 1.12 知, $(\tilde{\boldsymbol{w}} \cdot \boldsymbol{x}) + \tilde{b} = 0$ 就是平分最近点模型所得到的唯一分划超平面. 这个超平面就是 $(\boldsymbol{w}^* \cdot \boldsymbol{x}) + b^* = 0$, 即最大间隔模型所得到的超平面. 从而, 定理 1.13 成立.

对于近似线性可分的情况, 有下面类似的结果:

定理 1.14 优化问题 (1-106)~(1-108) 的对偶问题是

$$\min_{\boldsymbol{\alpha}} \quad \frac{1}{2} \sum_{i=1}^{l} \sum_{j=1}^{l} \alpha_i \alpha_j y_i y_j (\boldsymbol{x}_i \cdot \boldsymbol{x}_j) - \sum_{j=1}^{l} \alpha_j \tag{1-128}$$

$$\text{s.t.} \quad \sum_{i=1}^{l} \alpha_i y_i = 0 \tag{1-129}$$

$$0 \leqslant \alpha_i \leqslant C, \quad i = 1, 2, \cdots, l \tag{1-130}$$

定理 1.15[4] 设 $\boldsymbol{\alpha}^* = (\alpha_1^*, \alpha_2^*, \cdots, \alpha_l^*)^{\mathrm{T}}$ 是问题 (1-128)~(1-130) 的最优解, 若令

$$\boldsymbol{w}^* = \sum_{i=1}^{l} \alpha_i^* y_i \boldsymbol{x}_i \tag{1-131}$$

$$b^* = y_j - \sum_{i=1}^{l} \alpha_i^* y_i (\boldsymbol{x}_i \cdot \boldsymbol{x}_j), \quad \forall j \in \{j | 0 < \alpha_j^* < C\} \tag{1-132}$$

则 $(\boldsymbol{w}^*, b^*)$ 是问题 (1-106)~(1-108) 的最优解.

定理 1.16[4] 设$\boldsymbol{\alpha}^* = (\alpha_1^*, \alpha_2^*, \cdots, \alpha_l^*)^{\mathrm{T}}$ 是问题 (1-128)~(1-130) 的最优解, 若令 $\tilde{\boldsymbol{\alpha}} = \dfrac{\boldsymbol{\alpha}^*}{M}$, 其中 $M = \sum\limits_{y_i=1} \alpha_i^*$, 则当 $D = \dfrac{C}{M}$ 时, $\tilde{\boldsymbol{\alpha}}$ 是问题 (1-90)~(1-92) 的最优解.

定理 1.17 若 $D = \dfrac{C}{M}$, 其中 $M = \sum\limits_{y_i=1} \alpha_i^*$, $\boldsymbol{\alpha}^* = (\alpha_1^*, \alpha_2^*, \cdots, \alpha_l^*)^{\mathrm{T}}$ 是优化问题 (1-128)~(1-130) 的最优解, 则近似线性可分的平分最近点模型和最大间隔模型所得到的分划超平面具有平行的法方向.

证明 设对偶问题 (1-128)~(1-130) 的最优解是 $\boldsymbol{\alpha}^* = (\alpha_1^*, \alpha_2^*, \cdots, \alpha_l^*)^{\mathrm{T}}$. 则由定理 1.15 可知, 按式 (1-131)~(1-132) 确定的 $(\boldsymbol{w}^*, b^*)$ 是问题 (1-106)~(1-108) 的最优解. 而由 $(\boldsymbol{w}^*, b^*)$ 确定的超平面 $(\boldsymbol{w}^* \cdot \boldsymbol{x}) + b^* = 0$ 就是近似线性可分最大间隔模型所得到的分划超平面.

由定理 1.16 知 $\tilde{\boldsymbol{\alpha}} = \dfrac{\boldsymbol{\alpha}^*}{M}$ 是问题 (1-90)~(1-92) 的最优解, 因而与此对应的近似线性可分平分最近点模型所得到的 $\tilde{\boldsymbol{w}}$ 应满足

$$\tilde{\boldsymbol{w}} = \sum_{i=1}^{l} \tilde{\alpha}_i y_i \boldsymbol{x}_i = \frac{\boldsymbol{w}^*}{M} \tag{1-133}$$

这说明近似线性可分平分最近点模型和最大间隔模型所得到的分划超平面具有平行的法方向. 从而, 定理 1.17 成立.

从定理 1.14 和定理 1.15 可知, 对于线性不可分问题, 下面的两个定理成立.

定理 1.18 设对应于映射的核函数为 $K(\boldsymbol{x}, \boldsymbol{z}) = (\boldsymbol{\Phi}(\boldsymbol{x}) \cdot \boldsymbol{\Phi}(\boldsymbol{z}))$, 则原始问题 (1-112)~(1-114) 的对偶问题为

$$\min_{\boldsymbol{\alpha}} \quad \frac{1}{2} \sum_{i=1}^{l} \sum_{j=1}^{l} \alpha_i \alpha_j y_i y_j K(\boldsymbol{x}_i, \boldsymbol{x}_j) - \sum_{j=1}^{l} \alpha_j \tag{1-134}$$

$$\text{s.t.} \quad \sum_{i=1}^{l} \alpha_i y_i = 0 \tag{1-135}$$

$$0 \leqslant \alpha_i \leqslant C, \quad i = 1, 2, \cdots, l \tag{1-136}$$

定理 1.19 若 $\boldsymbol{\alpha}^* = (\alpha_1^*, \alpha_2^*, \cdots, \alpha_l^*)^{\mathrm{T}}$ 是对偶问题 (1-134)~(1-136) 的任意解, 令

$$\boldsymbol{w}^* = \sum_{i=1}^{l} \alpha_i^* y_i \boldsymbol{\Phi}(\boldsymbol{x}_i) \tag{1-137}$$

$$b^* = y_j - \sum_{i=1}^{l} \alpha_i^* y_i K(\boldsymbol{x}_i, \boldsymbol{x}_j), \quad j \in \{j | 0 < \alpha_j^* < C\} \tag{1-138}$$

则参数对 $(\boldsymbol{w}^*, b^*)$ 是问题 (1-112)~(1-114) 的最优解.

1.9 回归问题的数学提法

假设已经得到观测数据集

$$Tr = \{(\boldsymbol{x}_1, y_1), \cdots, (\boldsymbol{x}_l, y_l)\} \tag{1-139}$$

其中 $\boldsymbol{x}_i \in R^n, y_i \in R, i = 1, 2, \cdots, l$, 则回归问题可以描述如下：根据给定的训练集 Tr, 寻找 R^n 上的一个实值函数 $f^*(\boldsymbol{x})$, 以便用 $y = f^*(\boldsymbol{x})$ 来推断任一模式 $\boldsymbol{x}$ 所对应的 y 值.

不难看出, 回归问题和分类问题的结构相同, 不同之处仅在于它们的输出 y_i 的取值范围不同. 在分类问题中输出只允许取两个值 (或有限个值), 而在回归问题中, 输出可取任意实数.

解决这个问题的一个直观想法是, 把 $y = f^*(\boldsymbol{x})$ 限制在不太复杂的函数类中, 在这类函数中, 寻找尽可能满足

$$y_i = f^*(\boldsymbol{x}_i), \quad i = 1, 2, \cdots, l \tag{1-140}$$

的 $f^*(\boldsymbol{x})$. 实际上, 经常使用的线性回归方法, 就是限定 $f(\boldsymbol{x})$ 为线性函数 $f(x) = \boldsymbol{w} \cdot \boldsymbol{x} + b$, 从中找出尽可能满足式 (1-140) 的 $f^*(\boldsymbol{x}) = \boldsymbol{w}^* \cdot \boldsymbol{x} + b^*$. 通常用

$$(y_i - f(\boldsymbol{x}_i))^2 = (y_i - \boldsymbol{w} \cdot \boldsymbol{x}_i - b)^2 \tag{1-141}$$

来度量 $y = f(\boldsymbol{x}) = \boldsymbol{w} \cdot \boldsymbol{x} + b$ 偏离 $y_i = f(\boldsymbol{x}_i)$ 的程度. 这个量越小, 表明满足的程度越高. 所以我们要尽可能满足式 (1-140), 自然考虑用下面的优化问题

$$\min_{\boldsymbol{w}, b} \quad \sum_{i=1}^{l} (y_i - \boldsymbol{w} \cdot \boldsymbol{x}_i - b)^2 \tag{1-142}$$

的解 $(\boldsymbol{w}^*, b^*)$ 来确定 $f^*(\boldsymbol{x}) = \boldsymbol{w}^* \cdot \boldsymbol{x} + b^*$.

如果限定 $y = f^*(\boldsymbol{x})$ 所在的函数类为某个实函数的集合 F, 度量 $y = f(\boldsymbol{x})$ 偏离 $y_i = f(\boldsymbol{x}_i)$ 的损失函数为 $C(\boldsymbol{x}, y, f)$, 则优化问题 (1-142) 变为经验风险的极小化

$$\min_{f \in F} \quad \sum_{i=1}^{l} C(\boldsymbol{x}_i, y_i, f(\boldsymbol{x}_i)) \tag{1-143}$$

从严格的数学意义上来说, 回归问题可以表述为: 设给定训练集 Tr, 假定训练集是按 $X \times Y$ 上的某个概率分布 $P(\boldsymbol{x}, y)$ 选取的独立同分布的样本点, 损失函数用 $C(\boldsymbol{x}, y, f)$ 表示, 则回归问题就是寻求一个实值函数 $f(\boldsymbol{x})$, 使得期望风险[17,18]

$$R[f] = \int C(\boldsymbol{x}, y, f)\mathrm{d}P(\boldsymbol{x}, y) \tag{1-144}$$

达到极小. 需要注意的是, 这里的概率分布 $P(\boldsymbol{x}, y)$ 是未知的, 已知的仅仅是训练集 T.

1.10 硬 ε-带超平面

首先考虑线性回归问题, 即限定回归问题所寻找的函数 $f(\boldsymbol{x})$ 为线性函数

$$y = f(\boldsymbol{x}) = (\boldsymbol{w} \cdot \boldsymbol{x}) + b \tag{1-145}$$

这个线性函数对应于空间 $R^n \times R$ 上的一个超平面. 从几何上看, 线性回归问题就是在给定训练集 Tr 的条件下, 寻找一个 $n+1$ 维空间 R^{n+1} 上的超平面.

为了给出回归模型的直观几何解释, 受 Vapnik 定义的 ε- 不敏感损失函数的启发[18], 2002 年, Bi 和 Bennett[21] 给出了硬 ε-带超平面的概念, 并讨论了它的存在性问题. 下面介绍 Bi 和 Bennett 的工作.

定义 1.13(超平面的 ε-带) 设 $\varepsilon > 0$, 一个超平面 $y = (\boldsymbol{w} \cdot \boldsymbol{x}) + b$ 的 ε-带是指该超平面沿 y 轴依次上下平移 ε 所扫过的区域 (图 1.8).

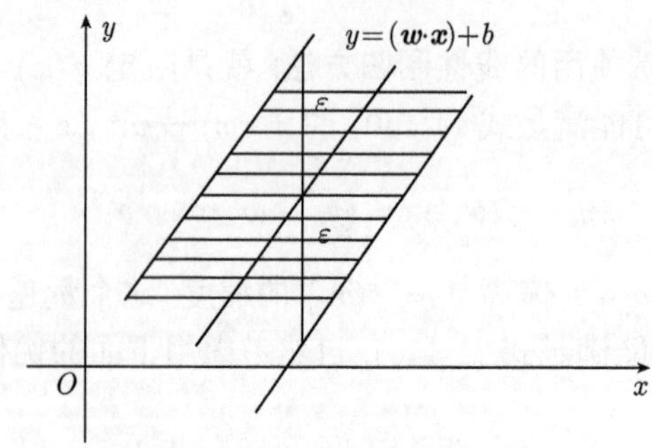

图 1.8 超平面的 ε-带

定义 1.14(硬 ε-带超平面) 设给定训练集 Tr 和 $\varepsilon > 0$, 称一个超平面 $y = (\boldsymbol{w} \cdot \boldsymbol{x}) + b$ 为对于训练集 Tr 的硬 ε-带超平面, 如果该超平面的 ε-带包含了训练集 Tr 中的所有训练点 (图 1.9), 即超平面 $y = (\boldsymbol{w} \cdot \boldsymbol{x}) + b$ 满足

$$-\varepsilon \leqslant y_i - ((\boldsymbol{w} \cdot \boldsymbol{x}_i) + b) \leqslant \varepsilon, \quad i = 1, 2, \cdots, l \tag{1-146}$$

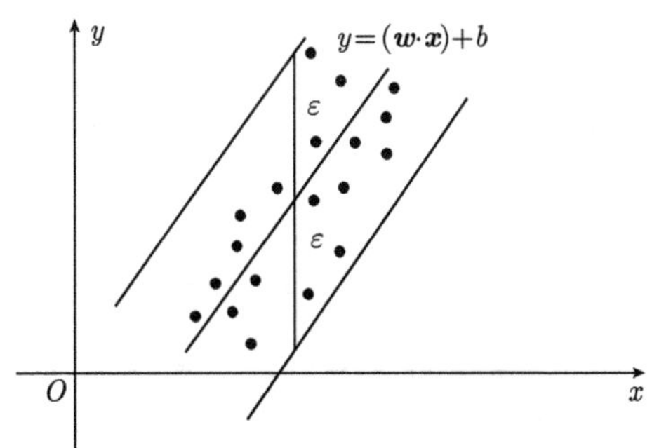

图 1.9 硬 ε-带超平面

显然, 对由有限个训练点组成的训练集来说, 当 ε 充分大时, 硬 ε-带超平面总是存在的. 而最小的硬 ε-带超平面存在的 ε 值 $\varepsilon_{\min}$, 则应该是下列优化问题的最优值:

$$\min_{\boldsymbol{w}, b, \varepsilon} \quad \varepsilon \tag{1-147}$$

$$\text{s.t.} \quad -\varepsilon \leqslant y_i - ((\boldsymbol{w} \cdot \boldsymbol{x}_i) + b) \leqslant \varepsilon, \quad i = 1, 2, \cdots, l \tag{1-148}$$

对于某个训练集 Tr 来说, 如果存在着硬 ε-带超平面, 而且 ε 又比较小时, 那么选择硬 ε-带超平面作为回归问题的解, 应该是一个合理的选择.

1.11 基于分类的回归模型

为研究硬 ε-带超平面和线性分划的关系, 从给定训练集 Tr 出发构造出两类点. 具体做法是将训练集 Tr 中每个训练点的 y 值分别增加 ε 和减少 ε, 得到正类点和负类点两个集合, 分别记它们为 D^+ 和 D^-, 即

$$D^+ = \{(\boldsymbol{x}_i, y_i + \varepsilon), i = 1, 2, \cdots, l\} \tag{1-149}$$

$$D^- = \{(\boldsymbol{x}_i, y_i - \varepsilon), i = 1, 2, \cdots, l\} \tag{1-150}$$

这样就形成了一个对正负两类点进行线性划分的问题. 为了说明硬 ε-带超平面和线性分划之间的关系, 首先给出定理 1.20, 然后给出定理 1.21.

定理 1.20(择一定理)[22]　设 $\boldsymbol{A}$ 是 $m \times n$ 矩阵, $\boldsymbol{y} \in R^m$, $\boldsymbol{z} \in R^n$, $\boldsymbol{C} \in R^m$, 则方程组 $\boldsymbol{A}z \leqslant \boldsymbol{C}$ 有解 (无解) 的充要条件是方程组 $\boldsymbol{A}^{\mathrm{T}}\boldsymbol{y} = 0, \boldsymbol{C}^{\mathrm{T}}\boldsymbol{y} = -1, \boldsymbol{y} \geqslant 0$ 无解 (有解).

定理 1.21[23]　设给定训练集 Tr 和 $\varepsilon > 0$, 考虑由式 (1-149)~(1-150) 定义的集合 D^+ 和 D^-. 则一个超平面 $y = (\boldsymbol{w} \cdot \boldsymbol{x}) + b$ 是硬 ε-带超平面的充要条件是 D^+ 的凸壳和 D^- 的凸壳分别位于该超平面的两侧.

证明　(1) 必要性

对于给定的训练集 Tr 和 $\varepsilon > 0$, 若超平面 $y = (\boldsymbol{w} \cdot \boldsymbol{x}) + b$ 是硬 ε-带超平面, 则根据定义 1.14 知

$$-\varepsilon \leqslant y_i - ((\boldsymbol{w} \cdot \boldsymbol{x}_i) + b) \leqslant \varepsilon, \quad i = 1, 2, \cdots, l \tag{1-151}$$

若令 $\tilde{\boldsymbol{y}} = (y_1, y_2, \cdots, y_l)^{\mathrm{T}}$, $\boldsymbol{e} = (1, 1, \cdots, 1)^{\mathrm{T}}$, $\boldsymbol{X} = (\boldsymbol{x}_1, \boldsymbol{x}_2, \cdots, \boldsymbol{x}_l)^{\mathrm{T}}$, 则上式可表示为

$$(\tilde{\boldsymbol{y}} + \varepsilon \boldsymbol{e}) - \boldsymbol{X} \cdot \boldsymbol{w} - b\boldsymbol{e} \geqslant \boldsymbol{0} \tag{1-152}$$

$$(\tilde{\boldsymbol{y}} - \varepsilon \boldsymbol{e}) - \boldsymbol{X} \cdot \boldsymbol{w} - b\boldsymbol{e} \leqslant \boldsymbol{0} \tag{1-153}$$

注意到 D^+ 的凸壳中的任一点都可以表示为

$$\boldsymbol{c} = (\boldsymbol{c}_x, c_y) = \sum_{i=1}^{l} u_i (\boldsymbol{x}_i, y_i + \varepsilon) \tag{1-154}$$

其中 $\boldsymbol{u} = (u_1, u_2, \cdots, u_l)^{\mathrm{T}}$ 满足 $\sum\limits_{i=1}^{l} u_i = 1, u_i \geqslant 0, i = 1, 2, \cdots, l$. 于是由式 (1-152) 有

$$c_y - (\boldsymbol{w} \cdot \boldsymbol{c}_x) - b = (\tilde{\boldsymbol{y}} + \varepsilon \boldsymbol{e})^{\mathrm{T}} \boldsymbol{u} - \boldsymbol{w}^{\mathrm{T}} (X^{\mathrm{T}} \boldsymbol{u}) - b = ((\tilde{\boldsymbol{y}} + \varepsilon \boldsymbol{e}) - \boldsymbol{X} \cdot \boldsymbol{w} - b\boldsymbol{e})^{\mathrm{T}} \boldsymbol{u} \geqslant 0 \tag{1-155}$$

同样, D^- 的凸壳中的任一点都可以表示为

$$\boldsymbol{d} = (\boldsymbol{d}_x, d_y) = \sum_{i=1}^{l} v_i (\boldsymbol{x}_i, y_i - \varepsilon) \tag{1-156}$$

其中 $\boldsymbol{v} = (v_1, v_2, \cdots, v_l)^{\mathrm{T}}$ 满足 $\sum\limits_{i=1}^{l} v_i = 1, v_i \geqslant 0, i = 1, 2, \cdots, l$. 由式 (1-153) 有

$$d_y - (\boldsymbol{w} \cdot \boldsymbol{d}_x) - b = (\tilde{\boldsymbol{y}} - \varepsilon \boldsymbol{e})^{\mathrm{T}} \boldsymbol{v} - \boldsymbol{w}^{\mathrm{T}} (\boldsymbol{X}^{\mathrm{T}} \boldsymbol{v}) - b = ((\tilde{\boldsymbol{y}} - \varepsilon \boldsymbol{e}) - \boldsymbol{X} \cdot \boldsymbol{w} - b\boldsymbol{e})^{\mathrm{T}} \boldsymbol{v} \leqslant 0 \tag{1-157}$$

式 (1-155) 和式 (1-157) 表明 D^+ 和 D^- 的凸壳分别位于超平面 $y = (\boldsymbol{w} \cdot \boldsymbol{x}) + b$ 的两侧.

(2) 充分性

任取满足 $\boldsymbol{e}^{\mathrm{T}}\boldsymbol{u}=1, \boldsymbol{u}\geqslant \boldsymbol{0}$ 的凸组合系数向量 $\boldsymbol{u}$, 则可得到 D^{+} 中的一点 $(\boldsymbol{X}^{\mathrm{T}}\boldsymbol{u}, (\tilde{\boldsymbol{y}}+\varepsilon\boldsymbol{e})^{\mathrm{T}}\boldsymbol{u})$. 与此对应, 选取满足 $\boldsymbol{e}^{\mathrm{T}}\boldsymbol{v}=1, \boldsymbol{v}\geqslant 0, \boldsymbol{X}^{\mathrm{T}}\boldsymbol{u}=\boldsymbol{X}^{\mathrm{T}}\boldsymbol{v}$ 的凸组合系数向量 $\boldsymbol{v}$, 则可得到 D^{-} 中的一点 $(\boldsymbol{X}^{\mathrm{T}}\boldsymbol{v}, (\tilde{\boldsymbol{y}}-\varepsilon\boldsymbol{e})^{\mathrm{T}}\boldsymbol{v})$. 将该点与上述 D^{+} 中的点相比较, 它们的前 n 个向量相同. 再注意到超平面 $y=(\boldsymbol{w}\cdot\boldsymbol{x})+b$ 分离两个集合 D^{+} 和 D^{-} 的凸壳, 则知它们的第 $n+1$ 个分量应满足

$$(\tilde{\boldsymbol{y}}+\varepsilon\boldsymbol{e})^{\mathrm{T}}\boldsymbol{u}-(\tilde{\boldsymbol{y}}-\varepsilon\boldsymbol{e})^{\mathrm{T}}\boldsymbol{v}\geqslant 0 \tag{1-158}$$

从而, 对任意满足 $\boldsymbol{e}^{\mathrm{T}}\boldsymbol{u}=1, \boldsymbol{u}\geqslant 0$ 和 $\boldsymbol{e}^{\mathrm{T}}\boldsymbol{v}=1, \boldsymbol{v}\geqslant 0, \boldsymbol{X}^{\mathrm{T}}\boldsymbol{u}=\boldsymbol{X}^{\mathrm{T}}\boldsymbol{v}$ 的 $\boldsymbol{u}$ 和 $\boldsymbol{v}$, 都有式 (1-158) 成立. 由此可见, 关于变量 $\boldsymbol{u}$,$\boldsymbol{v}$ 的不等式组

$$\boldsymbol{X}^{\mathrm{T}}\boldsymbol{u}=\boldsymbol{X}^{\mathrm{T}}\boldsymbol{v},\quad \boldsymbol{e}^{\mathrm{T}}\boldsymbol{u}=\boldsymbol{e}^{\mathrm{T}}\boldsymbol{v}=1,\quad (\tilde{\boldsymbol{y}}+\varepsilon\boldsymbol{e})^{\mathrm{T}}\boldsymbol{u}-(\tilde{\boldsymbol{y}}-\varepsilon\boldsymbol{e})^{\mathrm{T}}\boldsymbol{v}<0,\quad \boldsymbol{u}\geqslant\boldsymbol{0},\quad \boldsymbol{v}\geqslant\boldsymbol{0} \tag{1-159}$$

无解.

我们可以证明: 关于变量 $\boldsymbol{u}$,$\boldsymbol{v}$ 的不等式组

$$\boldsymbol{X}^{\mathrm{T}}\boldsymbol{u}=\boldsymbol{X}^{\mathrm{T}}\boldsymbol{v},\quad \boldsymbol{e}^{\mathrm{T}}\boldsymbol{u}=\boldsymbol{e}^{\mathrm{T}}\boldsymbol{v},\quad (\tilde{\boldsymbol{y}}+\varepsilon\boldsymbol{e})^{\mathrm{T}}\boldsymbol{u}-(\tilde{\boldsymbol{y}}-\varepsilon\boldsymbol{e})^{\mathrm{T}}\boldsymbol{v}=-1,\quad \boldsymbol{u}\geqslant\boldsymbol{0},\quad \boldsymbol{v}\geqslant\boldsymbol{0} \tag{1-160}$$

无解. 事实上, 若式 (1-160) 有解 $\boldsymbol{u}$,$\boldsymbol{v}$, 令 $\sigma=\boldsymbol{e}^{\mathrm{T}}\boldsymbol{u}=\boldsymbol{e}^{\mathrm{T}}\boldsymbol{v}>0$, 则 $\boldsymbol{u}'=\dfrac{\boldsymbol{u}}{\sigma}, \boldsymbol{v}'=\dfrac{\boldsymbol{v}}{\sigma}$ 是式 (1-160) 的解, 矛盾.

在择一定理中, 令 $\boldsymbol{A}=\begin{pmatrix}\boldsymbol{X} & \boldsymbol{e}\\ -\boldsymbol{X} & -\boldsymbol{e}\end{pmatrix}, \boldsymbol{y}=\begin{pmatrix}\boldsymbol{u}\\ \boldsymbol{v}\end{pmatrix}, \boldsymbol{z}=\begin{pmatrix}\boldsymbol{w}\\ b\end{pmatrix}, \boldsymbol{C}=\begin{pmatrix}\tilde{\boldsymbol{y}}+\varepsilon\boldsymbol{e}\\ -(\tilde{\boldsymbol{y}}-\varepsilon\boldsymbol{e})\end{pmatrix}$, 则由式 (1-160) 可推出关于变量 $\boldsymbol{w}$,b 的不等式组

$$(\tilde{\boldsymbol{y}}+\varepsilon\boldsymbol{e})-\boldsymbol{X}\cdot\boldsymbol{w}-b\boldsymbol{e}\geqslant\boldsymbol{0} \tag{1-161}$$

$$(\tilde{\boldsymbol{y}}-\varepsilon\boldsymbol{e})-\boldsymbol{X}\cdot\boldsymbol{w}-b\boldsymbol{e}\leqslant\boldsymbol{0} \tag{1-162}$$

有解, 即超平面 $y=(\boldsymbol{w}\cdot\boldsymbol{x})+b$ 是硬 ε-带超平面.

现在, 考虑如何构造硬 ε-带超平面. 当 $\varepsilon>\varepsilon_{\min}$ 时, 有无穷多个硬 ε-带超平面存在, 应该选择哪一个呢? 从定理 1.21 的证明可以看出, 当 $\varepsilon>\varepsilon_{\min}$ 时, 硬 ε-带超平面等价于集合 D^{+} 和 D^{-} 的分划超平面. 由此可以推想, 较好的集合 D^{+} 和 D^{-} 的分划超平面应该也是较好的对于训练集 Tr 的硬 ε-带超平面, 所以可以考虑用解分类问题的方法来构造硬 ε-带超平面.

具体地说, 此时分类问题所对应的训练集可表为

$$\{((\boldsymbol{x}_1, y_1+\varepsilon);1),\cdots,((\boldsymbol{x}_l, y_l+\varepsilon);1),((\boldsymbol{x}_1, y_1-\varepsilon);-1),\cdots((\boldsymbol{x}_l, y_l-\varepsilon);-1)\} \tag{1-163}$$

其中, $(\boldsymbol{x}_i, y_i+\varepsilon)$ 或 $(\boldsymbol{x}_i, y_i-\varepsilon)$ 表示输入, 最后一个分量 -1 或 1 表示输出. 这样, 当 $\varepsilon > \varepsilon_{\min}$ 时, 与线性可分的最大间隔模型相对应, 可以非常自然地建立构造硬 ε-带超平面的算法[4].

1.11.1 线性回归模型

对于训练集 (1-163), 对线性可分问题的最大间隔模型进行移植, 注意到此时超平面的法向量形式为 $(\boldsymbol{w}, \eta)$, 则可得到下列优化问题[4]

$$\min_{\boldsymbol{w},\eta,b} \quad \frac{1}{2}\|\boldsymbol{w}\|^2 + \frac{1}{2}\eta^2 \tag{1-164}$$

$$\text{s.t.} \quad (\boldsymbol{w}\cdot\boldsymbol{x}_i) + \eta(y_i+\varepsilon) + b \geqslant 1, \quad i=1,2,\cdots,l \tag{1-165}$$

$$(\boldsymbol{w}\cdot\boldsymbol{x}_i) + \eta(y_i-\varepsilon) + b \leqslant -1, \quad i=1,2,\cdots,l \tag{1-166}$$

若令

$$(\boldsymbol{x}_{l+i}, y_{l+i}-\varepsilon) = (\boldsymbol{x}_i, y_i-\varepsilon), \quad i=1,2,\cdots,l \tag{1-167}$$

$$z_i = \begin{cases} 1, & i=1,2,\cdots,l \\ -1, & i=l+1,l+2,\cdots,2l \end{cases} \tag{1-168}$$

则优化问题 (1-164)~(1-166) 可表为

$$\min_{\boldsymbol{w},\eta,b} \quad \frac{1}{2}\|\boldsymbol{w}\|^2 + \frac{1}{2}\eta^2 \tag{1-169}$$

$$\text{s.t.} \quad z_i((\boldsymbol{w}\cdot\boldsymbol{x}_i) + \eta(y_i+z_i\varepsilon) + b) \geqslant 1, \quad i=1,2,\cdots,2l \tag{1-170}$$

求得该问题的最优解 $(\boldsymbol{w}^*, \eta^*, b^*)$ 后, 便可构造出分划超平面 $(\boldsymbol{w}^*\cdot\boldsymbol{x})+\eta^*\cdot y+b^*=0$. 整理后得到 $y=(\boldsymbol{w}\cdot\boldsymbol{x})+b$, 其中 $\boldsymbol{w}=-\dfrac{\boldsymbol{w}^*}{\eta^*}, b=-\dfrac{b^*}{\eta^*}$, 这就是我们欲求的硬 ε-带超平面, 也是最后的线性回归函数.

定理 1.22[24] 设 $(\boldsymbol{w}^*, \eta^*, b^*)$ 为优化问题 (1-164)~(1-166) 的解, 则有 $\eta^* \geqslant \dfrac{1}{\varepsilon}$. 若令 $\varepsilon^* = \varepsilon - \dfrac{1}{\eta^*}$, 则优化问题[1,6]

$$\min_{\boldsymbol{w},b} \quad \frac{1}{2}\|\boldsymbol{w}\|^2 \tag{1-171}$$

$$\text{s.t.} \quad (\boldsymbol{w}\cdot\boldsymbol{x}_i) + b - y_i \leqslant \varepsilon^*, \quad i=1,2,\cdots,l \tag{1-172}$$

$$y_i - (\boldsymbol{w}\cdot\boldsymbol{x}_i) - b \leqslant \varepsilon^*, \quad i=1,2,\cdots,l \tag{1-173}$$

的解 $(\overline{w}, \bar{b})$ 满足

$$\overline{\boldsymbol{w}} = -\frac{\boldsymbol{w}^*}{\eta^*}, \quad \bar{b} = -\frac{b^*}{\eta^*} \tag{1-174}$$

上述定理表明, 求解最优化问题 (1-171)~(1-173) 可以直接得到构造硬 ε-带超平面的最大间隔模型所得到的线性回归函数. 因此, 可以想象, 下列做法应该是一个合理的方案: 选择合适的参数 ε^*, 构造并求解优化问题 (1-171)~(1-173). 根据此问题的最优解 $(\overline{\boldsymbol{w}},\bar{b})$ 构造线性回归函数 $y=(\overline{\boldsymbol{w}}\cdot\boldsymbol{x})+\bar{b}$.

定理 1.23 优化问题 (1-171)~(1-173) 的对偶问题是

$$\min_{\boldsymbol{\alpha},\boldsymbol{\beta}} \quad \frac{1}{2}\sum_{i=1}^{l}\sum_{j=1}^{l}(\alpha_i-\beta_i)(\alpha_j-\beta_j)(\boldsymbol{x}_i\cdot\boldsymbol{x}_j)+\varepsilon^*\sum_{i=1}^{l}(\alpha_i+\beta_i)-\sum_{i=1}^{l}y_i(\alpha_i-\beta_i) \tag{1-175}$$

$$\text{s.t.} \quad \sum_{i=1}^{l}(\alpha_i-\beta_i)=0 \tag{1-176}$$

$$\alpha_i\geqslant 0,\quad \beta_i\geqslant 0,\quad i=1,2,\cdots,l \tag{1-177}$$

证明 首先, 引入 Lagrange 函数

$$L(\boldsymbol{w},b,\boldsymbol{\alpha},\boldsymbol{\beta})=\frac{1}{2}\|\boldsymbol{w}\|^2-\sum_{i=1}^{l}\alpha_i(\varepsilon^*-y_i+(\boldsymbol{w}\cdot\boldsymbol{x}_i)+b)-\sum_{i=1}^{l}\beta_i(\varepsilon^*+y_i-(\boldsymbol{w}\cdot\boldsymbol{x}_i)-b) \tag{1-178}$$

根据 Wolfe 对偶的定义, 首先对 Lagrange 函数关于 $\boldsymbol{w},b$ 求极小, 即分别对 $\boldsymbol{w}$ 和 b 求偏导数并令它们为零, 得到

$$\frac{\partial \mathrm{L}}{\partial \boldsymbol{w}}=\boldsymbol{w}-\sum_{i=1}^{l}(\alpha_i-\beta_i)\boldsymbol{x}_i=\boldsymbol{0} \tag{1-179}$$

$$\frac{\partial \mathrm{L}}{\partial b}=\sum_{i=1}^{l}(\alpha_i-\beta_i)=0 \tag{1-180}$$

把极值条件 (1-179) 和 (1-180) 代入式 (1-178), 并对它关于 $\boldsymbol{\alpha}$ 和 $\boldsymbol{\beta}$ 求极大, 就得到对偶问题 (1-175)~(1-177).

定理 1.24[24] 设 $(\boldsymbol{\alpha}^*,\boldsymbol{\beta}^*)$ 是对偶问题 (1-175)~(1-177) 的任意解. 令

$$\overline{\boldsymbol{w}}=\sum_{i=1}^{l}(\alpha_i^*-\beta_i^*)\boldsymbol{x}_i \tag{1-181}$$

并且选择 $\boldsymbol{\alpha}^*$ 的正分量 $\alpha_j^*>0$, 令

$$\bar{b}=y_j-(\overline{\boldsymbol{w}}\cdot\boldsymbol{x}_j)-\varepsilon^* \tag{1-182}$$

或选择 $\boldsymbol{\beta}^*$ 的正分量 $\beta_j^*>0$, 令

$$\bar{b}=y_j-(\overline{\boldsymbol{w}}\cdot\boldsymbol{x}_j)+\varepsilon^* \tag{1-183}$$

则 $(\overline{\boldsymbol{w}},\bar{b})$ 是原始优化问题 (1-171)~(1-173) 的解.

1.11.2 近似线性回归模型

对于近似线性回归问题, 应用近似线性分类的最大间隔模型, 可得到如下的优化问题[5]

$$\min_{\boldsymbol{w},\eta,b,\boldsymbol{\xi}} \quad \frac{1}{2}\|\boldsymbol{w}\|^2+\frac{1}{2}\eta^2+C\sum_{i=1}^{2l}\xi_i \tag{1-184}$$

$$\text{s.t.} \quad z_i((\boldsymbol{w}\cdot\boldsymbol{x}_i)+\eta(y_i+z_i\varepsilon)+b)+\xi_i\geqslant 1, \quad i=1,2,\cdots,2l \tag{1-185}$$

$$\xi_i\geqslant 0, \quad i=1,2,\cdots,2l \tag{1-186}$$

求得该问题的最优解 $(\boldsymbol{w}^*,\eta^*,b^*,\boldsymbol{\xi}^*)$ 后, 便可构造分划超平面 $(\boldsymbol{w}^*\cdot\boldsymbol{x})+\eta^*y+b^*=0$. 整理后便得到近似线性回归函数 $y=(\boldsymbol{w}\cdot\boldsymbol{x})+b$, 其中 $\boldsymbol{w}=-\dfrac{\boldsymbol{w}^*}{\eta^*}, b=-\dfrac{b^*}{\eta^*}$.

定理 1.25[4] 设 $(\boldsymbol{w}^*,\eta^*,b^*,\boldsymbol{\xi}^*)$为优化问题 (1-184)~(1-186) 的解, 若令 $\varepsilon^*=\varepsilon-\dfrac{1}{\eta^*}$, 则优化问题[18,25]:

$$\min_{\boldsymbol{w},b} \quad \frac{1}{2}\|\boldsymbol{w}\|^2+\frac{C}{l}\sum_{i=1}^{l}(\xi_i+\xi_i^*) \tag{1-187}$$

$$\text{s.t.} \quad (\boldsymbol{w}\cdot\boldsymbol{x}_i)+b-y_i\leqslant\varepsilon^*+\xi_i, \quad i=1,2,\cdots,l \tag{1-188}$$

$$y_i-(\boldsymbol{w}\cdot\boldsymbol{x}_i)-b\leqslant\varepsilon^*+\xi_i^*, \quad i=1,2,\cdots,l \tag{1-189}$$

$$\xi_i,\xi_i^*\geqslant 0, \quad i=1,2,\cdots,l \tag{1-190}$$

的解 $(\overline{\boldsymbol{w}},\bar{b})$ 满足 $\overline{\boldsymbol{w}}=-\dfrac{\boldsymbol{w}^*}{\eta^*}, \bar{b}=-\dfrac{b^*}{\eta^*}$.

定理 1.26 优化问题 (1-187)~(1-190) 的对偶问题是

$$\min_{\boldsymbol{\alpha},\boldsymbol{\beta}} \quad \frac{1}{2}\sum_{i=1}^{l}\sum_{j=1}^{l}(\alpha_i-\beta_i)(\alpha_j-\beta_j)(\boldsymbol{x}_i\cdot\boldsymbol{x}_j)+\varepsilon^*\sum_{i=1}^{l}(\alpha_i+\beta_i)-\sum_{i=1}^{l}y_i(\alpha_i-\beta_i) \tag{1-191}$$

$$\text{s.t.} \quad \sum_{i=1}^{l}(\alpha_i-\beta_i)=0 \tag{1-192}$$

$$0\leqslant\alpha_i,\beta_i\leqslant\frac{C}{l}, \quad i=1,2,\cdots,l \tag{1-193}$$

证明 首先, 引入 Lagrange 函数

$$\begin{aligned}L(\boldsymbol{w},b,\boldsymbol{\xi},\boldsymbol{\alpha},\boldsymbol{\beta})=&\frac{1}{2}\|\boldsymbol{w}\|^2+\frac{C}{l}\sum_{i=1}^{l}(\xi_i+\xi_i^*)-\sum_{i=1}^{l}(\eta_i\xi_i+\eta_i^*\xi_i^*)\\&-\sum_{i=1}^{l}\alpha_i(\varepsilon^*+\xi_i^*-y_i+(\boldsymbol{w}\cdot\boldsymbol{x}_i)+b)\end{aligned}$$

$$-\sum_{i=1}^{l}\beta_i(\varepsilon^*+\xi_i+y_i-(\boldsymbol{w}\cdot\boldsymbol{x}_i)-b) \tag{1-194}$$

分别对 $\boldsymbol{w}$ 和 b 求偏导数并令它们为 0, 得到

$$\frac{\partial L}{\partial \boldsymbol{w}}=\boldsymbol{w}-\sum_{i=1}^{l}(\alpha_i-\beta_i)\boldsymbol{x}_i=0 \tag{1-195}$$

$$\frac{\partial L}{\partial b}=\sum_{i=1}^{l}(\alpha_i-\beta_i)=0 \tag{1-196}$$

$$\frac{\partial L}{\partial \xi_i}=\frac{C}{l}-\eta_i-\beta_i=0 \tag{1-197}$$

$$\frac{\partial L}{\partial \xi_i^*}=\frac{C}{l}-\eta_i^*-\alpha_i=0 \tag{1-198}$$

将式 (1-195)~(1-198) 代入式 (1-194) 中, 并对它关于 $(\boldsymbol{\alpha},\boldsymbol{\beta})$ 求极大, 就得到对偶问题 (1-191)~(1-193).

定理 1.27[4] 设 $(\boldsymbol{\alpha}^*,\boldsymbol{\beta}^*)$ 是对偶问题 (1-191)~(1-193) 的解, 则原始问题 (1-187)~(1-190) 关于 $\boldsymbol{w}$ 的解可表示为

$$\overline{\boldsymbol{w}}=\sum_{i=1}^{l}(\alpha_i^*-\beta_i^*)\boldsymbol{x}_i \tag{1-199}$$

如果存在 $\alpha_j^*\in\left(0,\dfrac{C}{l}\right)$, 或 $\beta_j^*\in\left(0,\dfrac{C}{l}\right)$, 则 $\bar{b}$ 可表示为

$$\bar{b}=y_j-\sum_{i=1}^{l}(\alpha_i^*-\beta_i^*)(\boldsymbol{x}_i\cdot\boldsymbol{x}_j)-\varepsilon^*,\quad \exists\alpha_j^*\in\left(0,\frac{C}{l}\right) \tag{1-200}$$

或

$$\bar{b}=y_j-\sum_{i=1}^{l}(\alpha_i^*-\beta_i^*)(\boldsymbol{x}_i\cdot\boldsymbol{x}_j)+\varepsilon^*,\quad \exists\beta_j^*\in\left(0,\frac{C}{l}\right) \tag{1-201}$$

1.11.3 非线性回归模型

对于非线性回归的情形. 首先把原始空间的数据通过映射 $\varPhi$ 映射到高维特征空间中, 其映射关系为

$$\varPhi:\boldsymbol{x}\mapsto\boldsymbol{\varPhi}(\boldsymbol{x}) \tag{1-202}$$

然后在高维特征空间中做近似线性回归, 其训练集为

$$\{(\boldsymbol{\varPhi}(\boldsymbol{x}_1),y_1),(\boldsymbol{\varPhi}(\boldsymbol{x}_2),y_2),\cdots,(\boldsymbol{\varPhi}(\boldsymbol{x}_l),y_l)\} \tag{1-203}$$

令 $K(\boldsymbol{x}_i,\boldsymbol{x}_j)=(\boldsymbol{\Phi}(\boldsymbol{x}_i)\cdot\boldsymbol{\Phi}(\boldsymbol{x}_j))$, 则与此对应的原始优化问题为

$$\min_{\boldsymbol{w},b}\quad \frac{1}{2}\|\boldsymbol{w}\|^2+\frac{C}{l}\sum_{i=1}^{l}(\xi_i+\xi_i^*) \tag{1-204}$$

$$\text{s.t.}\quad (\boldsymbol{w}\cdot\boldsymbol{\Phi}(\boldsymbol{x}_i))+b-y_i\leqslant\varepsilon^*+\xi_i,\quad i=1,2,\cdots,l \tag{1-205}$$

$$y_i-(\boldsymbol{w}\cdot\boldsymbol{\Phi}(\boldsymbol{x}_i))-b\leqslant\varepsilon^*+\xi_i^*,\quad i=1,2,\cdots,l \tag{1-206}$$

$$\xi_i,\xi_i^*\geqslant 0,\quad i=1,2,\cdots,l \tag{1-207}$$

其相应的对偶问题为

$$\min_{\boldsymbol{\alpha},\boldsymbol{\beta}}\quad \frac{1}{2}\sum_{i=1}^{l}\sum_{j=1}^{l}(\alpha_i-\beta_i)(\alpha_j-\beta_j)K(\boldsymbol{x}_i,\boldsymbol{x}_j)+\varepsilon^*\sum_{i=1}^{l}(\alpha_i+\beta_i)-\sum_{i=1}^{l}y_i(\alpha_i-\beta_i) \tag{1-208}$$

$$\text{s.t.}\quad \sum_{i=1}^{l}(\alpha_i-\beta_i)=0 \tag{1-209}$$

$$0\leqslant\alpha_i,\quad \beta_i\leqslant\frac{C}{l},\quad i=1,2,\cdots,l \tag{1-210}$$

在优化问题 (1-204)~(1-207) 中, 用 C 取代 $\dfrac{C}{l}$, ε 取代 ε^*, 则优化问题变为

$$\min_{\boldsymbol{w},b}\quad \frac{1}{2}\|\boldsymbol{w}\|^2+C\sum_{i=1}^{l}(\xi_i+\xi_i^*) \tag{1-211}$$

$$\text{s.t.}\quad (\boldsymbol{w}\cdot\boldsymbol{\Phi}(\boldsymbol{x}_i))+b-y_i\leqslant\varepsilon+\xi_i,\quad i=1,2,\cdots,l \tag{1-212}$$

$$y_i-(\boldsymbol{w}\cdot\boldsymbol{\Phi}(\boldsymbol{x}_i))-b\leqslant\varepsilon+\xi_i^*,\quad i=1,2,\cdots,l \tag{1-213}$$

$$\xi_i,\xi_i^*\geqslant 0,\quad i=1,2,\cdots,l \tag{1-214}$$

相应的对偶问题为

$$\min_{\boldsymbol{\alpha},\boldsymbol{\beta}}\quad \frac{1}{2}\sum_{i=1}^{l}\sum_{j=1}^{l}(\alpha_i-\beta_i)(\alpha_j-\beta_j)K(\boldsymbol{x}_i,\boldsymbol{x}_j)+\varepsilon\sum_{i=1}^{l}(\alpha_i+\beta_i)-\sum_{i=1}^{l}y_i(\alpha_i-\beta_i) \tag{1-215}$$

$$\text{s.t.}\quad \sum_{i=1}^{l}(\alpha_i-\beta_i)=0 \tag{1-216}$$

$$0\leqslant\alpha_i,\quad \beta_i\leqslant C,\quad i=1,2,\cdots,l \tag{1-217}$$

这就是支持向量回归机的标准模型[25].

对于优化问题 (1-215)~(1-217) 的最优解, 下面的定理成立:

定理 1.28 设 $(\boldsymbol{\alpha}^*,\boldsymbol{\beta}^*)$ 是优化问题 (1-215)~(1-217) 的最优解, 则

(1) $\forall i\in\{1,2,\cdots,l\}$, α_i^* 和 β_i^* 中最多只能有一个不为零;

(2) 若 $\alpha_i^* = \beta_i^* = 0$, 则相应的样本点 $(\boldsymbol{x}_i, y_i)$ 一定在 ε-带的内部或边界上;

(3) 若 $\alpha_i^* \in (0,\ C]$ 或 $\beta_i^* \in (0,\ C]$, 则相应的样本点 $(\boldsymbol{x}_i, y_i)$ 一定在 ε-带的外部或边界上.

证明 (1) 当 $0 < \alpha_i^* < C$ 时, 根据优化问题的 KKT 条件, 我们知道下列四个式子成立

$$\alpha_i^*(\varepsilon + \xi_i^* - y_i + (\boldsymbol{w} \cdot \boldsymbol{\Phi}(\boldsymbol{x}_i)) + b) = 0 \tag{1-218}$$

$$\beta_i^*(\varepsilon + \xi_i + y_i - (\boldsymbol{w} \cdot \boldsymbol{\Phi}(\boldsymbol{x}_i)) - b) = 0 \tag{1-219}$$

$$(C - \alpha_i^*) \cdot \xi_i^* = 0 \tag{1-220}$$

$$(C - \beta_i^*) \cdot \xi_i = 0 \tag{1-221}$$

由式 (1-218) 和式 (1-220) 知

$$y_i - (\boldsymbol{w} \cdot \boldsymbol{\Phi}(\boldsymbol{x}_i)) - b = \varepsilon \tag{1-222}$$

从而

$$\varepsilon + \xi_i + y_i - ((\boldsymbol{w} \cdot \boldsymbol{\Phi}(\boldsymbol{x}_i)) + b) = \xi_i + 2\varepsilon > 0 \tag{1-223}$$

由式 (1-219) 和式 (1-223) 可得 $\beta_i^* = 0$. 同理可证：当 $0 < \beta_i^* < C$ 时, $\alpha_i^* = 0$.

当 $\alpha_i^* = C$ 时, 由式 (1-218) 可得

$$y_i - (\boldsymbol{w} \cdot \boldsymbol{\Phi}(\boldsymbol{x}_i)) - b = \varepsilon + \xi_i^* \tag{1-224}$$

从而

$$\varepsilon + \xi_i + y_i - (\boldsymbol{w} \cdot \boldsymbol{\Phi}(\boldsymbol{x}_i)) - b = \varepsilon + \xi_i + \varepsilon + \xi_i^* = 2\varepsilon + \xi_i + \xi_i^* > 0 \tag{1-225}$$

由式 (1-219) 可得 $\beta_i^* = 0$. 同理可证：当 $\beta_i^* = C$ 时, $\alpha_i^* = 0$.

(2) 当 $\alpha_i^* = \beta_i^* = 0$, 由式 (1-220)～式 (1-221) 可知 $\xi_i^* = \xi_i = 0$. 由式 (1-212) 和式 (1-213) 可得

$$|(\boldsymbol{w} \cdot \boldsymbol{\Phi}(\boldsymbol{x}_i)) + b - y_i| \leqslant \varepsilon \tag{1-226}$$

这说明相应的样本点 $(\boldsymbol{x}_i, y_i)$ 在 ε-带的内部或边界上.

(3) 当 $\alpha_i^* \in (0,\ C]$ 时, 由式 (1-218) 可得

$$y_i - (\boldsymbol{w} \cdot \boldsymbol{\Phi}(\boldsymbol{x}_i)) - b = \varepsilon + \xi_i^* \tag{1-227}$$

这说明 $(\boldsymbol{x}_i, y_i)$ 在 ε-带的外部或边界上. 对于 $\beta_i^* \in (0,\ C]$ 的情形, 可以得到同样的结论.

参 考 文 献

[1] Mercer J. Functions of positive and negative type and their connection with the theory of integral equations. London: Philosophical Transactions of the Royal Society, 1909, A209: 415-446.

[2] Aizerman M, Braverman E, Rozonoer L. Theoretical foundations of the potential function method in pattern recognition learning. Automation and Remote Control, 1964, 25: 821-837.

[3] Boser B E, Guyon I M, Vapnik V N. A training algorithm for optimal margin classifiers//Proceedings of the 5th Annual ACM Workshop on Computational Learning Theory. ACM Press, 1992: 144-152.

[4] 邓乃扬, 田英杰. 数据挖掘中的新方法 —— 支持向量机. 北京：科学出版社, 2004.

[5] Aronszajn N. Theory of reproducing kernels. Transactions of the American Mathematical Society, 1950, 68: 337-404.

[6] Schölkopf B, Burges C J C, Smola A J. Advances in Kernel Methods-Support Vector Learning. MIT Press, 1999.

[7] Shawe-Taylor J, Cristianini N. Kernel methods for pattern analysis. Cambridge, UK: Cambridge University Press, 2004.

[8] Bennett K P, Bredensteiner E J. Duality and geometry in SVM classifiers//Langley P. Proceedings of the 17th International Conference on Machine Learning. Morgan Kaufmann, 2000: 57-64.

[9] Bennett K P, Campbell C. Support vector machines: hype or hallelujah? ACM SIGKDD, 2000, 2(2): 1-13.

[10] Theodoridis S, Mavroforakis M. Reduced convex hulls: a geometric approach to support vector machines. IEEE Signal Processing Magazine, 2007, 24(3): 119-122.

[11] Keerthi S S, Shevade S K, Bhattacharyya C, Murthy K R K. A fast iterative nearest point algorithm for support vector machine classifier design. Technical Report TR-ISL-99-03, Dept of CSA, IISc, Department of CSA, IISc, Bangalore, India, 1999.

[12] Crisp D J, Burges C J C. A geometric interpretation of v-SVM classifiers. NIPS: MIT Press, 1999: 244-250.

[13] Tao Q, Wu G W, Wang J. A generalized S-K algorithm for learning v-SVM classifiers. Pattern Recognition Letters, 2004, 25: 1165-1171.

[14] Mavroforakis M, Theodoridis S. A geometric approach to support vector machine classification. IEEE Transactions on Neural Networks, 2006, 17(3): 671-682.

[15] Mavroforakis M, Theodoridis S. A geometric nearest point algorithm for the effcient solution of the SVM classification task. IEEE Transactions on Neural Networks, 2007, 18(5): 1545-1549.

[16] Mavroforakis M E. Geometric approach to statistical learning theory through support

vector machines (SVM) with application to medical diagnosis. PhD Thesis, University of Athens, Greece, 2008.

[17] Vapnik V N. The nature of statistical learning theory. London, UK: Springer-Verlag, 1995.

[18] Vapnik V N. Statistical learning theory. New York: John Wiley & Sons, 1998.

[19] Bennett K P, Bredensteiner E J. Geometry in learning//Gorini C, Hart E, Meyer W and Phillips T. Geometry at Work. Mathematical Washington D C, Association of America Press, 1997.

[20] Zhou D Y, Xiao B H, Zhou H B, Dai R W. Global geometry of SVM classifiers. Technical Report in AI Lab. Institute of Automation, Chinese Academy of Sciences, 2002.

[21] Bi J B, Bennett K P. Duality, geometry, and support vector regression//Dietterich T G, Becker S and Ghahramani Z. Advances in Neural Information Processing Systems. Cambridge, MA: MIT Press, 2002, 14: 593-600.

[22] Mangasarian O L. Nonlinear programming. SIAM, Philadelphia, 1994.

[23] Bi J B, Bennett K P. A geometric approach to support vector regression. Neurocomputing, 2003, 55(1-2): 79-108.

[24] 邓乃扬, 田英杰. 支持向量机 —— 理论、算法与拓展. 北京：科学出版社, 2009.

[25] Smola A J, Scholkopf B. A tutorial on support vector regression. NeuroCOLT2 Technical Report Series, NC2-TR-1998-030, 1998.

第2章　分解算法

在第 1 章中, 把基于支持向量机的分类问题和回归问题归结为一个带有线性约束的凸二次规划问题. 在这一章中, 将研究这些优化问题的求解.

2.1　无约束问题的提法

求解约束问题的途径之一, 是把它转化为一个或一系列无约束问题. 对于解分类问题的支持向量机凸二次规划问题, 我们用 Lee 和 Mangasarian 所提出的方法给予说明[1]. 至于回归问题, 读者可以参考文献 [2].

2.1.1　非光滑无约束问题

考虑线性支持向量机的原始优化问题

$$\min_{\boldsymbol{w},b,\boldsymbol{\xi}} \quad J(\boldsymbol{w},b,\boldsymbol{\xi})=\frac{1}{2}\boldsymbol{w}^{\mathrm{T}}\boldsymbol{w}+\frac{C}{2}\sum_{k=1}^{l}\xi_k^2 \tag{2-1}$$

$$\text{s.t.} \quad y_k(\boldsymbol{w}^{\mathrm{T}}\boldsymbol{x}_k+b)\geqslant 1-\xi_k, \quad k=1,\cdots,l \tag{2-2}$$

$$\xi_k\geqslant 0, \quad k=1,\cdots,l \tag{2-3}$$

这个最优化问题不是严格的凸二次规划问题. 为了求解方便, Lee 和 Mangasarian 把它修改为严格的凸二次规划问题[1]

$$\min_{\boldsymbol{w},b,\boldsymbol{\xi}} \quad J(\boldsymbol{w},b,\boldsymbol{\xi})=\frac{1}{2}(\boldsymbol{w}^{\mathrm{T}}\boldsymbol{w}+b^2)+\frac{C}{2}\sum_{k=1}^{l}\xi_k^2 \tag{2-4}$$

$$\text{s.t.} \quad y_k(\boldsymbol{w}^{\mathrm{T}}\boldsymbol{x}_k+b)\geqslant 1-\xi_k, \quad k=1,\cdots,l \tag{2-5}$$

$$\xi_k\geqslant 0, \quad k=1,\cdots,l \tag{2-6}$$

由约束条件 (2-5)~(2-6) 可知：问题关于 ξ_k 的解 ξ_k 应满足

$$\xi_k=(1-y_k(\boldsymbol{w}^{\mathrm{T}}\boldsymbol{x}_k+b))_+, \quad k=1,\cdots,l \tag{2-7}$$

其中函数 $(\Delta)_+$ 是单变量函数

$$(\Delta)_+=\begin{cases}\Delta, & \Delta\geqslant 0\\ 0, & \Delta<0\end{cases} \tag{2-8}$$

把式 (2-7) 代入式 (2-4) 可得到无约束最优化问题

$$\min_{\boldsymbol{w},b} \quad J(\boldsymbol{w},b)=\frac{1}{2}(\boldsymbol{w}^{\mathrm{T}}\boldsymbol{w}+b^2)+\frac{C}{2}\sum_{k=1}^{l}(1-y_k(\boldsymbol{w}^{\mathrm{T}}\boldsymbol{x}_k+b))_+^2 \tag{2-9}$$

上述问题是严格凸的无约束最优化问题, 它有唯一的最优解. 但函数 $(\cdot)_+$ 是不可微的, 所以要用非光滑的无约束最优化方法求解.

2.1.2 光滑无约束问题

由于无约束最优化问题是非光滑的, 所以不能使用通常的最优化问题解法求解, 因为那里总要求目标函数的梯度和 Hessen 矩阵等存在. 为此, Lee 和 Mangasarian 引入非光滑函数的近似函数[1]

$$P(\Delta,\lambda)=\Delta+\frac{1}{\lambda}\ln(1+\mathrm{e}^{-\lambda\Delta}) \tag{2-10}$$

其中 $\lambda>0$ 是参数. 显然函数是光滑的, 可以证明: 当 $\lambda\to\infty$ 时, 函数 $P(\Delta,\lambda)$ 收敛于 $(\Delta)_+$. 这样无约束最优化问题就近似于最优化问题

$$\min_{\boldsymbol{w},b} J(\boldsymbol{w},b)=\frac{1}{2}(\boldsymbol{w}^{\mathrm{T}}\boldsymbol{w}+b^2)+\frac{C}{2}\sum_{k=1}^{l}(P(1-y_k(\boldsymbol{w}^{\mathrm{T}}\boldsymbol{x}_k+b),\lambda))^2 \tag{2-11}$$

可以期望, 当 λ 充分大时, 光滑无约束问题的解会近似于非光滑无约束问题的解. 因而也会近似于原始问题的解.

2.1.3 带有核的光滑无约束问题

在广义支持向量机中, Mangasarian[3] 考虑下述的非线性优化问题

$$\min_{\boldsymbol{\alpha},b,\boldsymbol{\xi}} \quad J(\boldsymbol{\alpha},b,\boldsymbol{\xi})=\frac{1}{2}\boldsymbol{\alpha}^{\mathrm{T}}\boldsymbol{H}\alpha+C\sum_{k=1}^{l}\xi_k \tag{2-12}$$

$$\text{s.t.} \quad y_k(\boldsymbol{w}^{\mathrm{T}}\varphi(\boldsymbol{x}_k)+b)\geqslant 1-\xi_k, \quad k=1,\cdots,l \tag{2-13}$$

$$\xi_k\geqslant 0, \quad k=1,\cdots,l \tag{2-14}$$

其中 $\boldsymbol{H}$ 是一个对称正定矩阵,

$$\boldsymbol{w}=\sum_{j=1}^{l}\alpha_j y_j\varphi(\boldsymbol{x}_j) \tag{2-15}$$

和线性情况一样, Lee 和 Mangasarian[1] 把问题 (2-12)~(2-14) 转化为下述的严格凸二次规划

$$\min_{\boldsymbol{\alpha},b,\boldsymbol{\xi}} \quad J(\boldsymbol{\alpha},b,\boldsymbol{\xi})=\frac{1}{2}\left(\sum_{k=1}^{l}\alpha_k^2+b^2\right)+\frac{C}{2}\sum_{k=1}^{l}\xi_k^2 \tag{2-16}$$

$$\text{s.t.} \quad y_k \left(\sum_{j=1}^{l} \alpha_j y_j K(\boldsymbol{x}_k, \boldsymbol{x}_j) + b \right) \geqslant 1 - \xi_k, \quad k = 1, \cdots, l \tag{2-17}$$

$$\xi_k \geqslant 0, \quad k = 1, \cdots, l \tag{2-18}$$

相应于该问题的光滑无约束最优化问题为

$$\begin{aligned} \min_{\boldsymbol{\alpha}, b} \quad J(\boldsymbol{\alpha}, b) =& \frac{1}{2} \left(\sum_{k=1}^{l} \alpha_k^2 + b^2 \right) \\ &+ \frac{C}{2} \sum_{k=1}^{l} \left(P \left(1 - y_k \left(\sum_{j=1}^{l} \alpha_j y_j K(\boldsymbol{x}_k, \boldsymbol{x}_j) + b \right), \lambda \right) \right)^2 \end{aligned} \tag{2-19}$$

对于光滑的无约束问题, 一些经典的算法, 如 Newton-Armijo 算法、BFGS 算法 (变度量法)、PRP 共轭梯度法和 Newton-PCG 算法 (牛顿–条件预优共轭梯度算法) 都可以使用[2~5].

2.2 分解算法的提出

在处理具体问题时, 由于存储和计算量两方面的要求, 传统的处理光滑无约束问题的方法常常失效. 原因是这些算法都要存储与训练集相应的核矩阵, 而存储核矩阵所需的内存是随着训练集中样本点个数的平方增长的. 当样本点以万计时, 所需的内存已相当大. 例如, 当样本点数目超过 10000 时, 存储核矩阵所需内存超过 800MB. 另外, 这些算法往往包含大量的矩阵运算, 所需的运算时间往往比较长.

为了解决大规模样本集的训练问题, 研究者们提出了分解算法. 其基本思想是: 在每一步迭代中都把训练样本集分解为两个子集合 B 和 N, 只对工作集 B 中的样本进行迭代, 而另一个集合 N 中的样本所对应的 Lagrange 乘子 α_i 保持不变. 然后, 将集合 N 中的一部分 "情况最糟糕的样本点"与工作集 B 中的一部分样本点进行交换. 目前, 主要的分解算法有以下几种:

(1) 选块 (Chunking) 算法: 它是由 Boser 等首先提出的一种解决支持向量机训练存储空间问题的方法[6]. 具体步骤为: 首先取训练样本集合中的任意一个子集作为工作集 B; 然后对 B 求解最优化问题, 得到支持向量并构成一个分类判别函数, 并用该判别函数测试集合 N 中的样本, 将其中不满足最优化条件者按其偏离最优的程度顺序排列为侯补工作集 C, 若 N 中的所有样本均满足最优化条件或 C 为空集, 则程序结束, 否则继续; 接下来剔除 B 中的非支持向量样本, 添加 C 中排列在前面的 M 个样本构成新的工作集. 循环往复, 直到程序结束. 选块算法使得核矩阵大小由 l^2 降低为 s^2(s 是支持向量的个数), 从而大大降低了对内存的需求, 在支持向量很少的情况时能获得很好的结果, 当 s 很大时, 对内存的需求仍很大, 难以求解.

(2) Osuna 的分解算法：该算法是由 Osuna 等提出的[7], 与 Chunking 算法最大的不同, 也是它最大的改进之处：它将求解支持向量机的 QP 问题分解为一系列较小的 QP 问题, 并且工作集 B 的大小保持不变, 对内存的需求从与 s 呈平方关系变为线性关系, 因而可以克服 Chunking 算法中存在的问题. 由于工作集 B 是固定大小的, 所以 Osuna 算法的速度与 B 的选择和 B 的大小有着密切的关系：如果 B 较小, 则每次优化的样本少, 导致算法收敛很慢; 反之, 子 QP 问题的解决仍需要花费较多的内存和较长的时间, 没有体现到分解算法的优越性. 在 Osuna 分解思想的基础上, Joachims[8] 和 Chang.Lin[9] 分别在各自的软件包 $\text{SVM}^{\text{Light}}$ 与 LIBSVM 中提出了不同的工作集选择方法. 在实现的细节上, Joachims 对常用的参数进行缓存, 并对 QP 问题进行了 Shrinking 技术, 从而使算法能较好地处理大规模的训练问题.

(3) SMO 算法：它首先是由 Platt 提出来的[10], 可以说是 Osuan 分解算法的一个特例：工作集 B 中只有两个样本. SMO 将工作集的规模减到最小, 一个直接的后果就是迭代次数的增加. 然而, 其优点在于：两个变量的最优化问题可以解析求解, 因而在算法中不需要迭代地求解二次规划问题. 考虑到 Platt 所提出的选训练点的启发式策略得到的点有可能不是最大矛盾对点, Keerthi 对 SMO 算法做了重要的改进[11].

2.3 选块算法

我们知道, 对偶问题

$$\min_{\boldsymbol{\alpha}} \quad \frac{1}{2}\sum_{i=1}^{l}\sum_{j=1}^{l}\alpha_i\alpha_j y_i y_j K(\boldsymbol{x}_i,\boldsymbol{x}_j)-\sum_{i=1}^{l}\alpha_i \tag{2-20}$$

$$\text{s.t.} \quad \sum_{i=1}^{l}\alpha_i y_i = 0 \tag{2-21}$$

$$0 \leqslant \alpha_i \leqslant C, \quad i=1,2,\cdots,l \tag{2-22}$$

的解仅依赖于支持向量对应的样本点. 如果事先知道哪些是支持向量, 就可以仅保留与它们相应的样本点, 而从训练集中删去其他样本点. 对缩小的训练集, 建立并求解对偶问题 (2-20)~(2-22) 可以得到同样的决策函数. 这一事实对于大规模的实际问题非常重要, 因为它往往是稀疏的, 只有不太多的支持向量, 有可能只需求解规模不大的优化问题. 然而, 究竟哪些是支持向量, 事先是不知道的, 一般来说需要采用启发式算法寻找.

最简单的启发式方法是选块算法. 其基本思想是：去掉对应于非支持向量的 Lagrange 乘子 $\alpha_i = 0$ 的那些训练点, 而只对支持向量计算相应的 Lagrange 乘子

α_i. 为了给出选块算法的详细步骤, 先给出下面的定理:

定理 2.1[12] 设 $\boldsymbol{\alpha}^* = (\alpha_1^*, \alpha_2^*, \cdots, \alpha_l^*)^{\mathrm{T}}$是优化问题 (2-20)~(2-22) 的最优解, 对任意的 $0 < \alpha_j^* < C$, $b^* = y_j - \sum_{i=1}^{l} y_i \alpha_i^* K(\boldsymbol{x}_i, \boldsymbol{x}_j)$. 则

(1) 对任意的 $0 < \alpha_j^* < C$, $y_j \left(\sum_{i=1}^{l} y_i \alpha_i^* K(\boldsymbol{x}_i, \boldsymbol{x}_j) + b^* \right) = 1$.

(2) 对任意的 $\alpha_j^* = C$, $y_j \left(\sum_{i=1}^{l} y_i \alpha_i^* K(\boldsymbol{x}_i, \boldsymbol{x}_j) + b^* \right) \leqslant 1$.

(3) 对任意的 $\alpha_j^* = 0$, $y_j \left(\sum_{i=1}^{l} y_i \alpha_i^* K(\boldsymbol{x}_i, \boldsymbol{x}_j) + b^* \right) \geqslant 1$.

基于上述的定理, 选块算法的详细步骤如下.

算法 2.1

(1) 给定参数 $M > 0$ 和 $\varepsilon > 0$. 选择初始工作集 $W_0 \subset T$, 记其对应的样本点的下标集为 J_0, 令 $k = 0$.

(2) 针对工作集用标准优化算法求解最优化问题

$$\min_{\boldsymbol{\alpha}} \quad \frac{1}{2} \sum_{i \in J_k} \sum_{j \in J_k} \alpha_i \alpha_j y_i y_j K(\boldsymbol{x}_i, \boldsymbol{x}_j) - \sum_{i \in J_k} \alpha_i \tag{2-23}$$

$$\text{s.t.} \quad \sum_{i \in J_k} \alpha_i y_i = 0 \tag{2-24}$$

$$0 \leqslant \alpha_i \leqslant C, \quad i \in J_k \tag{2-25}$$

得最优解 $\tilde{\boldsymbol{\alpha}}^{J_k}$.

(3) 根据 $\tilde{\boldsymbol{\alpha}}^{J_k}$ 按下述方式构造 $\boldsymbol{\alpha}^{k+1} = (\alpha_1^{k+1}, \alpha_2^{k+1}, \cdots, \alpha_l^{k+1})^{\mathrm{T}}$: 当 $j \in J_k$ 时, 取 α_j^{k+1} 为 $\tilde{\boldsymbol{\alpha}}^{J_k}$ 的相应分量; 当 $j \notin J_k$ 时, $\alpha_j^{k+1} = 0$. 检验 α^{k+1} 是否在精度 ε 内满足某个停机准则, 比如 KKT 条件. 若已满足, 则用 α^{k+1} 构造决策函数, 停止计算; 否则转步骤 (4).

(4) 根据 $\tilde{\alpha}^{J_k}$ 确定支持向量对应的样本点组成的集合 S_k, 在集合 $T \backslash S_k$ 中找到 M 个最严重地破坏条件

$$y_j \left(\sum_{i \in J_k} \alpha_i^{k+1} y_i K(\boldsymbol{x}_i, \boldsymbol{x}_j) + b \right) \begin{cases} \geqslant 1, & \{\boldsymbol{x}_j | \alpha_j^{k+1} = 0\} \\ = 1, & \{\boldsymbol{x}_j | 0 < \alpha_j^{k+1} < C\} \\ \leqslant 1, & \{\boldsymbol{x}_j | \alpha_j^{k+1} = C\} \end{cases} \tag{2-26}$$

的样本点, 用这 M 个样本点和 S_k 中样本点一起组成新的工作集 W_{k+1}, 记相应的下标集为 J_{k+1}.

(5) 令 $k=k+1$, 转步骤 (2).

2.4 SVM^{Light} 算法

我们把 $\boldsymbol{\alpha}$ 的分量分成两部分: 一部分属于工作集, 另一部分属于固定集. 若记它们对应的下标集分别为 B 和 N, 则优化问题 (2-20)~(2-22) 可表示为

$$\min_{\boldsymbol{\alpha}} \quad W(\alpha)=\frac{1}{2}\boldsymbol{\alpha}_B^{\mathrm{T}}\boldsymbol{H}_{BB}\boldsymbol{\alpha}_B+\frac{1}{2}\boldsymbol{\alpha}_N^{\mathrm{T}}\boldsymbol{H}_{NN}\boldsymbol{\alpha}_N-\boldsymbol{\alpha}_B^{\mathrm{T}}(\boldsymbol{1}-\boldsymbol{H}_{BN}\boldsymbol{\alpha}_N)-\boldsymbol{\alpha}_N^{\mathrm{T}}\boldsymbol{1} \tag{2-27}$$

$$\text{s.t.} \quad \boldsymbol{\alpha}_B^{\mathrm{T}}\boldsymbol{y}_B+\boldsymbol{\alpha}_N^{\mathrm{T}}\boldsymbol{y}_N=0 \tag{2-28}$$

$$0\leqslant\boldsymbol{\alpha}\leqslant C \tag{2-29}$$

其中

$$\boldsymbol{\alpha}=\begin{pmatrix}\boldsymbol{\alpha}_B\\ \boldsymbol{\alpha}_N\end{pmatrix},\quad \boldsymbol{y}=\begin{pmatrix}\boldsymbol{y}_B\\ \boldsymbol{y}_N\end{pmatrix},\quad \boldsymbol{H}=\begin{pmatrix}\boldsymbol{H}_{BB} & \boldsymbol{H}_{BN}\\ \boldsymbol{H}_{NB} & \boldsymbol{H}_{NN}\end{pmatrix} \tag{2-30}$$

因为 N 集合中的变量在一次迭代中是固定的, 于是上式中的项 $\frac{1}{2}\boldsymbol{\alpha}_N^{\mathrm{T}}\boldsymbol{H}_{NN}\boldsymbol{\alpha}_N-\boldsymbol{\alpha}_N^{\mathrm{T}}\boldsymbol{1}$ 可以省去, 于是得到只是优化 B 集合需要求解的子问题

$$\min_{\boldsymbol{\alpha}_B} \quad W(\boldsymbol{\alpha}_B)=\frac{1}{2}\boldsymbol{\alpha}_B^{\mathrm{T}}\boldsymbol{H}_{BB}\boldsymbol{\alpha}_B-\boldsymbol{\alpha}_B^{\mathrm{T}}(\boldsymbol{1}-\boldsymbol{H}_{BN}\boldsymbol{\alpha}_N) \tag{2-31}$$

$$\text{s.t.} \quad \boldsymbol{\alpha}_B^{\mathrm{T}}\boldsymbol{y}_B+\boldsymbol{\alpha}_N^{\mathrm{T}}\boldsymbol{y}_N=0 \tag{2-32}$$

$$0\leqslant\boldsymbol{\alpha}_B\leqslant C \tag{2-33}$$

在选定 $|B|$ 之后, 如何选取下标集 B 呢? 一个简单的办法是找一个恰有 $|B|$ 个非零分量, 且使目标函数 $\frac{1}{2}\boldsymbol{\alpha}^{\mathrm{T}}\boldsymbol{H}\boldsymbol{\alpha}-\boldsymbol{1}^{\mathrm{T}}\boldsymbol{\alpha}$ 下降速度最快的方向 $\boldsymbol{d}$, 然后用 $\boldsymbol{d}$ 的这些非零分量的下标组成工作集 B. Joachims 的选择策略求解下面的线性规划问题[8]:

$$\min_{\boldsymbol{d}} \quad V(d)=(\boldsymbol{H}\boldsymbol{\alpha}^k-\boldsymbol{1})^{\mathrm{T}}\boldsymbol{d} \tag{2-34}$$

$$\text{s.t.} \quad \boldsymbol{y}^{\mathrm{T}}\boldsymbol{d}=0 \tag{2-35}$$

$$d_i\geqslant 0,\quad 若\ (\boldsymbol{\alpha}^k)_i=0 \tag{2-36}$$

$$d_i\leqslant 0,\quad 若\ (\boldsymbol{\alpha}^k)_i=C \tag{2-37}$$

$$-1\leqslant d_i\leqslant 1,\quad i=1,\cdots,l \tag{2-38}$$

$$|\{d_i:d_i\neq 0\}|=|B| \tag{2-39}$$

目标函数 (2-34) 可以表示为

$$V(d)=(\boldsymbol{H}\boldsymbol{\alpha}^k-\boldsymbol{1})^{\mathrm{T}}\boldsymbol{d}=\sum_{i=1}^{l}g_i d_i \tag{2-40}$$

其中 $g_i = \left(-1 + \sum_{j=1}^{l} \alpha_j^k y_i y_j K(\boldsymbol{x}_i, \boldsymbol{x}_j)\right)$.

假设 $\boldsymbol{\alpha}^k$ 是当前搜索到的解, $\boldsymbol{\alpha}^{k+1}$ 为下一步要寻找的解, 根据最速下降法, 有

$$\boldsymbol{\alpha}^{k+1} = \boldsymbol{\alpha}^k - \lambda \tilde{\boldsymbol{g}} \tag{2-41}$$

其中 $\tilde{\boldsymbol{g}} = (g_1, g_2, \cdots, g_l)^{\mathrm{T}}$, λ 为搜索步长.

由于

$$W(\boldsymbol{\alpha}^{k+1}) - W(\boldsymbol{\alpha}^k) = \tilde{\boldsymbol{g}}(\boldsymbol{\alpha}^{k+1} - \boldsymbol{\alpha}^k)^{\mathrm{T}} \tag{2-42}$$

从而

$$W(\boldsymbol{\alpha}^{k+1}) - W(\boldsymbol{\alpha}^k) = \tilde{\boldsymbol{g}}(\boldsymbol{\alpha}^{k+1} - \boldsymbol{\alpha}^k)^{\mathrm{T}} = -\lambda \tilde{\boldsymbol{g}} \tilde{\boldsymbol{g}}^{\mathrm{T}} = -\lambda \sum_{i=1}^{l} g_i^2 = -\lambda \sum_{i=1}^{l} (y_i g_i)^2 \tag{2-43}$$

如果能够找到使得 $|y_i g_i|$ 最大的 $|B|$ 个元素, 则相应的目标函数 $W(\boldsymbol{\alpha}^k)$ 将有最大的下降量. 这样有如下的寻找工作集算法.

算法 2.2(寻找工作集 B)

(1) 给定工作集 B 中的元素个数 $|B|$, 其中 $|B|$ 为偶数.

(2) 计算$\theta_i = y_i g_i = y_i \left(-1 + y_i \sum_{j=1}^{l} \alpha_j^k y_j K(\boldsymbol{x}_i, \boldsymbol{x}_j)\right), i = 1, 2, \cdots, l$, 按 θ_i 的降序重新排列 $\theta_1, \theta_2, \cdots, \theta_l$, 得到序列

$$\theta_{i_1}, \theta_{i_2}, \cdots, \theta_{i_l} \tag{2-44}$$

与此对应有

$$\alpha_{i_1}, \alpha_{i_2}, \cdots, \alpha_{i_l} \tag{2-45}$$

(3) 从序列 (2-45) 中的最前边依次往后取 $\frac{|B|}{2}$ 个元素, 要求这些元素满足: 或者 $0 < \alpha_{i_j} < C$, 或者当 $\alpha_{i_j} = 0$ 时有 $y_{i_j} = -1$, 或者 $\alpha_{i_j} = C$ 时有 $y_{i_j} = 1$; 再从序列的最后边依次往前取 $\frac{|B|}{2}$ 个元素, 要求这些元素满足: 或者 $0 < \alpha_{i_j} < C$, 或者当 $\alpha_{i_j} = 0$ 时有 $y_{i_j} = 1$, 或者当 $\alpha_{i_j} = C$ 时有 $y_{i_j} = -1$. 这些元素对应的下标构成工作集 B.

注: 对于步骤 (3) 中的第一种情况, $d_i = -y_i$, 当 $y_i g_i$ 大时, $d_i g_i$ 就小; 对于第二种情况, $d_i = y_i$, 当 $y_i g_i$ 小时, $d_i g_i$ 也小. 这样, 这两种策略保证了目标函数 (2-34) 取最小值.

有了寻找工作集 B 的算法后, 就可以给出详细的 $\mathrm{SVM}^{\mathrm{Light}}$ 算法

算法 2.3(SVM^{Light} 算法)

(1) 给定工作集 B 中元素的个数 $|B|$ 及精度要求 ε. 取初始点 $\boldsymbol{\alpha}^0=(\boldsymbol{\alpha}_B^0,\boldsymbol{\alpha}_N^0)^{\mathrm{T}}$, 令 $k=0$.

(2) 用算法 2.2 求工作集 B.

(3) 用标准优化算法求解问题 (2-31)~(2-33), 得到解 $\boldsymbol{\alpha}_B^{k+1}$, 令 $\boldsymbol{\alpha}^{k+1}=(\boldsymbol{\alpha}_B^{k+1},\boldsymbol{\alpha}_N^{k+1})^{\mathrm{T}}$.

(4) 若在精度 ε 范围内满足停机准则, 则转步骤 (5); 否则, 令 $k=k+1$, 转步骤 (2).

(5) 由近似最优解 $\boldsymbol{\alpha}^{k+1}$ 构造决策函数.

2.5 Platt 的 SMO 算法

SMO 算法是在分解算法中选取 $|B|=2$ 的特殊情况, 即每次迭代过程中只调整相应于两个样本点 $(\boldsymbol{x}_i,y_i)$ 和 $(\boldsymbol{x}_j,y_j)$ 的 α_i 和 α_j. 这时工作集的规模已经减少到最小, 原因是问题 (2-27)~(2-29) 有等式约束 $\sum\limits_{i=1}^{l}\alpha_i y_i=0$, 只要变动一个乘子 α_i, 就至少必须同时调整另一个乘子来保证不违反该约束.

Platt 所提出的 SMO 算法主要解决两个问题:

(1) 两个变量的最优化问题的解析求解;

(2) 如何选取工作集 B 中的两个训练样本.

为了及时更新超平面参数, Platt 也提出了更新 b 的公式. 下面, 从这三个方面详细地介绍 Platt 的 SMO 算法.

2.5.1 两个变量 α_1,α_2 的精确求解

不失一般性, 假定在一组解 $\alpha_1^{\text{old}},\alpha_2^{\text{old}},\alpha_3,\cdots,\alpha_l$ 中选取 $\alpha_1^{\text{old}},\alpha_2^{\text{old}}$. 上标为 old 的量表示是本次优化之前 Lagrange 乘子的原值 (初始化时可取所有 $\alpha_i=0$).

由 $\sum\limits_{i=1}^{l}y_i\alpha_i=0$ 得

$$y_1\alpha_1+y_2\alpha_2=y_1\alpha_1^{\text{old}}+y_2\alpha_2^{\text{old}}=\gamma_0\Rightarrow\alpha_1+s\alpha_2=\alpha_1^{\text{old}}+s\alpha_2^{\text{old}}=\gamma \tag{2-46}$$

其中 γ_0 和 γ 为常数, $s=y_1y_2$, 即 $s=-1$ 或者 $+1$, 从而就有 $\alpha_1=\gamma-s\alpha_2$, 原先的目标函数 $W(\boldsymbol{\alpha})=\dfrac{1}{2}\sum\limits_{i=1}^{l}\sum\limits_{j=1}^{l}\alpha_i\alpha_j y_i y_j K(\boldsymbol{x}_i,\boldsymbol{x}_j)-\sum\limits_{i=1}^{l}\alpha_i$ 可以写成

$$W(\boldsymbol{\alpha})=\frac{1}{2}\sum_{i=1}^{l}\sum_{j=1}^{l}\alpha_i\alpha_j y_i y_j K(\boldsymbol{x}_i,\boldsymbol{x}_j)-\sum_{i=1}^{l}\alpha_i$$

$$
\begin{aligned}
&=\frac{1}{2}\left[y_1^2K(\boldsymbol{x}_1,\boldsymbol{x}_1)\alpha_1^2+2y_1y_2K(\boldsymbol{x}_1,\boldsymbol{x}_2)\alpha_1\alpha_2+y_2^2K(\boldsymbol{x}_2,\boldsymbol{x}_2)\alpha_2^2\right]\\
&\quad+\frac{1}{2}\left[2(y_1\alpha_1\sum_{i=3}^{l}\alpha_iy_iK(\boldsymbol{x}_1,\boldsymbol{x}_i)+y_2\alpha_2\sum_{i=3}^{l}\alpha_iy_iK(\boldsymbol{x}_2,\boldsymbol{x}_i))+\text{const1}\right]\\
&\quad-(\alpha_1+\alpha_2+\text{const2})
\end{aligned}\tag{2-47}
$$

令 $k_{11}=K(\boldsymbol{x}_1,\boldsymbol{x}_1),k_{12}=K(\boldsymbol{x}_1,\boldsymbol{x}_2),k_{22}=K(\boldsymbol{x}_2,\boldsymbol{x}_2)$, 对于 $j=1,2$ 有

$$
\begin{aligned}
v_j=\sum_{i=3}^{l}\alpha_iy_iK(\boldsymbol{x}_i,\boldsymbol{x}_j)&=\sum_{i=1}^{l}\alpha_i^{\text{old}}y_iK(\boldsymbol{x}_i,\boldsymbol{x}_j)-\alpha_1^{\text{old}}y_1K(\boldsymbol{x}_1,\boldsymbol{x}_j)-\alpha_2^{\text{old}}y_2K(\boldsymbol{x}_2,\boldsymbol{x}_j)\\
&=\left[\left(\sum_{i=1}^{l}\alpha_i^{\text{old}}y_iK(\boldsymbol{x}_i,\boldsymbol{x}_j)+b^{\text{old}}\right)-b^{\text{old}}\right]-\alpha_1^{\text{old}}y_1K(\boldsymbol{x}_1,\boldsymbol{x}_j)-\alpha_2^{\text{old}}y_2K(\boldsymbol{x}_2,\boldsymbol{x}_j)\\
&=\mu_j-b^{\text{old}}-\alpha_1^{\text{old}}y_1K(\boldsymbol{x}_1,\boldsymbol{x}_j)-\alpha_2^{\text{old}}y_2K(\boldsymbol{x}_2,\boldsymbol{x}_j)
\end{aligned}\tag{2-48}
$$

把 $y_i^2=1(i=1,2)$ 代入 $W(\boldsymbol{\alpha})$, 并注意到 $\alpha_1=\gamma-s\alpha_2$, 可以得到

$$
\begin{aligned}
W(\boldsymbol{\alpha})&=\frac{1}{2}(k_{11}\alpha_1^2+k_{22}\alpha_2^2+2sk_{12}\alpha_1\alpha_2+2y_1\alpha_1v_1+2y_2\alpha_2v_2)+\text{const}-(\alpha_1+\alpha_2)\\
&=\frac{1}{2}(k_{11}(\gamma-s\alpha_2)^2+k_{22}\alpha_2^2+2sk_{12}(\gamma-s\alpha_2)\alpha_2+2y_1(\gamma-s\alpha_2)v_1+2y_2\alpha_2v_2)\\
&\quad+\text{const}-(\gamma-s\alpha_2+\alpha_2)\\
&=-\frac{1}{2}(2k_{12}-k_{22}-k_{11})\alpha_2^2-(1-s+sk_{11}\gamma-sk_{12}\gamma+y_2v_1-y_2v_2)\alpha_2+\text{const}
\end{aligned}\tag{2-49}
$$

令 $\eta=2k_{12}-k_{11}-k_{22}$, 把 $\gamma=\alpha_1^{\text{old}}+s\alpha_2^{\text{old}}$ 以及 $v_j=\mu_j-b^{\text{old}}-\alpha_1^{\text{old}}y_1K(\boldsymbol{x}_1,\boldsymbol{x}_j)-\alpha_2^{\text{old}}y_2K(\boldsymbol{x}_2,\boldsymbol{x}_j)$ 代入式 (2-49) 的右边第二项得 (注意 $s^2=1$)

$$
\begin{aligned}
&(1-s+sk_{11}\gamma-sk_{12}\gamma+y_2v_1-y_2v_2)\alpha_2\\
=&(1-s+sk_{11}(\alpha_1^{\text{old}}+s\alpha_2^{\text{old}})-sk_{12}(\alpha_1^{\text{old}}+s\alpha_2^{\text{old}})\\
&+y_2(\mu_1-b^{\text{old}}-\alpha_1^{\text{old}}y_1k(\boldsymbol{x}_1,\boldsymbol{x}_1)-\alpha_2^{\text{old}}y_2k(\boldsymbol{x}_2,\boldsymbol{x}_1))\\
&-y_2(\mu_2-b^{\text{old}}-\alpha_1^{\text{old}}y_1k(\boldsymbol{x}_1,\boldsymbol{x}_2)-\alpha_2^{\text{old}}y_2k(\boldsymbol{x}_2,\boldsymbol{x}_2)))\alpha_2\\
=&(1-s+(sk_{11}-sk_{12}-sk_{11}+sk_{12})\alpha_1^{\text{old}}+(k_{11}-2k_{12}+k_{22})\alpha_2^{\text{old}}+y_2(\mu_1-\mu_2))\alpha_2\\
=&(y_2^2-y_1y_2+(k_{11}-2k_{12}+k_{22})\alpha_2^{\text{old}}+y_2(\mu_1-\mu_2))\alpha_2\\
=&(y_2(y_2-y_1+\mu_1-\mu_2)-\eta\alpha_2^{\text{old}})\alpha_2\\
=&(y_2(\mu_1-y_1-(\mu_2-y_2))-\eta\alpha_2^{\text{old}})\alpha_2\\
=&(y_2(E_1^{\text{old}}-E_2^{\text{old}})-\eta\alpha_2^{\text{old}})\alpha_2
\end{aligned}\tag{2-50}
$$

其中$E_j^{\text{old}} = \mu_j - y_j = \sum_{i=1}^{l} \alpha_i^{\text{old}} y_i K(\boldsymbol{x}_i, \boldsymbol{x}_j) + b^{\text{old}} - y_j$ 是估计值与真实值之间的差.

把式 (2-50) 代入式 (2-49) 中的 $W(\boldsymbol{\alpha})$ 得

$$W(\boldsymbol{\alpha}) = -\frac{1}{2}\eta\alpha_2^2 - (y_2(E_1^{\text{old}} - E_2^{\text{old}}) - \eta\alpha_2^{\text{old}})\alpha_2 + \text{const} \tag{2-51}$$

计算式 (2-51) 的一阶和二阶导数

$$\frac{\partial W(\boldsymbol{\alpha})}{\partial \alpha_2} = -\eta\alpha_2 - y_2(E_1^{\text{old}} - E_2^{\text{old}}) + \eta\alpha_2^{\text{old}} \tag{2-52}$$

$$\frac{\partial^2 W(\boldsymbol{\alpha})}{\partial (\alpha_2)^2} = -\eta \tag{2-53}$$

我们知道 $\eta \leqslant 0$.

在 $\eta < 0$ 的情况下, $W(\alpha)$ 有极小值. 令 $\frac{\partial W(\boldsymbol{\alpha})}{\partial \alpha_2} = 0$, 可得到收敛的 α_2 迭代公式

$$\alpha_2^{\text{new}} = \alpha_2^{\text{old}} - \frac{y_2(E_1^{\text{old}} - E_2^{\text{old}})}{\eta} = \alpha_2^{\text{old}} + \frac{y_2(E_2^{\text{old}} - E_1^{\text{old}})}{\eta} \tag{2-54}$$

由于 α_2 必须满足 $0 \leqslant \alpha_2 \leqslant C$ 且 $\alpha_1 + s\alpha_2 = \gamma$ 的约束条件, 以下分别讨论 $s = 1$ 和 $s = -1$ 时 α_2 的修正公式.

(1) 当 $s = 1$, 即 $y_1 = y_2$ 时, $\alpha_1 + \alpha_2 = \gamma$, 如图 2.1 所示.

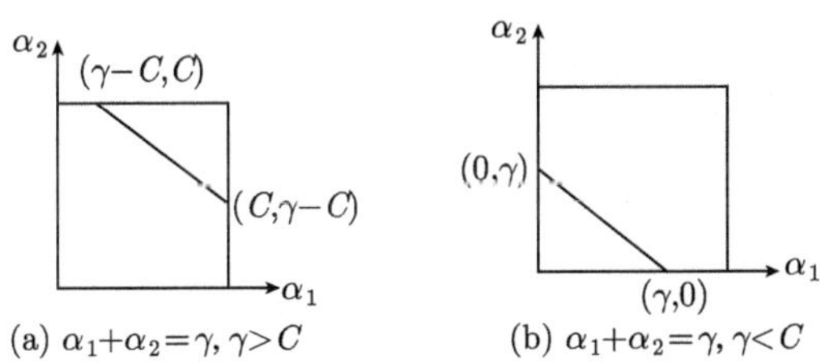

(a) $\alpha_1+\alpha_2=\gamma, \gamma>C$　(b) $\alpha_1+\alpha_2=\gamma, \gamma<C$

图 2.1　$s = 1$ 时, α_1 和 α_2 之间的关系图

当 $\gamma > C$ 时, $\max\alpha_2 = C, \min\alpha_2 = \gamma - C$; 当 $\gamma < C$ 时, $\max\alpha_2 = \gamma, \min\alpha_2 = 0$. 因此, α_2 的最小值 $L = \max(0, \gamma - C)$, 最大值 $H = \min(C, \gamma)$.

(2) 当 $s = -1$, 即 $y_1 \neq y_2$ 时, $\alpha_1 - \alpha_2 = \gamma$, 如图 2.2 所示.

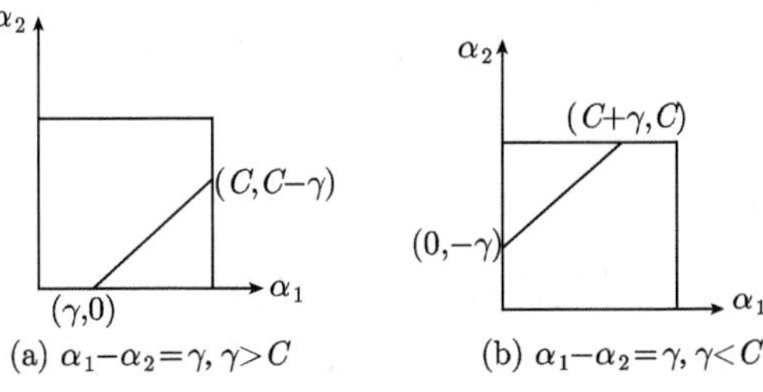

(a) $\alpha_1-\alpha_2=\gamma, \gamma>C$　(b) $\alpha_1-\alpha_2=\gamma, \gamma<C$

图 2.2　$s = -1$ 时, α_1 和 α_2 之间的关系图

当 $\gamma > 0$ 时, $\max\alpha_2 = C-\gamma, \min\alpha_2 = 0$; 当 $\gamma < 0$ 时, $\max\alpha_2 = C, \min\alpha_2 = -\gamma$. 因此, α_2 的最小值 $L = \max(0, -\gamma)$, 最大值 $H = \min(C-\gamma, C)$.

综上所述, α_2 的取值范围为 $[L, H]$, 其中

$$L = \max\left(0, \alpha_2 + s\alpha_1 - \frac{1}{2}(s+1)C\right) \tag{2-55}$$

$$H = \min\left(C, \alpha_2 + s\alpha_1 - \frac{1}{2}(s-1)C\right) \tag{2-56}$$

α_2 的无条件极值确定后, 再考虑上下限的限制, 最终的 α_2 的递推迭代公式为

$$\alpha_2^{\text{new,clipped}} = \begin{cases} H, & 当\ H \leqslant \alpha_2^{\text{new}} \\ \alpha_2^{\text{new}}, & 当\ L < \alpha_2^{\text{new}} < H \\ L, & 当\ \alpha_2^{\text{new}} \leqslant L \end{cases} \tag{2-57}$$

其中 $\alpha_2^{\text{new}} = \alpha_2^{\text{old}} + \dfrac{y_2(E_2^{\text{old}} - E_1^{\text{old}})}{\eta}$.

当 $\eta = 0$ 时, α_2 不能由式 (2-54) 求得, 这时可以分别计算目标函数 $W(\alpha)$ 在线段两个端点上的取值, 然后将 Lagrange 乘子修正到目标函数较小的端点上. 当两个端点上取得相同的目标函数值时, 目标函数在整条线段上的取值都会是一样的, 这时不必对 α_1, α_2 作出修正.

综上所述, 计算 α_1, α_2 的步骤为

(1) $\eta = 2k_{12} - k_{11} - k_{22}$;

(2) 若 $\eta < 0$, 则

$$\alpha_2^{\text{new,clipped}} = \begin{cases} H, & 当\ H \leqslant \alpha_2^{\text{new}} \\ \alpha_2^{\text{new}}, & 当\ L < \alpha_2^{\text{new}} < H \\ L, & 当\ \alpha_2^{\text{new}} \leqslant L \end{cases}$$

其中 $\alpha_2^{\text{new}} = \alpha_2^{\text{old}} + \dfrac{y_2(E_2^{\text{old}} - E_1^{\text{old}})}{\eta}$, 然后计算 $\alpha_1^{\text{new}} = \alpha_1^{\text{old}} - (\alpha_2^{\text{new}} - \alpha_2^{\text{old}})y_1y_2$;

(3) 若 $\eta = 0$, 则此时 $W(\boldsymbol{\alpha}) = -y_2(E_1^{\text{old}} - E_2^{\text{old}})\alpha_2 + \text{const}$, 分别对应 $y_1y_2 = s = 1$ 或 $y_1y_2 = s = -1$ 情况的两个端点计算 $W(\boldsymbol{\alpha})$, 取使 $W(\boldsymbol{\alpha})$ 最小的那个端点作 α_2^{new}, 再由 $\alpha_1^{\text{new}} = \alpha_1^{\text{old}} - (\alpha_2^{\text{new}} - \alpha_2^{\text{old}})y_1y_2$ 求得 α_1^{new}.

2.5.2 选择两个训练点进入工作集 *B*

Platt 提出的原始 SMO 算法的 α_1, α_2 选择由两重循环完成:

外层循环遍历非边界样本或所有样本: 优先选择遍历非边界样本, 因为非边界样本更有可能需要调整, 而边界样本常常不能得到进一步调整而留在边界上. 循环

遍历非边界样本并选出它们当中违反 KKT 条件的样本进行调整, 直到非边界样本全部满足 KKT 条件为止. 当某一次遍历发现没有非边界样本得到调整时, 就遍历所有样本, 以检验是否整个集合也都满足 KKT 条件. 如果在整个集合的检验中又有样本被进一步优化, 就有必要再遍历非边界样本. 这样, 外层循环不停地在 "遍历所有样本" 和 "遍历非边界样本" 之间切换, 直到整个训练集都满足 KKT 条件为止.

内层循环针对违反 KKT 条件的样本选择另一个样本与它配对优化工作 (指优化它们的 Lagrange 乘子), 选择的依据是尽量使这样一对样本能取得最大优化步长. 对其中一个 Lagrange 乘子 α_2 来说优化步长为 $|(E_2 - E_1)/\eta|$, 但由于核函数估算耗时较大, 只用 $|E_2 - E_1|$ 来大致估计有可能取得的步长太小. 也就是说, 选出使得 $|E_2 - E_1|$ 最大的样本作为第二个样本. 需要注意的是, 这样的步长估计是比较粗略的, 选择出来的一对样本有时可能使目标函数不能作出进一步调整. 这时就要遍历所有非边界样本 (非边界样本就是 Lagrange 乘子不在边界 0 或 C 上的样本), 继续寻找能与 α_2 配对优化的 α_1, 如果这样的样本在非边界样本中找不到, 再遍历所有样本. 这两次遍历都是从随机位置开始的, 以免算法总是在一开始遍历就向固定的方向偏差. 在极端退化的情形, 找不到与 α_2 配对的能作出进一步调整的 α_1, 这时就放弃第一个样本.

以上用 KKT 条件对样本所作检验都是达到一定精度就可以了, 例如不等式的约束可以在 1 的一定允许误差范围之内, 通常这一允许误差 (tolerance) 取 0.001, 如果要求十分精确的输出算法就不能很快收敛.

2.5.3 样本误差和超平面参数 b 的更新

每做完一次最小优化, 必须更新每个样本的误差, 以便用修正过的分类面对其他样本再做 KKT 检验, 以及选择第二个配对优化样本时估计步长之用. 更新样本误差首先要重置阈值 b. Platt 直接利用刚刚被优化的两个样本的信息在原阈值 b^{old} 基础上作简单修正, 而不是调用所有支持向量重新计算.

由

$$E_j^{\text{new}} = \sum_{i=1}^{l} \alpha_i^{\text{new}} y_i K(\boldsymbol{x}_i, \boldsymbol{x}_j) + b^{\text{new}} - y_j \text{ 和 } E_j^{\text{old}} = \sum_{i=1}^{l} \alpha_i^{\text{old}} y_i K(\boldsymbol{x}_i, \boldsymbol{x}_j) + b^{\text{old}} - y_j$$

可知:

优化后的 α_1^{new} 如果不在边界上 (由 KKT 条件可知 $E_1^{\text{new}} = 0$), 则 b 的计算公式为

$$b_1 = -(E_1^{\text{old}} + \Delta\alpha_1 y_1 K(\boldsymbol{x}_1, \boldsymbol{x}_1) + \Delta\alpha_2 y_2 K(\boldsymbol{x}_2, \boldsymbol{x}_1)) + b^{\text{old}} \tag{2-58}$$

优化后的 α_2^{new} 如果不在边界上 (由 KKT 条件可知 $E_2^{\text{new}} = 0$), 则 b 的计算公式为

$$b_2 = -(E_2^{\text{old}} + \Delta\alpha_1 y_1 K(\boldsymbol{x}_1, \boldsymbol{x}_2) + \Delta\alpha_2 y_2 K(\boldsymbol{x}_2, \boldsymbol{x}_2)) + b^{\text{old}} \tag{2-59}$$

当 α_1, α_2 都不在边界上时, 两者计算所得的 b 值相同.

如果 α_1, α_2 都取值为 0 或 C, 即两个 Lagrange 乘子都在边界上时, b_1 和 b_2 以及它们之间的数都可作为符合 KKT 条件的阈值. 这时 SMO 算法选择最安全的 b_1 和 b_2 的中点作为阈值

$$b = \frac{b_1 + b_2}{2} \tag{2-60}$$

至于样本的误差, 其修正公式为

$$E_j^{\text{new}} = E_j^{\text{old}} + y_1(\alpha_1^{\text{new}} - \alpha_1^{\text{old}})K(\boldsymbol{x}_1, \boldsymbol{x}_j) + y_2(\alpha_2^{\text{new,clipped}} - \alpha_2^{\text{old}})K(\boldsymbol{x}_2, \boldsymbol{x}_j) + b^{\text{new}} - b^{\text{old}} \tag{2-61}$$

2.6 Keerthi 的 SMO 改进算法

Platt 的 SMO 算法, 每次修改 E_i 都涉及 b 值. 为了进一步提高 SMO 的性能, Keerthi 等提出了一种不考虑 b 值的 KKT 条件判别方法, 并给出了一种选择最大冲突对的计算公式[11].

设

$$F_i = \sum_{j=1}^{l} \alpha_j y_j K(\boldsymbol{x}_i, \boldsymbol{x}_j) - y_i \tag{2-62}$$

则

$$\begin{aligned} y_i\left(\sum_{j=1}^{l} \alpha_j y_j K(\boldsymbol{x}_i, \boldsymbol{x}_j) + b\right) - 1 &= y_i\left(\sum_{j=1}^{l} \alpha_j y_j K(\boldsymbol{x}_i, \boldsymbol{x}_j) + b\right) - y_i^2 \\ &= y_i\left(\sum_{j=1}^{l} \alpha_j y_j K(\boldsymbol{x}_i, \boldsymbol{x}_j) + b - y_i\right) \\ &= y_i(F_i + b) \end{aligned} \tag{2-63}$$

则 KKT 条件可写为

$$\alpha_i = 0 \Rightarrow y_i(F_i + b) \geqslant 0 \tag{2-64}$$

$$0 < \alpha_i < C \Rightarrow y_i(F_i + b) = 0 \tag{2-65}$$

$$\alpha_i = C \Rightarrow y_i(F_i + b) \leqslant 0 \tag{2-66}$$

引入记号:

$$\begin{aligned} &I_0 = \{i : 0 < \alpha_i < C\}, \quad \text{即此时} F_i = -b \\ &I_1 = \{i : y_i = +1, \text{且} \alpha_i = 0\}, \quad \text{即此时} F_i \geqslant -b \\ &I_2 = \{i : y_i = -1, \text{且} \alpha_i = C\}, \quad \text{即此时} F_i \geqslant -b \\ &I_3 = \{i : y_i = +1, \text{且} \alpha_i = C\}, \quad \text{即此时} F_i \leqslant -b \end{aligned}$$

$$I_4 = \{i : y_i = -1, \text{且}\alpha_i = 0\}, \quad \text{即此时} F_i \leqslant -b$$

式 (2-64)~ 式 (2-66) 就可以写成

$$i \in I_0 \cup I_1 \cup I_2 \Rightarrow F_i \geqslant -b \tag{2-67}$$

$$i \in I_0 \cup I_3 \cup I_4 \Rightarrow F_i \leqslant -b \tag{2-68}$$

注意到 $\forall i \in I_0 \cup I_1 \cup I_2, \forall j \in I_0 \cup I_3 \cup I_4$, 有 $F_i \geqslant -b \geqslant F_j$(当 KKT 条件满足时).

设

$$b_{\text{low}} = \max\{-F_i : i \in I_0 \cup I_1 \cup I_2\} \tag{2-69}$$

$$b_{\text{up}} = \min\{-F_j : j \in I_0 \cup I_3 \cup I_4\} \tag{2-70}$$

当 KKT 条件满足时, 就有

$$b_{\text{up}} \geqslant b_{\text{low}} \tag{2-71}$$

这样就可以通过直接计算 $b_{\text{up}} \geqslant b_{\text{low}}$, 而不是每次先更新 b 值再来判断所得解是否满足 KKT 条件了.

在 Keerthi 的改进算法中, 选进工作集 B 中的样本下标如下:

$$\begin{aligned} i &= \arg\max(\{-y_t F_t | y_t = 1, \alpha_t < C\} \cup \{y_t F_t | y_t = -1, \alpha_t > 0\}) \\ &= \arg\max(-F_t | \{y_t = 1, \alpha_t < C\} \cup \{y_t = -1, \alpha_t > 0\}) \end{aligned} \tag{2-72}$$

$$\begin{aligned} j &= \arg\min(\{y_t F_t | y_t = -1, \alpha_t < C\} \cup \{-y_t F_t | y_t = 1, \alpha_t > 0\}) \\ &= \arg\min(-F_t | \{y_t = -1, \alpha_t < C\} \cup \{y_t = 1, \alpha_t > 0\}) \end{aligned} \tag{2-73}$$

按照上述公式所选的样本 i 和 j 是与 KKT 条件发生最大冲突的两个样本.

其算法终止条件为

$$b_{\text{up}} - b_{\text{low}} < 2\tau \tag{2-74}$$

其中 τ 是一个预先设定的大于 0 的小数, 其目的是控制算法的精度.

算法终止后, 超平面参数 b 为

$$b = \frac{b_{\text{up}} + b_{\text{low}}}{2} \tag{2-75}$$

2.7 改进的 SMO 算法的收敛性

对于改进的 SMO 算法的收敛性证明, Lin[13] 和 Keerthi[14] 做了很好的工作. 在这一节中, 将详细介绍 Lin 的工作.

假设 α^k 是当前解, 违背约束 (2-71) 的工作集是 $B=\{i,j\}$, 那么子问题的最小值在取值范围 $S=[0,C]\times[0,C]$ 内的线段 $y_i\alpha_i+y_j\alpha_j=-y_N^{\mathrm{T}}\alpha_N^k$ 上取得. 由 $y_i\alpha_i+y_j\alpha_j=-y_N^{\mathrm{T}}\alpha_N^k$, 可定义

$$\alpha_i(t)=\alpha_i^k+\frac{t}{y_i},\quad \alpha_j(t)=\alpha_j^k-\frac{t}{y_j},\quad \alpha_s(t)=\alpha_s^k,\quad \forall s\neq i,j \tag{2-76}$$

则子问题的目标函数为

$$\min\quad \psi(t)=W(\boldsymbol{\alpha}(t)) \tag{2-77}$$

$$\text{s.t.}\quad (\alpha_i(t),\alpha_j(t))\in S \tag{2-78}$$

设 $\bar{t}$ 是这个问题的解, 且 $\boldsymbol{\alpha}^{k+1}=\boldsymbol{\alpha}(\bar{t})$. 从式 (2-76) 可以得到

$$\bar{t}=\frac{\|\boldsymbol{\alpha}^{k+1}-\boldsymbol{\alpha}^k\|}{\sqrt{2}} \tag{2-79}$$

因为 $\psi(t)$ 是 t 的二次函数, 由 Taylor 公式可得

$$\psi(t)=\psi(0)+\psi'(0)t+\frac{\psi''(0)}{2}t^2 \tag{2-80}$$

因为

$$\begin{aligned}\psi'(t)&=\sum_{s=1}^{l}y_sF_s\alpha_s'(t)=F_i-F_j\\&=\left(\sum_{s=1}^{l}\alpha_s(t)y_sK(\boldsymbol{x}_i,\boldsymbol{x}_s)-y_i\right)-\left(\sum_{s=1}^{l}\alpha_s(t)y_sK(\boldsymbol{x}_j,\boldsymbol{x}_s)-y_j\right)\end{aligned} \tag{2-81}$$

$$\psi''(t)=K(\boldsymbol{x}_i,\boldsymbol{x}_i)+K(\boldsymbol{x}_j,\boldsymbol{x}_j)-2K(\boldsymbol{x}_i,\boldsymbol{x}_j) \tag{2-82}$$

则有

$$\psi'(0)=F_i(\boldsymbol{\alpha}^k)-F_j(\boldsymbol{\alpha}^k) \tag{2-83}$$

$$\psi''(0)=K(\boldsymbol{x}_i,\boldsymbol{x}_i)+K(\boldsymbol{x}_j,\boldsymbol{x}_j)-2K(\boldsymbol{x}_i,\boldsymbol{x}_j)=\|\boldsymbol{\Phi}(\boldsymbol{x}_i)-\boldsymbol{\Phi}(\boldsymbol{x}_j)\|^2 \tag{2-84}$$

定理 2.2 如果 SMO 的工作集是根据式 (2-72) 和式 (2-73) 选择的, 那么对任意的正整数 k, 必然存在 $\sigma>0$, 使得下式成立:

$$f(\boldsymbol{\alpha}^{k+1})\leqslant f(\boldsymbol{\alpha}^k)-\frac{\sigma}{2}\|\boldsymbol{\alpha}^{k+1}-\boldsymbol{\alpha}^k\| \tag{2-85}$$

其中 $f(\boldsymbol{\alpha})=\dfrac{1}{2}\sum\limits_{i=1}^{l}\sum\limits_{j=1}^{l}\alpha_i\alpha_jy_iy_jK(\boldsymbol{x}_i,\boldsymbol{x}_j)-\sum\limits_{i=1}^{l}\alpha_i$ 是对偶问题的目标函数.

证明 考虑下面两种情况:

1) $\psi''(t)>0$

设 t^* 是无约束情况下 ψ 取最小值所对应的变量值, 由式 (2-80) 可得 $t^*=-\dfrac{\psi'(0)}{\psi''(0)}$. 很显然, 由二次函数的对称性, 可以得到 $\bar{t}=\gamma t^*$, 其中 $0<\gamma\leqslant 1$. 由式 (2-79) 和式 (2-80), 可得

$$\psi(\bar{t})-\psi(0)=\gamma\frac{-\psi'(0)^2}{\psi''(0)}+\frac{\gamma^2}{2}\frac{\psi'(0)^2}{\psi''(0)}\leqslant-\frac{\gamma^2}{2}\frac{\psi'(0)^2}{\psi''(0)}=\frac{\psi''(0)}{2}\bar{t}^2=-\frac{\psi''(0)}{4}\|\boldsymbol{\alpha}^{k+1}-\boldsymbol{\alpha}^k\|^2 \tag{2-86}$$

2) $\psi''(t)=0$

由式 (2-84) 可知 $\boldsymbol{\Phi}(x_i)=\boldsymbol{\Phi}(x_j)$. 对于分解算法, 当 i,j 在工作集中时, $F(\boldsymbol{\alpha}^k)_i\neq F(\boldsymbol{\alpha}^k)_j$, 由 $\psi'(0)=F(\boldsymbol{\alpha}^k)_i-F(\boldsymbol{\alpha}^k)_j=y_j-y_i$ 可知 $\psi'(0)\neq 0$. 从而 $y_j\neq y_i$, $|\psi'(0)|=2$. 因为 $\psi^{''}(0)=\psi''(t)=0$ 意味着 $\psi(t)$ 是线性函数, 利用 $\psi(\bar{t})\leqslant\psi(0)$, $|\bar{t}|\leqslant C$, 有

$$\psi(\bar{t})-\psi(0)=-|\psi'(0)\bar{t}|\leqslant-\frac{2}{C}\bar{t}^2=-\frac{\|\boldsymbol{\alpha}^{k+1}-\boldsymbol{\alpha}^k\|^2}{C} \tag{2-87}$$

注意到 $\psi(0)=W(\boldsymbol{\alpha}^k)$, $\psi(\bar{t})=W(\boldsymbol{\alpha}^{k+1})$. 如果取

$$\sigma=\min\left\{\frac{2}{C},\min_{i,j}\left\{\frac{k_{ii}+k_{jj}-2k_{ij}}{2}:k_{ii}+k_{jj}-2k_{ij}>0\right\}\right\} \tag{2-88}$$

则不等式 (2-85) 成立.

2.8 解回归问题的 SMO 算法

2.8.1 Shevade 算法

Keerthi 等继提出解分类问题的 SMO 算法之后, 又把其思想推广到解回归问题[15]. 在这一部分, 介绍他们解回归问题的 SMO 算法.

在第 1 章的讨论中, 我们得到了非线性回归问题的对偶问题

$$\min_{\boldsymbol{\alpha},\boldsymbol{\beta}}\quad \frac{1}{2}\sum_{i=1}^{l}\sum_{j=1}^{l}(\alpha_i-\beta_i)(\alpha_j-\beta_j)K(\boldsymbol{x}_i,\boldsymbol{x}_j)+\varepsilon\sum_{i=1}^{l}(\alpha_i+\beta_i)-\sum_{i=1}^{l}y_i(\alpha_i-\beta_i) \tag{2-89}$$

$$\text{s.t.}\quad \sum_{i=1}^{l}(\alpha_i-\beta_i)=0 \tag{2-90}$$

$$0\leqslant\alpha_i\leqslant C,\quad i=1,2,\cdots,l \tag{2-91}$$

$$0\leqslant\beta_i\leqslant C,\quad i=1,2,\cdots,l \tag{2-92}$$

其 Lagrange 函数为

$$L=\frac{1}{2}\sum_{i=1}^{l}\sum_{j=1}^{l}(\alpha_i-\beta_i)(\alpha_j-\beta_j)K(\boldsymbol{x}_i,\boldsymbol{x}_j)+\varepsilon\sum_{i=1}^{l}(\alpha_i+\beta_i)-\sum_{i=1}^{l}y_i(\alpha_i-\beta_i)$$
$$+\gamma\sum_{i=1}^{l}(\alpha_i-\beta_i)-\sum_{i=1}^{l}\pi_i\alpha_i-\sum_{i=1}^{l}\psi_i\beta_i-\sum_{i=1}^{l}\delta_i(C-\alpha_i)-\sum_{i=1}^{l}\eta_i(C-\beta_i) \quad (2\text{-}93)$$

设

$$F_i=y_i-\sum_{j=1}^{l}(\alpha_j-\beta_j)K(x_i,x_j) \quad (2\text{-}94)$$

则对偶问题的 KKT 条件为

$$\frac{\partial L}{\partial \alpha_i}=\sum_{j=1}^{l}(\alpha_j-\beta_j)K(\boldsymbol{x}_i,\boldsymbol{x}_j)+\varepsilon-y_i+\gamma-\pi_i+\delta_i=-F_i+\varepsilon+\gamma-\pi_i+\delta_i=0 \quad (2\text{-}95)$$

$$\frac{\partial L}{\partial \beta_i}=-\sum_{j=1}^{l}(\alpha_j-\beta_j)K(\boldsymbol{x}_i,\boldsymbol{x}_j)+\varepsilon+y_i-\gamma-\psi_i+\eta_i=F_i+\varepsilon-\gamma-\psi_i+\eta_i=0 \quad (2\text{-}96)$$

$$\pi_i\alpha_i=0,\quad \pi_i\geqslant 0,\quad \alpha_i\geqslant 0,\quad i=1,2,\cdots,l \quad (2\text{-}97)$$

$$\psi_i\beta_i=0,\quad \psi_i\geqslant 0,\quad \beta_i\geqslant 0,\quad i=1,2,\cdots,l \quad (2\text{-}98)$$

$$\delta_i(C-\alpha_i)=0,\quad \delta_i\geqslant 0,\quad \alpha_i\leqslant C,\quad i=1,2,\cdots,l \quad (2\text{-}99)$$

$$\eta_i(C-\beta_i)=0,\quad \eta_i\geqslant 0,\quad \beta_i\leqslant C,\quad i=1,2,\cdots,l \quad (2\text{-}100)$$

从第 1 章的定理 1.28 中, 我们知道: $\alpha_i\beta_i=0\ (i=1,2,\cdots,l)$. 则由 KKT 条件 (2-95)~(2-100) 可知:

(1) 当 $\alpha_i=\beta_i=0$ 时

$$-\varepsilon\leqslant F_i-\gamma\leqslant\varepsilon \quad (2\text{-}101)$$

(2) 当 $\alpha_i=C$ 时

$$F_i-\gamma\geqslant\varepsilon \quad (2\text{-}102)$$

(3) 当 $\beta_i=C$ 时

$$F_i-\gamma\leqslant-\varepsilon \quad (2\text{-}103)$$

(4) 当 $\alpha_i\in(0,C)$ 时

$$F_i-\gamma=\varepsilon \quad (2\text{-}104)$$

(5) 当 $\beta_i\in(0,C)$ 时

$$F_i-\gamma=-\varepsilon \quad (2\text{-}105)$$

假设 I_0, I_1, I_2, I_3 的定义为

$$I_0 = \{i|0 < \alpha_i < C \text{ 或 } 0 < \beta_i < C\} \tag{2-106}$$

$$I_1 = \{i|\alpha_i = 0, \beta_i = 0\} \tag{2-107}$$

$$I_2 = \{i|\alpha_i = 0, \beta_i = C\} \tag{2-108}$$

$$I_3 = \{i|\alpha_i = C, \beta_i = 0\} \tag{2-109}$$

同时定义 $\tilde{F}_i$ 和 $\bar{F}_i$ 如下:

$$\tilde{F}_i = \begin{cases} F_i - \varepsilon, & i = \{i|0 < \alpha_i < C\} \cup I_1 \\ F_i + \varepsilon, & i = \{i|0 < \beta_i < C\} \cup I_2 \end{cases} \tag{2-110}$$

$$\bar{F}_i = \begin{cases} F_i - \varepsilon, & i = \{i|0 < \alpha_i < C\} \cup I_1 \\ F_i + \varepsilon, & i = \{i|0 < \beta_i < C\} \cup I_3 \end{cases} \tag{2-111}$$

则下述关系式成立:

$$\tilde{F}_i \leqslant \gamma, \quad i \in I_0 \cup I_1 \cup I_2 \tag{2-112}$$

$$\bar{F}_i \geqslant \gamma, \quad i \in I_0 \cup I_1 \cup I_3 \tag{2-113}$$

设

$$b_{\text{low}} = \max\{\tilde{F}_i|i \in I_0 \cup I_1 \cup I_2\} \tag{2-114}$$

$$b_{\text{up}} = \min\{\bar{F}_i|i \in I_0 \cup I_1 \cup I_3\} \tag{2-115}$$

则 KKT 条件可以表示为

$$b_{\text{low}} \leqslant b_{\text{up}} \tag{2-116}$$

和处理分类问题的思想一样, Keerthi 等选择 (i, j) 进入工作集 B, 其中

$$i = \arg\max\{\tilde{F}_i|i \in I_0 \cup I_1 \cup I_2\} \tag{2-117}$$

$$j = \arg\min\{\bar{F}_i|i \in I_0 \cup I_1 \cup I_3\} \tag{2-118}$$

最终的超平面参数 b 用下列公式计算:

$$b = \frac{b_{\text{up}} + b_{\text{low}}}{2} \tag{2-119}$$

2.8.2 Flake 算法

基于 Platt 的 SMO 算法, Flake 和 Lawrence 提出了解回归问题的分解算法[16]. 下面从两个变量的解析求解和超平面参数的更新两个方面介绍他们的工作.

1) 两个变量的解析求解

我们知道回归问题的输出形式为

$$f(\boldsymbol{x},\boldsymbol{\alpha},\boldsymbol{\beta},b)=\sum_{j=1}^{l}(\alpha_j-\beta_j)K(\boldsymbol{x}_j,\boldsymbol{x})+b \tag{2-120}$$

假设 $W(\boldsymbol{\alpha},\boldsymbol{\beta})$ 为对偶问题的目标函数, 令 $\lambda_i=\alpha_i-\beta_i$, 则由

$$\lambda_i^2=(\alpha_i-\beta_i)(\alpha_i-\beta_i)=\alpha_i^2-2\alpha_i\beta_i+\beta_i^2=\alpha_i^2+2\alpha_i\beta_i+\beta_i^2=(\alpha_i+\beta_i)^2 \tag{2-121}$$

知

$$|\lambda_i|=\alpha_i+\beta_i \tag{2-122}$$

从而有

$$f(\boldsymbol{x},\boldsymbol{\lambda},b)=\sum_{i=1}^{l}\lambda_iK(\boldsymbol{x}_i,\boldsymbol{x})+b \tag{2-123}$$

$$W(\boldsymbol{\lambda})=\frac{1}{2}\sum_{i=1}^{l}\sum_{j=1}^{l}\lambda_i\lambda_jk_{ij}+\varepsilon\sum_{i=1}^{l}|\lambda_i|-\sum_{i=1}^{l}\lambda_iy_i \tag{2-124}$$

$$\sum_{i=1}^{l}\lambda_i=0 \tag{2-125}$$

设工作集 B 中的两个样本下标为 i 和 j, 则可表示为

$$W(\lambda_i,\lambda_j)=\frac{1}{2}\lambda_i^2k_{ii}+\frac{1}{2}\lambda_j^2k_{jj}+\lambda_i\lambda_jk_{ij}+\lambda_iz_i^{\text{old}}+\lambda_jz_j^{\text{old}}+\varepsilon\,|\lambda_i|+\varepsilon\,|\lambda_j|-\lambda_iy_i-\lambda_jy_j+W_c \tag{2-126}$$

其中 W_c 是与 λ_i 和 λ_j 无关的常数.

$$z_k^{\text{old}}=\sum_{s\neq i,j}^{l}\lambda_i^{\text{old}}k_{ks}=f_k^{\text{old}}-\lambda_i^{\text{old}}k_{ik}-\lambda_j^{\text{old}}k_{jk}-b^{\text{old}},\quad k=i,j \tag{2-127}$$

$$f_k^{\text{old}}=f(\boldsymbol{x}_k,\lambda^{\text{old}},b^{\text{old}}),\quad k=i,j \tag{2-128}$$

设 $\lambda_i+\lambda_j=\lambda_i^{\text{old}}+\lambda_j^{\text{old}}=s^*$, 则

$$\begin{aligned}W(\lambda_j)=&\frac{1}{2}(s^*-\lambda_j)^2k_{ii}+\frac{1}{2}\lambda_j^2k_{jj}+(s^*-\lambda_j)\lambda_jk_{ij}+(s^*-\lambda_j)z_i^{\text{old}}+\lambda_jz_j^{\text{old}}\\&+\varepsilon\,|s^*-\lambda_j|+\varepsilon\,|\lambda_j|-(s^*-\lambda_j)y_i-\lambda_jy_j+W_c\end{aligned} \tag{2-129}$$

由 $\dfrac{\mathrm{d}\,|s^*-\lambda_j|}{\mathrm{d}\lambda_j}=-\mathrm{sgn}(s^*-\lambda_j)$ 可得

$$\frac{\mathrm{d}W(\lambda_j)}{\mathrm{d}\lambda_j}=-(s^*-\lambda_j)k_{ii}+\lambda_jk_{jj}+(s^*-2\lambda_j)k_{ij}-z_i^{\text{old}}+z_j^{\text{old}}$$

$$-\varepsilon\text{sgn}(s^*-\lambda_j)+\varepsilon\text{sgn}(\lambda_j)+y_i-y_j \tag{2-130}$$

令 $\dfrac{\mathrm{d}W(\lambda_j)}{\mathrm{d}\lambda_j}=0$, 则有

$$\begin{aligned}&\lambda_j(k_{ii}+k_{jj}-2k_{ij})\\=&y_j-y_i-\varepsilon\text{sgn}(\lambda_j)+\varepsilon\text{sgn}(s^*-\lambda_j)+s^*(k_{ii}-k_{ij})+z_i^{\text{old}}-z_j^{\text{old}}\\=&y_j-y_i-\varepsilon\text{sgn}(\lambda_j)+\varepsilon\text{sgn}(s^*-\lambda_j)+(\lambda_i^{\text{old}}+\lambda_j^{\text{old}})(k_{ii}-k_{ij})\\&+f_i^{\text{old}}-\lambda_i^{\text{old}}k_{ii}-\lambda_j^{\text{old}}k_{ij}-b^{\text{old}}\\&-(f_j^{\text{old}}-\lambda_i^{\text{old}}k_{ij}-\lambda_j^{\text{old}}k_{jj}-b^{\text{old}})\\=&y_j-y_i-\varepsilon\text{sgn}(\lambda_j)+\varepsilon\text{sgn}(s^*-\lambda_j)+f_i^{\text{old}}-f_j^{\text{old}}+\lambda_j^{\text{old}}(k_{ii}+k_{jj}-2k_{ij})\end{aligned} \tag{2-131}$$

由式 (2-131) 得

$$\lambda_j=\lambda_j^{\text{old}}+\frac{1}{\eta}(y_j-y_i-\varepsilon\text{sgn}(\lambda_j)+\varepsilon\text{sgn}(s^*-\lambda_j)+f_i^{\text{old}}-f_j^{\text{old}}) \tag{2-132}$$

其中

$$\eta=k_{ii}+k_{jj}-2k_{ij} \tag{2-133}$$

式 (2-132) 是一个关于变量 λ_j 的隐式方程, 可采用下列步骤求 λ_i 和 λ_j:

(1) 令 $\Delta=\dfrac{2\varepsilon}{\eta}$.

(2) 计算 $\lambda_j^{\text{new}}=\lambda_j^{\text{old}}+\dfrac{1}{\eta}(y_j-y_i+f_i^{\text{old}}-f_j^{\text{old}})$.

(3) 如果 $\lambda_j^{\text{new}}(s^*-\lambda_j^{\text{new}})<0$, 那么执行步骤 (4); 否则转步骤 (5).

(4) 如果 $|\lambda_j^{\text{new}}|\geqslant\Delta, |(s^*-\lambda_j^{\text{new}})|\geqslant\Delta$, 那么 $\lambda_j^{\text{new}}=\lambda_j^{\text{new}}-\text{sgn}(\lambda_j^{\text{new}})\Delta$; 否则 $\lambda_j^{\text{new}}=\text{step}(|\lambda_j^{\text{new}}|-|s^*-\lambda_j^{\text{new}}|)\cdot s^*$.

(5) 计算 $L=\max(s^*-C,-C)$, $H=\min(C,s^*+C)$.

(6) $\lambda_j^{\text{new}}=\min(\max(\lambda_j^{\text{new}},L),H)$, $\lambda_i^{\text{new}}=s^*-\lambda_j^{\text{new}}$.

其中 $\text{step}(x)=\begin{cases}1, & x\geqslant 0,\\ 0, & x<0.\end{cases}$

2) 超平面参数的更新

由于回归问题的 KKT 条件为

(1) 当 $\lambda_i=0$ 时

$$|y_i-f_i|<\varepsilon \tag{2-134}$$

(2) 当 $-C<\lambda_i\neq 0<C$ 时

$$|y_i-f_i|=\varepsilon \tag{2-135}$$

(3) 当 $|\lambda_i| = C$ 时

$$|y_i - f_i| > \varepsilon \tag{2-136}$$

当 $-C < \lambda_i \neq 0 < C$ 时, 有

$$b_i^{\text{new}} = y_i - f_i^{\text{old}} + (\lambda_i^{\text{old}} - \lambda_i)k_{ii} + (\lambda_j^{\text{old}} - \lambda_j)k_{ij} + b^{\text{old}} \tag{2-137}$$

当 $-C < \lambda_j \neq 0 < C$ 时, 有

$$b_j^{\text{new}} = y_j - f_j^{\text{old}} + (\lambda_i^{\text{old}} - \lambda_i)k_{ij} + (\lambda_j^{\text{old}} - \lambda_j)k_{jj} + b^{\text{old}} \tag{2-138}$$

如果 λ_i 和 λ_j 都取值为 0 或 $\pm C$ 则

$$b^{\text{new}} = \frac{b_i^{\text{new}} + b_j^{\text{new}}}{2} \tag{2-139}$$

由式 (2-123), 可以得到决策函数值 f_i 和 f_j 的更新公式如下:

$$f_i^{\text{new}} = f_i^{\text{old}} + (\lambda_i^{\text{new}} - \lambda_i^{\text{old}})k_{ii} + (\lambda_j^{\text{new}} - \lambda_j^{\text{old}})k_{ij} + b^{\text{new}} - b^{\text{old}} \tag{2-140}$$

$$f_j^{\text{new}} = f_j^{\text{old}} + (\lambda_i^{\text{new}} - \lambda_i^{\text{old}})k_{ij} + (\lambda_j^{\text{new}} - \lambda_j^{\text{old}})k_{jj} + b^{\text{new}} - b^{\text{old}} \tag{2-141}$$

2.9 扩展的 Lagrange 支持向量机

2.9.1 Lagrange 支持向量机

为了更清楚地描述问题, 引进一些新的记号. $\boldsymbol{x}_+$ 表示 R^n 空间中的向量, 它的负数分量被置为零. $\boldsymbol{A} \in R^{l\times n}$ 代表一个 $l \times n$ 的实数矩阵, $\boldsymbol{A}_{i\cdot}$ 和 $\boldsymbol{A}_{\cdot j}$ 分别表示 A 矩阵的第 i 行和第 j 列. 定义 $l \times l$ 阶对角矩阵 $\boldsymbol{D}$, 根据每个样本点的类别, 规定 $\boldsymbol{D}$ 矩阵对角线上元素 d_{ii} 为 $+1$ 还是 -1. $\boldsymbol{e}$ 表示所有分量均为 1 的向量. $\boldsymbol{I}$ 为单位矩阵.

由于原始支持向量机不是严格凸二次规划, Mangasarian 通过在目标函数中增加 $\frac{1}{2}b^2$, 把它转化成一个严格凸二次规划[17]

$$\min \quad \frac{1}{2}\boldsymbol{w}^{\mathrm{T}}\boldsymbol{w} + C\frac{\boldsymbol{\xi}^{\mathrm{T}}\boldsymbol{\xi}}{2} + \frac{1}{2}b^2 \tag{2-142}$$

$$\text{s.t.} \quad \boldsymbol{D}(\boldsymbol{A}\boldsymbol{w} - \boldsymbol{e}b) + \boldsymbol{\xi} \geqslant \boldsymbol{e} \tag{2-143}$$

上述优化问题的 Lagrange 函数为

$$L(\boldsymbol{w}, b, \boldsymbol{\alpha}) = \frac{1}{2}\boldsymbol{w}^{\mathrm{T}}\boldsymbol{w} + C\frac{\boldsymbol{\xi}^{\mathrm{T}}\boldsymbol{\xi}}{2} + \frac{1}{2}b^2 - \boldsymbol{\alpha}[\boldsymbol{D}(\boldsymbol{A}\boldsymbol{w} - \boldsymbol{e}b) + \boldsymbol{\xi} - \boldsymbol{e}] \tag{2-144}$$

$L(\boldsymbol{w},b,\boldsymbol{\alpha})$ 分别对 $\boldsymbol{w},b,\boldsymbol{\xi}$ 求偏导, 并分别令其为零, 得到

$$\boldsymbol{w}=\boldsymbol{A}^{\mathrm{T}}\boldsymbol{D}\boldsymbol{\alpha},\quad \boldsymbol{\xi}=\frac{\boldsymbol{\alpha}}{C},\quad b=-\boldsymbol{e}^{\mathrm{T}}\boldsymbol{D}\boldsymbol{\alpha} \tag{2-145}$$

将式 (2-145) 代入式 (2-144), 可得下述对偶问题

$$\min_{0\leqslant\boldsymbol{\alpha}\in R^l}\quad \frac{1}{2}\boldsymbol{\alpha}^{\mathrm{T}}\left(\frac{\boldsymbol{I}}{C}+\boldsymbol{D}(\boldsymbol{A}\boldsymbol{A}^{\mathrm{T}}+\boldsymbol{e}\boldsymbol{e}^{\mathrm{T}})\boldsymbol{D}\right)\boldsymbol{\alpha}-\boldsymbol{e}^{\mathrm{T}}\boldsymbol{\alpha} \tag{2-146}$$

设

$$\boldsymbol{H}=\boldsymbol{D}[\boldsymbol{A}\ -\boldsymbol{e}],\quad \boldsymbol{Q}=\frac{\boldsymbol{I}}{C}+\boldsymbol{H}\boldsymbol{H}^{\mathrm{T}}$$

则对偶问题 (2-146) 就变成

$$\min_{0\leqslant\boldsymbol{\alpha}\in R^l}\quad \frac{1}{2}\boldsymbol{\alpha}^{\mathrm{T}}\boldsymbol{Q}\boldsymbol{\alpha}-\boldsymbol{e}^{\mathrm{T}}\boldsymbol{\alpha} \tag{2-147}$$

设 $\boldsymbol{\gamma}=\boldsymbol{Q}\boldsymbol{\alpha}-\boldsymbol{e}$, 则优化问题 (2-147) 的 KKT 条件为

$$\boldsymbol{\alpha}\perp\boldsymbol{\gamma}\quad(\boldsymbol{\alpha}\geqslant 0,\boldsymbol{\gamma}\geqslant 0) \tag{2-148}$$

从而

$$\boldsymbol{Q}\boldsymbol{\alpha}-\boldsymbol{e}=((\boldsymbol{Q}\boldsymbol{\alpha}-\boldsymbol{e})-\beta\boldsymbol{\alpha})_+ \tag{2-149}$$

上述问题可以用下述迭代公式求解

$$\boldsymbol{\alpha}^{i+1}=\boldsymbol{Q}^{-1}(\boldsymbol{e}+((\boldsymbol{Q}\boldsymbol{\alpha}^i-\boldsymbol{e})-\beta\boldsymbol{\alpha}^i)_+),\quad i=0,1,\cdots \tag{2-150}$$

对于该迭代公式, 可以证明, 只要 β 满足条件

$$0<\beta<\frac{2}{C} \tag{2-151}$$

从任意初始点开始逐步迭代, 都可以线性收敛至式 (2-147) 的全局最优解. 通常可以取 $\beta<\dfrac{1.9}{C}$.

应用 SMW 等式, Mangasarian 用下式求 Q^{-1}:

$$\boldsymbol{Q}^{-1}=\left(\frac{\boldsymbol{I}}{C}+\boldsymbol{H}\boldsymbol{H}^{\mathrm{T}}\right)^{-1}=C\left(\boldsymbol{I}-\boldsymbol{H}\left(\frac{\boldsymbol{I}}{C}+\boldsymbol{H}^{\mathrm{T}}\boldsymbol{H}\right)^{-1}\boldsymbol{H}^{\mathrm{T}}\right) \tag{2-152}$$

这样就把一个求 $l\times l$ 矩阵的逆的问题转化成了求 $(n+1)\times(n+1)$ 矩阵逆的问题. 我们知道, l 对应的是样本数, 它往往是成千上万的, 而 n 则是样本的属性数, 它往往只有几十个. 可见利用 SMW 等式, 求逆的难度大大下降了. 它不仅使得 Q^{-1} 的

求解变得可行, 而且快速地对其求解, 从而使得 LSVM 算法在处理线性分类问题时达到一个非常快的速度.

对于非线性分类问题, 由于

$$\boldsymbol{Q}=\frac{\boldsymbol{I}}{C}+\boldsymbol{DK}\left((\boldsymbol{A}-\boldsymbol{e}),\begin{pmatrix}\boldsymbol{A}^{\mathrm{T}}\\ -\boldsymbol{e}^{\mathrm{T}}\end{pmatrix}\right)\boldsymbol{D} \tag{2-153}$$

所以式 (2-152) 不能用, 只能直接求解 Q^{-1}, 这就导致在这种情况下, 它只能处理中小型样本, 而不能处理大样本数据的训练问题.

2.9.2 扩展的 Lagrange 支持向量机

为了让 LSVM 能够解大规模的非线性分类问题, 我们提出了扩展的 Lagrange 支持向量机 (extended Lagrangian support vector machine, ELSVM) 算法 [18]. 其基本想法是: 当处理大规模的非线性分类问题时, 首先对问题进行分解, 用 SVM^{Light} 算法寻找进入工作集 B 的样本, 然后用 LSVM 求解规模较小的子二次规划问题. 这样以来, 一方面可以扩大工作集 B 的规模; 另一方面可以充分利用 LSVM 快速求解中小规模问题的优势. 下面, 先给出 ELSVM 的优化公式, 然后给出详细的算法.

对于线性分类问题, ELSVM 所要优化的问题为

$$\min_{0\leqslant\boldsymbol{\alpha}\in R^l}\quad \frac{1}{2}\boldsymbol{\alpha}^{\mathrm{T}}\left(\frac{\boldsymbol{I}}{C}+\boldsymbol{D}(\boldsymbol{AA}^{\mathrm{T}}+\boldsymbol{ee}^{\mathrm{T}})\boldsymbol{D}\right)\boldsymbol{\alpha}-\boldsymbol{e}^{\mathrm{T}}\boldsymbol{\alpha} \tag{2-154}$$

根据分解算法, 将变量分解成两部分 B 和 N, 于是上式可变为

$$\begin{aligned}
&\min_{0\leqslant\boldsymbol{\alpha}\in R^l}\quad \frac{1}{2}\boldsymbol{\alpha}^{\mathrm{T}}\left(\frac{\boldsymbol{I}}{C}+\boldsymbol{D}(\boldsymbol{AA}^{\mathrm{T}}+\boldsymbol{ee}^{\mathrm{T}})\boldsymbol{D}\right)\boldsymbol{\alpha}-\boldsymbol{e}^{\mathrm{T}}\boldsymbol{\alpha}\\
=&\frac{1}{2}\frac{\boldsymbol{\alpha}^{\mathrm{T}}\boldsymbol{\alpha}}{C}+\frac{1}{2}\boldsymbol{\alpha}^{\mathrm{T}}\boldsymbol{DAA}^{\mathrm{T}}\boldsymbol{D\alpha}+\frac{1}{2}\boldsymbol{\alpha}^{\mathrm{T}}\boldsymbol{Dee}^{\mathrm{T}}\boldsymbol{D\alpha}-\boldsymbol{e}^{\mathrm{T}}\boldsymbol{\alpha}\\
=&\frac{1}{2}\frac{\boldsymbol{\alpha}_B^{\mathrm{T}}\boldsymbol{\alpha}_B}{C}+\frac{1}{2}\frac{\boldsymbol{\alpha}_N^{\mathrm{T}}\boldsymbol{\alpha}_N}{C}+\frac{1}{2}\boldsymbol{\alpha}_B^{\mathrm{T}}\boldsymbol{D}_B\boldsymbol{A}_B\boldsymbol{A}_B^{\mathrm{T}}\boldsymbol{D}_B\boldsymbol{\alpha}_B\\
&+\boldsymbol{\alpha}_N^{\mathrm{T}}\boldsymbol{D}_N\boldsymbol{A}_N\boldsymbol{A}_B^{\mathrm{T}}\boldsymbol{D}_B\boldsymbol{\alpha}_B+\frac{1}{2}\boldsymbol{\alpha}_N^{\mathrm{T}}\boldsymbol{D}_N\boldsymbol{A}_N\boldsymbol{A}_N^{\mathrm{T}}\boldsymbol{D}_N\boldsymbol{\alpha}_N\\
&+\frac{1}{2}\boldsymbol{\alpha}_B^{\mathrm{T}}\boldsymbol{D}_B\boldsymbol{e}_B\boldsymbol{e}_B^{\mathrm{T}}\boldsymbol{D}_B\boldsymbol{\alpha}_B+\boldsymbol{\alpha}_N^{\mathrm{T}}\boldsymbol{D}_N\boldsymbol{e}_N\boldsymbol{e}_B^{\mathrm{T}}\boldsymbol{D}_B\boldsymbol{\alpha}_B\\
&+\frac{1}{2}\boldsymbol{\alpha}_N^{\mathrm{T}}\boldsymbol{D}_N\boldsymbol{e}_N\boldsymbol{e}_N^{\mathrm{T}}\boldsymbol{D}_N\boldsymbol{\alpha}_N-\boldsymbol{e}_B^{\mathrm{T}}\boldsymbol{\alpha}_B-\boldsymbol{e}_N^{\mathrm{T}}\boldsymbol{\alpha}_N
\end{aligned} \tag{2-155}$$

因为集合 N 是固定集合, 在一次迭代中, N 中的变量值不发生变化, 因此, 项 $\frac{1}{2}\frac{\boldsymbol{\alpha}_N^{\mathrm{T}}\boldsymbol{\alpha}_N}{C}+\frac{1}{2}\boldsymbol{\alpha}_N^{\mathrm{T}}\boldsymbol{D}_N\boldsymbol{A}_N\boldsymbol{A}_N^{\mathrm{T}}\boldsymbol{D}_N\boldsymbol{\alpha}_N+\frac{1}{2}\boldsymbol{\alpha}_N^{\mathrm{T}}\boldsymbol{D}_N\boldsymbol{e}_N\boldsymbol{e}_N^{\mathrm{T}}\boldsymbol{D}_N\boldsymbol{\alpha}_N-\boldsymbol{e}_N^{\mathrm{T}}\boldsymbol{\alpha}_N$ 的值可以视

为常数, 于是式 (2-155) 可简化为

$$\min_{0\leqslant\boldsymbol{\alpha}_B\in R^q} \quad \frac{1}{2}\frac{\boldsymbol{\alpha}_B^{\mathrm{T}}\boldsymbol{\alpha}_B}{C}+\frac{1}{2}\boldsymbol{\alpha}_B^{\mathrm{T}}\boldsymbol{D}_B\boldsymbol{A}_B\boldsymbol{A}_B^{\mathrm{T}}\boldsymbol{D}_B\boldsymbol{\alpha}_B+\frac{1}{2}\boldsymbol{\alpha}_B^{\mathrm{T}}\boldsymbol{D}_B\boldsymbol{e}_B\boldsymbol{e}_B^{\mathrm{T}}\boldsymbol{D}_B\boldsymbol{\alpha}_B$$
$$-(\boldsymbol{e}_B^{\mathrm{T}}-\boldsymbol{\alpha}_N^{\mathrm{T}}\boldsymbol{D}_N\boldsymbol{A}_N\boldsymbol{A}_B^{\mathrm{T}}\boldsymbol{D}_B-\boldsymbol{\alpha}_N^{\mathrm{T}}\boldsymbol{D}_N\boldsymbol{e}_N\boldsymbol{e}_B^{\mathrm{T}}\boldsymbol{D}_B)\boldsymbol{\alpha}_B \tag{2-156}$$

令

$$\boldsymbol{H}_B=\boldsymbol{D}_B[\boldsymbol{A}_B-\boldsymbol{e}_B],\quad \boldsymbol{Q}_B=\frac{\boldsymbol{I}_B}{C}+\boldsymbol{H}_B\boldsymbol{H}_B^{\mathrm{T}} \tag{2-157}$$

子问题可改写成

$$\min_{0\leqslant\boldsymbol{\alpha}_B\in R^q} \quad \frac{1}{2}\boldsymbol{\alpha}_B^{\mathrm{T}}\boldsymbol{Q}_B\boldsymbol{\alpha}_B-\boldsymbol{E}_B^{\mathrm{T}}\boldsymbol{\alpha}_B \tag{2-158}$$

其中

$$\boldsymbol{E}_B^{\mathrm{T}}=\boldsymbol{e}_B^{\mathrm{T}}-\boldsymbol{\alpha}_N^{\mathrm{T}}\boldsymbol{D}_N\boldsymbol{A}_N\boldsymbol{A}_B^{\mathrm{T}}\boldsymbol{D}_B-\boldsymbol{\alpha}_N^{\mathrm{T}}\boldsymbol{D}_N\boldsymbol{e}_N\boldsymbol{e}_B^{\mathrm{T}}\boldsymbol{D}_B \tag{2-159}$$

对于非线性分类问题,

$$\boldsymbol{Q}_B=\frac{\boldsymbol{I}_B}{C}+\boldsymbol{D}_B\boldsymbol{K}\left((\boldsymbol{A}_B-\boldsymbol{e}_B),\begin{pmatrix}\boldsymbol{A}_B^{\mathrm{T}}\\-\boldsymbol{e}_B^{\mathrm{T}}\end{pmatrix}\right)\boldsymbol{D}_B \tag{2-160}$$

$$\boldsymbol{E}_B^{\mathrm{T}}=\boldsymbol{e}_B^{\mathrm{T}}-\boldsymbol{\alpha}_N^{\mathrm{T}}\boldsymbol{D}_N\boldsymbol{K}\left((\boldsymbol{A}_N-\boldsymbol{e}_N),\begin{pmatrix}\boldsymbol{A}_B^{\mathrm{T}}\\-\boldsymbol{e}_B^{\mathrm{T}}\end{pmatrix}\right)\boldsymbol{D}_B \tag{2-161}$$

求 $\boldsymbol{\alpha}_B$ 的迭代公式为

$$\boldsymbol{\alpha}_B^{i+1}=\boldsymbol{Q}_B^{-1}(\boldsymbol{e}_B+((\boldsymbol{Q}_B\boldsymbol{\alpha}_B^i-\boldsymbol{e}_B)-\beta\boldsymbol{\alpha}_B^i)_+),\quad i=0,1,\cdots \tag{2-162}$$

基于上述的理论分析, 可以给出 ELSVM 算法的详细步骤如下.

算法 2.4

(1) 给定工作集 B 中元素的个数 $|B|$ 及精度要求 ε. 取初始点 $\boldsymbol{\alpha}^0=(\boldsymbol{\alpha}_B^0,\boldsymbol{\alpha}_N^0)^{\mathrm{T}}$, 令 $k=0$.

(2) 用算法 2.2 求工作集 B.

(3) 用式 (2-162) 求解问题 (2-158), 得到解 $\boldsymbol{\alpha}_B^{k+1}$, 令 $\boldsymbol{\alpha}^{k+1}=(\boldsymbol{\alpha}_B^{k+1},\boldsymbol{\alpha}_N^{k+1})^{\mathrm{T}}$.

(4) 若在精度 ε 范围内满足停机准则, 则转 (5); 否则, 令 $k=k+1$, 转 (2).

(5) 由近似最优解 $\boldsymbol{\alpha}^{k+1}$ 构造决策函数.

我们对 UCI 中的五个数据库分别应用 SVM^{Light}, LSVM, ELSVM 进行了学习. 实验结果表明: 对于非线性分类问题, LSVM 在小样本集上具有最快的学习速度, 但在大样本集上, 由于存在求逆的困难, 它的学习时间非常长. 对于 ELSVM 来说, 它不仅可以高效地求解大规模学习问题, 而且它的速度比 SVM^{Light} 快将近一半以上.

参 考 文 献

[1] Lee Y J, Mangasarian O L. SSVM: smooth support vector machine for classification. Computational Optimization and Application, 2001, 20(1): 5-22.

[2] Lee Y J, Hsieh W F, Huang C M. Epsilon-SSVR: a smooth support vector ma-chine for epsilon-insensitive regression. IEEE Transactions on Knowledge and Data Engineering, 2005, 17(5): 678-685.

[3] Mangasarian O L. Generalized support vector machines//Smola A, Bartlett P, Schölkopf B, Schuurmans D. Advances in Large Margin Classifiers. Cambridge, MA: MIT Press, 2000: 135-146. ftp://ftp.cs.wisc.edu/math-prog/tech-reports/98-14.ps.

[4] 邓乃扬, 田英杰. 数据挖掘中的新方法 —— 支持向量机. 北京: 科学出版社, 2004.

[5] 袁亚湘, 孙文瑜. 最优化理论与方法. 北京: 科学出版社, 1997.

[6] Boser E B, Guyon M, Vapnik V. A training for optimal margin classifiers. Proceedings of the 5th Annual Workshop on Computational Learning Theory (COLT' 92), Pittsburgh, ACM, 1992, 5: 144-152.

[7] Osuna E, Freund R, Girosi F. An improved training algorithm for support vector machines//Neural Networks for Signal Processing VII Proceedings of the 1997 IEEE Workshop. New York, 1997: 276-285.

[8] Joachims T. Making large-scale SVM learning practical//Schölkopf B, Burges C J C, Smola A J. Advances in Kernel Methods-Support Vector Learning. Cambridge, Massachusetts: The MIT Press, 1999: 169-184.

[9] Chang C C, Lin C J. LIBSVM 2.0: solving different support vector formulation. 2000. Software available at http://www.csie.ntu.edu.tw/∼cjlin/libsvm.

[10] Platt J C. Fast training of support vector machines using sequential minimal optimization//Schölkopf B. Burges C J C, Smola A J. Advances in Kernel Methods-Support Vector Learning. Cambridge, Massachusetts: The MIT Press, 1999: 185-208.

[11] Keerthi S S, Shevade S K, Bhattacharyya C, Murthy K R K. Improvements to Platt's SMO algorithm for SVM classifier design. Neural Computation, 2001, 13(3): 637-649.

[12] 邓乃扬, 田英杰. 支持向量机 —— 理论、算法与拓展. 北京: 科学出版社, 2009.

[13] Lin C J. Asymptotic convergence of an SMO algorithm without any assumptions. IEEE Transactions on Neural Networks, 2002, 13(1): 248-250.

[14] Keerthi S S, Gilbert E G. Convergence of a generalized SMO algorithm for SVM classifier design. Machine Learning, 2002, 46: 351-360.

[15] Shevade S K, Keerthi S S, Bhattacharyya C, Murthy K R K. Improvements to the SMO algorithm for SVM regression. IEEE Transactions on Neural Networks, 2000, 11(5): 1188-1193.

[16] Flake G W, Lawrence S. Efficient SVM regression training with SMO. Machine Learning, 2002, 46(1-3): 271-290.

[17] Mangasarian O, Musicant D. Lagrangian support vector machines. Journal of Machine Learning Research, 2001, 1: 161-177.

[18] Yang X W, Shu L, Hao Z F, Liang Y C, Liu G R, Han X. An extended Lagrange support vector machine for classification. Progress in Natural Science, 2004, 14(6): 519-523.

第 3 章　最小二乘支持向量机

无论对于二分类问题还是回归问题, Vapnik 等所提出的原始支持向量机都需要解一个带不等式约束的二次规划问题[1~3]. 1998 年, 基于等式约束, Saunders, Gammerman 和 Vovk 提出了岭回归在高维特征空间中的具体形式, 并利用核技巧给出了它的对偶形式[4]. 1999 年, 基于等式约束和最小二乘损失函数, Suykens 和 Vandewalle 提出了解二分类问题的最小二乘支持向量机[5], 至于解回归问题的最小二乘支持向量机, 它实际上是一种岭回归. 2002 年, 针对带噪声的回归问题, Suykens 等提出了加权最小二乘支持向量机[6]. 2004 年, Zhang,Zhou 和 Jiao 提出了隐空间支持向量机[7], 2005 年, 王玲等给出了它的最小二乘版本[8], 2007 年, 针对分类问题, Wang 和 Chen 提出了一种基于矩阵模式的最小二乘支持向量机[9]. 目前, 最小二乘支持向量机在分类和回归中得到了广泛的应用, 取得了很好的效果[10~13]. 在本章中, 将详细地介绍最小二乘支持向量机的模型、解法和稀疏化问题.

3.1　最小二乘支持向量机

在这一节中, 首先给出分类问题和回归问题的支持向量机公式, 然后指出, 在最小二乘支持向量机的框架下, 分类问题的公式可以转化为回归问题的公式.

3.1.1　分类问题

对于二分类问题, 假设训练集 T 由 l 个样本点组成,

$$T = \{(\boldsymbol{x}_1, y_1), (\boldsymbol{x}_2, y_2), \cdots, (\boldsymbol{x}_l, y_l)\} \tag{3-1}$$

其中, $\boldsymbol{x}_i \in R^n$ 是输入向量, $y_i \in \{-1, 1\}$ 是 $\boldsymbol{x}_i$ 所属的类别. 基于等式约束和最小二乘损失函数, 1999 年, Suykens 和 Vandewalle 给出了下面的优化问题[5]

$$\min_{\boldsymbol{w},b,\boldsymbol{e}} \quad J(\boldsymbol{w}, b, \boldsymbol{e}) = \frac{1}{2}\boldsymbol{w}^{\mathrm{T}}\boldsymbol{w} + \frac{\gamma}{2}\sum_{k=1}^{l} e_k^2 \tag{3-2}$$

$$\text{s.t.} \quad y_k[\boldsymbol{w}^{\mathrm{T}}\varphi(\boldsymbol{x}_k) + b] = 1 - e_k, \quad k = 1, \cdots, l \tag{3-3}$$

式中 $\boldsymbol{w}$ 是权向量, γ 是正则化参数, e_k 是误差变量, $\varphi(\cdot)$ 从输入空间到高维特征空间的非线性映射, b 是一个偏量.

对应于优化问题 (3-2)~(3-3) 的 Lagrange 函数为

$$L(\boldsymbol{w},b,\boldsymbol{e},\boldsymbol{\alpha})=J(\boldsymbol{w},b,\boldsymbol{e})-\sum_{k=1}^{l}\alpha_k\{y_k[\boldsymbol{w}^{\mathrm{T}}\varphi(\boldsymbol{x}_k)+b]-1+e_k\} \tag{3-4}$$

其中 α_k 是 Lagrange 乘子, 称对应于 $\alpha_k\neq 0$ 的样本点为支持向量.

相应的 KKT 条件为

$$\frac{\partial L}{\partial \boldsymbol{w}}=\boldsymbol{0}\rightarrow \boldsymbol{w}=\sum_{k=1}^{l}\alpha_k y_k\varphi(\boldsymbol{x}_k) \tag{3-5}$$

$$\frac{\partial L}{\partial b}=0\rightarrow \sum_{k=1}^{l}\alpha_k y_k=0 \tag{3-6}$$

$$\frac{\partial L}{\partial e_k}=0\rightarrow \alpha_k=\gamma e_k,\quad k=1,\cdots,l \tag{3-7}$$

$$\frac{\partial L}{\partial \alpha_k}=0\rightarrow y_k(\boldsymbol{w}^{\mathrm{T}}\varphi(\boldsymbol{x}_k)+b)-1+e_k=0,\quad k=1,\cdots,l \tag{3-8}$$

可以表示为下列方程组的形式

$$\begin{pmatrix} 0 & \boldsymbol{Y}^{\mathrm{T}} \\ \boldsymbol{Y} & \boldsymbol{Z}\boldsymbol{Z}^{\mathrm{T}}+\gamma^{-1}\boldsymbol{I} \end{pmatrix}\begin{pmatrix} b \\ \boldsymbol{\alpha} \end{pmatrix}=\begin{pmatrix} 0 \\ \boldsymbol{1} \end{pmatrix} \tag{3-9}$$

式中 $\boldsymbol{Z}=(\varphi(\boldsymbol{x}_1)y_1,\cdots,\varphi(\boldsymbol{x}_l)y_l)^{\mathrm{T}},\boldsymbol{Y}=(y_1,\cdots,y_l)^{\mathrm{T}},\boldsymbol{1}=(1,\cdots,1)^{\mathrm{T}},\boldsymbol{\alpha}=(\alpha_1,\cdots,\alpha_l)^{\mathrm{T}}$.

令 $\Omega_{ij}=y_iy_j\varphi(\boldsymbol{x}_i)^{\mathrm{T}}\varphi(\boldsymbol{x}_j)=y_iy_jK(\boldsymbol{x}_i,\boldsymbol{x}_j)$, 则方程 (3-9) 可以表示为

$$\begin{pmatrix} 0 & \boldsymbol{Y}^{\mathrm{T}} \\ \boldsymbol{Y} & \boldsymbol{\Omega}+\gamma^{-1}\boldsymbol{I} \end{pmatrix}\begin{pmatrix} b \\ \boldsymbol{\alpha} \end{pmatrix}=\begin{pmatrix} 0 \\ \boldsymbol{1} \end{pmatrix} \tag{3-10}$$

解方程 (3-10) 得到 α 和 b 后, 对于新的输入向量 $\boldsymbol{x}$, 其类别可以根据下式进行判别

$$y(\boldsymbol{x})=\mathrm{sgn}\left[\sum_{k=1}^{l}\alpha_k y_k K(\boldsymbol{x},\boldsymbol{x}_k)+b\right] \tag{3-11}$$

3.1.2 回归问题

对于回归问题, 假设训练集 T 由 l 个样本点组成

$$T=\{(\boldsymbol{x}_1,y_1),(\boldsymbol{x}_2,y_2),\cdots,(\boldsymbol{x}_l,y_l)\} \tag{3-12}$$

其中, $\boldsymbol{x}_i\in R^n$ 是输入向量, $y_i\in R$ 是相应于 $\boldsymbol{x}_i$ 的输出. 在 Saunders, Gammerman

和 Vovk 所提出的岭回归公式中[4], 令 $a=\dfrac{1}{\gamma}$, 则最小二乘支持向量机的优化问题为

$$\min_{\boldsymbol{w},b,\boldsymbol{e}} \quad J(\boldsymbol{w},b,\boldsymbol{e})=\frac{1}{2}\boldsymbol{w}^{\mathrm{T}}\boldsymbol{w}+\frac{\gamma}{2}\sum_{k=1}^{l}e_k^2 \tag{3-13}$$

$$\text{s.t.} \quad y_k=\boldsymbol{w}^{\mathrm{T}}\varphi(\boldsymbol{x}_k)+b+e_k, \quad k=1,\cdots,l \tag{3-14}$$

式中 $\boldsymbol{w}$ 是权向量,γ 是正则化参数, e_k 是误差变量, $\varphi(\cdot)$ 从输入空间到高维特征空间的非线性映射, b 是一个偏量.

对应于优化问题 (3-13)~(3-14) 的 Lagrange 函数为

$$L(\boldsymbol{w},b,\boldsymbol{e},\boldsymbol{\alpha})=J(\boldsymbol{w},b,\boldsymbol{e})-\sum_{k=1}^{l}\alpha_k\{\boldsymbol{w}^{\mathrm{T}}\varphi(\boldsymbol{x}_k)+b+e_k-y_k\} \tag{3-15}$$

其中 α_k 是 Lagrange 乘子, 称对应于 $\alpha_k\neq 0$ 的样本点为支持向量.

相应的 KKT 条件为

$$\frac{\partial L}{\partial \boldsymbol{w}}=\boldsymbol{0}\rightarrow \boldsymbol{w}=\sum_{k=1}^{l}\alpha_k\varphi(\boldsymbol{x}_k) \tag{3-16}$$

$$\frac{\partial L}{\partial b}=0\rightarrow \sum_{k=1}^{l}\alpha_k=0 \tag{3-17}$$

$$\frac{\partial L}{\partial e_k}=0\rightarrow \alpha_k=\gamma e_k, \quad k=1,\cdots,l \tag{3-18}$$

$$\frac{\partial L}{\partial \alpha_k}=0\rightarrow \boldsymbol{w}^{\mathrm{T}}\varphi(\boldsymbol{x}_k)+b+e_k-y_k=0, \quad k=1,\cdots,l \tag{3-19}$$

可以表示为下列方程组的形式

$$\begin{pmatrix} 0 & \boldsymbol{1}^{\mathrm{T}} \\ \boldsymbol{1} & \boldsymbol{\Omega}+\gamma^{-1}\boldsymbol{I} \end{pmatrix}\begin{pmatrix} b \\ \boldsymbol{\alpha} \end{pmatrix}=\begin{pmatrix} 0 \\ \boldsymbol{Y} \end{pmatrix} \tag{3-20}$$

式中 $\Omega_{ij}=\varphi(\boldsymbol{x}_i)^{\mathrm{T}}\varphi(\boldsymbol{x}_j)=K(\boldsymbol{x}_i,\boldsymbol{x}_j)$, $\boldsymbol{Y}=(y_1,\cdots,y_l)^{\mathrm{T}}$, $\boldsymbol{1}=(1,\cdots,1)^{\mathrm{T}}$, $\boldsymbol{\alpha}=(\alpha_1,\cdots,\alpha_l)^{\mathrm{T}}$.

解方程 (3-20) 得到 α 和 b 后, 对于新的输入向量 $\boldsymbol{x}$, 其输出值 $y(\boldsymbol{x})$ 可以根据下式进行计算

$$y(\boldsymbol{x})=\sum_{k=1}^{l}\alpha_k K(\boldsymbol{x},\boldsymbol{x}_k)+b \tag{3-21}$$

3.1.3 分类问题和回归问题的统一

在方程 (3-3) 的两边同时乘以 y_k 得

$$y_k = \boldsymbol{w}^{\mathrm{T}}\varphi(\boldsymbol{x}_k) + b + y_k e_k, \quad k = 1, \cdots, l \tag{3-22}$$

令

$$\tilde{e}_k = y_k e_k, \quad k = 1, \cdots, l \tag{3-23}$$

则优化问题 (3-2)~(3-3) 可以表示为

$$\min_{\boldsymbol{w}, b, \tilde{\boldsymbol{e}}} \quad J(\boldsymbol{w}, b, \tilde{\boldsymbol{e}}) = \frac{1}{2}\boldsymbol{w}^{\mathrm{T}}\boldsymbol{w} + \frac{\gamma}{2}\sum_{k=1}^{l}\tilde{e}_k^2 \tag{3-24}$$

$$\text{s.t.} \quad y_k = \boldsymbol{w}^{\mathrm{T}}\varphi(\boldsymbol{x}_k) + b + \tilde{e}_k, \quad k = 1, \cdots, l \tag{3-25}$$

这个优化问题与 (3-13)~(3-14) 是一样的. 这说明, 在最小二乘支持向量机的框架下, 分类问题和回归问题的求解方程是一样的. 因此, 在本章中讨论相关算法时, 如果不作特殊声明, 我们以回归问题为例进行讨论.

3.2 最小二乘隐空间支持向量机

设训练集 T 由 (3-12) 给出, 定义一个由实值函数集合 $\{\phi_i(\boldsymbol{x})|i = 1, 2, \cdots, d_1\}$ 构成的向量

$$\phi(\boldsymbol{x}) = (\phi_1(\boldsymbol{x}), \phi_2(\boldsymbol{x}), \cdots, \phi_{d_1}(\boldsymbol{x}))^{\mathrm{T}} \tag{3-26}$$

则向量 $\phi(\boldsymbol{x})$ 将 n 维输入空间上的点映射到一个 d_1 维空间上. 由于函数集合 $\{\phi_i(\boldsymbol{x})\}$ 所起的作用类似于前向神经网络中的隐单元, 因而将 $\phi_i(\boldsymbol{x})(i = 1, 2, \cdots, d_1)$ 称为隐函数, 相应的空间 $\{z|z = (\phi_1(\boldsymbol{x}), \phi_2(\boldsymbol{x}), \cdots, \phi_{d_1}(\boldsymbol{x}))^{\mathrm{T}}, \boldsymbol{x} \in R^n\}$ 称为隐空间或特征空间.

考虑一种特殊的隐函数: 实对称核函数, 即 $K(\boldsymbol{x}, \boldsymbol{x}') = K(\boldsymbol{x}', \boldsymbol{x})$, 令 $\phi_i(\boldsymbol{x}) = K(\boldsymbol{x}_i, \boldsymbol{x})$, 则相应于输入空间的隐空间为

$$\{z|z = (K(\boldsymbol{x}_1, \boldsymbol{x}), K(\boldsymbol{x}_2, \boldsymbol{x}), \cdots, K(\boldsymbol{x}_l, \boldsymbol{x}))^{\mathrm{T}}, \boldsymbol{x} \in R^n\} \tag{3-27}$$

在隐空间中构造最优分类超平面可以得到模式识别隐空间支持向量机[7]

$$\min_{\boldsymbol{w}, b, \boldsymbol{\xi}} \quad J(\boldsymbol{w}, b, \boldsymbol{\xi}) = \frac{1}{2}\boldsymbol{w}^{\mathrm{T}}\boldsymbol{w} + C\sum_{k=1}^{l}\xi_i \tag{3-28}$$

$$\text{s.t.} \quad y_k[\boldsymbol{w}^{\mathrm{T}}\boldsymbol{z}_k + b] \geqslant 1 - \xi_k, \quad k = 1, \cdots, l \tag{3-29}$$

$$\xi_k \geqslant 0, \quad k = 1, \cdots, l \tag{3-30}$$

由于 $\boldsymbol{w}^{\mathrm{T}}\boldsymbol{z} = \sum_{i=1}^{l}\alpha_i y_i \sum_{j=1}^{l} K(\boldsymbol{x}_j, \boldsymbol{x}_i)K(\boldsymbol{x}_j, \boldsymbol{x})$, 所以隐空间支持向量机在决策时将会

用到所有的训练样本. 对于大规模的问题来说, 这是不现实的.

基于最小二乘的思想, 在隐空间中构造最优超平面, 王玲等给出了最小二乘隐空间支持向量机[8]

$$\min_{\boldsymbol{w},b} \quad \frac{1}{2\gamma}\boldsymbol{w}^{\mathrm{T}}\boldsymbol{w} + \sum_{i=1}^{l}((\boldsymbol{w}^{\mathrm{T}}\boldsymbol{z}_i + b) - y_i)^2 \tag{3-31}$$

把 (3-27) 代入式 (3-31) 得

$$\min_{\boldsymbol{w},b} \quad \frac{1}{2\gamma}\boldsymbol{w}^{\mathrm{T}}\boldsymbol{w} + \sum_{i=1}^{l}\left(\left(\sum_{j=1}^{l} w_j K(\boldsymbol{x}_i, \boldsymbol{x}_j) + b\right) - y_i\right)^2 \tag{3-32}$$

上述表达式可写为

$$\min_{\boldsymbol{w},b} \quad \frac{1}{2\gamma}\boldsymbol{w}^{\mathrm{T}}\boldsymbol{w} + (\boldsymbol{\Omega w} + b\boldsymbol{1} - \boldsymbol{Y})^{\mathrm{T}}(\boldsymbol{\Omega w} + b\boldsymbol{1} - \boldsymbol{Y}) \tag{3-33}$$

去掉常数项, 则 (3-33) 等价于下列标准二次规划问题

$$\min_{\boldsymbol{\alpha}} \quad \frac{1}{2}\boldsymbol{\alpha}^{\mathrm{T}}\boldsymbol{H}\boldsymbol{\alpha} + \boldsymbol{d}^{\mathrm{T}}\boldsymbol{\alpha} \tag{3-34}$$

其中

$$\boldsymbol{\alpha} = (w_1, w_2, \cdots, w_l, b)^{\mathrm{T}} \tag{3-35}$$

$$\boldsymbol{H} = \begin{pmatrix} \boldsymbol{\Omega}^{\mathrm{T}}\boldsymbol{\Omega} + \frac{\boldsymbol{I}}{2\gamma} & \boldsymbol{\Omega 1} \\ \boldsymbol{1}^{\mathrm{T}}\boldsymbol{\Omega} & l \end{pmatrix} \tag{3-36}$$

$$\boldsymbol{d} = \begin{pmatrix} -\boldsymbol{\Omega Y} \\ -\boldsymbol{Y}^{\mathrm{T}}\boldsymbol{1} \end{pmatrix} \tag{3-37}$$

由于对任意的 $\boldsymbol{\alpha} = (w_1, w_2, \cdots, w_l, b)^{\mathrm{T}} \neq \boldsymbol{0}$, 下式成立

$$\boldsymbol{\alpha}^{\mathrm{T}}\boldsymbol{H}\boldsymbol{\alpha} = \boldsymbol{\alpha}^{\mathrm{T}} \begin{pmatrix} \boldsymbol{\Omega}^{\mathrm{T}}\boldsymbol{\Omega} + \frac{\boldsymbol{I}}{2\gamma} & \boldsymbol{\Omega 1} \\ \boldsymbol{1}^{\mathrm{T}}\boldsymbol{\Omega} & l \end{pmatrix} \boldsymbol{\alpha} = \frac{1}{2\gamma}\boldsymbol{w}^{\mathrm{T}}\boldsymbol{w} + (\boldsymbol{\Omega w} + b\boldsymbol{1})^{\mathrm{T}}(\boldsymbol{\Omega w} + b\boldsymbol{1}) > 0 \tag{3-38}$$

所以矩阵 $\boldsymbol{H}$ 是对称正定的, 从而 (3-34) 是一个无约束凸二次规划, 可以用共轭梯度法进行求解.

3.3　基于矩阵模式的最小二乘支持向量机

考虑输入模式为矩阵的两分类问题. 设训练集为

$$S = \{(\boldsymbol{A}_1, y_1), (\boldsymbol{A}_2, y_2), \cdots, (\boldsymbol{A}_l, y_l)\} \tag{3-39}$$

其中, $\boldsymbol{A}_i \in R^{d_1 \times d_2}$ 是输入模式, $y_i \in \{-1, 1\}$ 是模式 $\boldsymbol{A}_i$ 所属的类别. 对于集合 S 中的所有模式, 要求下式成立

$$y_i f(\boldsymbol{A}_i) = y_i(\boldsymbol{u}^{\mathrm{T}} \boldsymbol{A}_i \boldsymbol{v} + b) \geqslant 1 - \xi_i, \quad i = 1, 2, \cdots, l \tag{3-40}$$

其中 $f(\boldsymbol{A}) = \boldsymbol{u}^{\mathrm{T}} \boldsymbol{A} \boldsymbol{v} + b$ 是决策函数, $\boldsymbol{u}$ 是待求的 d_1 维向量, $\boldsymbol{v}$ 是待求的 d_2 维向量.

考虑到 $\boldsymbol{A}$ 是 $d_1 \times d_2$ 矩阵, $\boldsymbol{A}\boldsymbol{v}$ 是 d_1 维向量, 对于固定的 $\boldsymbol{v}$, 集合 S 可以转化为集合 $\tilde{S}$

$$\tilde{S} = \{(\boldsymbol{A}_1 \boldsymbol{v}, y_1), (\boldsymbol{A}_2 \boldsymbol{v}, y_2), \cdots, (\boldsymbol{A}_l \boldsymbol{v}, y_l)\} \tag{3-41}$$

在集合 $\tilde{S}$ 上, Wang 和 Chen 给出了最小二乘支持向量机公式[9]

$$\min_{\boldsymbol{w}, b, \boldsymbol{\xi}} \quad J(\boldsymbol{w}, b, \boldsymbol{\xi}) = \frac{1}{2} \boldsymbol{u}^{\mathrm{T}} \boldsymbol{u} + \frac{C}{2} \sum_{i=1}^{l} \xi_i^2 \tag{3-42}$$

$$\text{s.t.} \quad y_i(\boldsymbol{u}^{\mathrm{T}} \boldsymbol{A}_i \boldsymbol{v} + b) = 1 - \xi_i, \quad i = 1, 2, \cdots, l \tag{3-43}$$

优化问题 (3-42)~(3-43) 的 Lagrange 函数为

$$L(\boldsymbol{w}, b, \boldsymbol{\xi}, \boldsymbol{\alpha}) = \frac{1}{2} \boldsymbol{u}^{\mathrm{T}} \boldsymbol{u} + \frac{C}{2} \sum_{i=1}^{l} \xi_i^2 - \sum_{i=1}^{l} \alpha_i \left\{ y_i(\boldsymbol{u}^{\mathrm{T}} \boldsymbol{A}_i \boldsymbol{v} + b) - 1 + \xi_i \right\} \tag{3-44}$$

相应的 KKT 条件为

$$\frac{\partial L(\boldsymbol{w}, b, \boldsymbol{\xi}, \boldsymbol{\alpha})}{\partial \boldsymbol{u}} = 0 \to \boldsymbol{u} = \sum_{i=1}^{l} \alpha_i y_i \boldsymbol{A}_i \boldsymbol{v} \tag{3-45}$$

$$\frac{\partial L(\boldsymbol{w}, b, \boldsymbol{\xi}, \boldsymbol{\alpha})}{\partial b} = 0 \to \sum_{i=1}^{l} \alpha_i y_i = 0 \tag{3-46}$$

$$\frac{\partial L(\boldsymbol{w}, b, \boldsymbol{\xi}, \boldsymbol{\alpha})}{\partial \xi_i} = 0 \to \alpha_i = C\xi_i, \quad i = 1, \cdots, l \tag{3-47}$$

$$\frac{\partial L(\boldsymbol{w}, b, \boldsymbol{\xi}, \boldsymbol{\alpha})}{\partial \alpha_i} = 0 \to y_i(\boldsymbol{u}^{\mathrm{T}} \boldsymbol{A}_i \boldsymbol{v} + b) = 1 - \xi_i, \quad i = 1, 2, \cdots, l \tag{3-48}$$

方程 (3-45)~(3-48) 可以表示为下列方程组的形式

$$\begin{pmatrix} 0 & \boldsymbol{Y}^{\mathrm{T}} \\ \boldsymbol{Y} & \boldsymbol{\Omega} + C^{-1} \boldsymbol{I} \end{pmatrix} \begin{pmatrix} b \\ \boldsymbol{\alpha} \end{pmatrix} = \begin{pmatrix} 0 \\ \boldsymbol{1} \end{pmatrix} \tag{3-49}$$

式中 $\Omega_{ij} = y_i y_j (\boldsymbol{A}_i \boldsymbol{v})^{\mathrm{T}} (\boldsymbol{A}_j \boldsymbol{v}) = y_i y_j \boldsymbol{v}^{\mathrm{T}} \boldsymbol{A}_i^{\mathrm{T}} \boldsymbol{A}_j \boldsymbol{v} = y_i y_j \boldsymbol{v}^{\mathrm{T}} \boldsymbol{K}(\boldsymbol{A}_i, \boldsymbol{A}_j) \boldsymbol{v}$, $\boldsymbol{Y} = (y_1, \cdots, y_l)^{\mathrm{T}}$, $\boldsymbol{1} = (1, \cdots, 1)^{\mathrm{T}}$, $\boldsymbol{\alpha} = (\alpha_1, \cdots, \alpha_l)^{\mathrm{T}}$.

由于方程组 (3-49) 的系数矩阵中有未知向量 $\boldsymbol{v}$, 所以需要用迭代法进行求解. $\boldsymbol{v}$ 的修正可以采用最速下降法. 由

$$\frac{\partial L}{\partial \boldsymbol{v}} = -\sum_{i=1}^{l} \alpha_i y_i \boldsymbol{A}_i^{\mathrm{T}} \boldsymbol{u} \tag{3-50}$$

可得

$$\boldsymbol{v}_{t+1} = \boldsymbol{v}_t - \eta \frac{\partial L}{\partial \boldsymbol{v}} = \boldsymbol{v}_t - \eta \left(-\sum_{i=1}^{l} \alpha_i y_i \boldsymbol{A}_i^{\mathrm{T}} \boldsymbol{u} \right) = \boldsymbol{v}_t + \eta \sum_{i=1}^{l} \alpha_i y_i \boldsymbol{A}_i^{\mathrm{T}} \boldsymbol{u} \tag{3-51}$$

式中 η 是学习率, t 是迭代次数.

该算法的详细步骤如下:

算法 3.1

(1) 初始化参数 $\boldsymbol{v}_0, \eta, \varepsilon$ 和 C, 设置 $t=0$.

(2) 从矩阵模式空间 $S = \{(\boldsymbol{A}_1, y_1), (\boldsymbol{A}_2, y_2), \cdots, (\boldsymbol{A}_l, y_l)\}$ 出发, 计算向量模式空间

$$\tilde{S}_t = \{(\boldsymbol{A}_1 \boldsymbol{v}_t, y_1), (\boldsymbol{A}_2 \boldsymbol{v}_t, y_2), \cdots, (\boldsymbol{A}_l \boldsymbol{v}_t, y_l)\}$$

(3) 解方程组 (3-49) 得到 b_t 和 α_i^t, 然后用方程 (3-45) 计算 $\boldsymbol{u}_t = \sum\limits_{i=1}^{l} \alpha_i y_i \boldsymbol{A}_i \boldsymbol{v}_t$.

(4) 用方程 (3-51) 修正向量 $\boldsymbol{v}$.

(5) 如果 $\|\boldsymbol{v}_{t+1} - \boldsymbol{v}_t\| < \varepsilon$, 则算法终止; 否则, $t = t+1$, 转 (2).

目前, 该算法只能处理线性情况. 与原始的最小二乘支持向量机相比, 它的主要优势在于: 它可以大大减少权向量的维数 (原始支持向量机需要存储的权向量维数为 $d_1 \times d_2$, 基于矩阵模式支持向量机需要存储的权向量维数为 $d_1 + d_2$).

3.4　最小二乘支持向量机的求解算法

3.4.1　超松弛算法

我们知道方程组 (3-20) 的系数矩阵不是正定的, 此时许多解线性代数方程组的高效算法不能直接使用. 为了克服这个困难, 首先对 (3-20) 进行变形. 显然, 从 (3-20) 中, 可以得到下面的方程组[14,15]

$$\begin{pmatrix} s & \boldsymbol{0}^{\mathrm{T}} \\ \boldsymbol{0} & \boldsymbol{H} \end{pmatrix} \begin{pmatrix} b \\ \boldsymbol{\alpha} + b\boldsymbol{H}^{-1}\boldsymbol{1} \end{pmatrix} = \begin{pmatrix} \boldsymbol{1}^{\mathrm{T}}(\boldsymbol{H}^{-1}\boldsymbol{Y}) \\ \boldsymbol{Y} \end{pmatrix} \tag{3-52}$$

式中

$$\boldsymbol{H} = \boldsymbol{\Omega} + \gamma^{-1}\boldsymbol{I} \tag{3-53}$$

$$s = \boldsymbol{1}^{\mathrm{T}}(\boldsymbol{H}^{-1}\boldsymbol{1}) \tag{3-54}$$

方程组 (3-52) 中的未知变量 $\boldsymbol{\alpha}$ 和 b 可以通过下述步骤得到:

算法 3.2

(1) 解方程组

$$\boldsymbol{H}\boldsymbol{\eta} = \boldsymbol{1} \tag{3-55}$$

$$\boldsymbol{H}\boldsymbol{\nu} = \boldsymbol{Y} \tag{3-56}$$

得到 $\boldsymbol{\eta}$ 和 $\boldsymbol{\nu}$

(2) 计算

$$s = \boldsymbol{1}^{\mathrm{T}}\boldsymbol{\eta} \tag{3-57}$$

(3) 计算未知变量 $\boldsymbol{\alpha}$ 和 b

$$b = \frac{\boldsymbol{1}^{\mathrm{T}}(\boldsymbol{H}^{-1}\boldsymbol{Y})}{s} = \frac{\boldsymbol{1}^{\mathrm{T}}\boldsymbol{\nu}}{s} \tag{3-58}$$

$$\boldsymbol{\alpha} = \boldsymbol{\nu} - b\boldsymbol{\eta} \tag{3-59}$$

从上面的分析中, 可以看到, 只要解出方程 (3-55)~(3-56) 中的 $\boldsymbol{\eta}$ 和 $\boldsymbol{\nu}$, 就可以得到变量 $\boldsymbol{\alpha}$ 和 b. 方程 (3-55) 和 (3-56) 可以写成统一的形式

$$\boldsymbol{H}x = \boldsymbol{d} \tag{3-60}$$

由于 $\boldsymbol{H}$ 是对称正定的, 所以可以用 LU 分解法或超松弛迭代法求解方程组 (3-60).

3.4.2 共轭梯度算法

共轭梯度法是最著名的共轭方向法, 它首先由 Hestenes 和 Stiefel 提出来作为解线性代数方程组的方法[16]. 由于解线性代数方程组等价于极小化一个正定二次函数, 1964 年, Fletcher 和 Reeves 提出了无约束极小化的共轭梯度算法[17], 它是直接从 Hestenes 和 Stiefel 解线性代数方程组的共轭梯度法发展来的. 共轭方向法的基本定理告诉我们, 共轭性和精确线性搜索产生二次终止性, 共轭梯度法就是使得最速下降方向具有共轭性, 从而提高算法的有效性和可靠性. 对于方程组 (3-60), 可以用共轭梯度算法求解, 其详细的步骤如下[18]:

算法 3.3

(1) 给定初值 $\boldsymbol{x}^{(0)}$, $k=0$, 令 $\boldsymbol{r}^{(0)} = \boldsymbol{H}\boldsymbol{x}^{(0)} - \boldsymbol{d}$, $\boldsymbol{p}^{(0)} = -\boldsymbol{r}^{(0)}$.

(2) 当 $\boldsymbol{r}^{(k)} \neq 0$ 时, 计算

$$\boldsymbol{\alpha}^{(k)} = -\frac{\boldsymbol{r}^{(k)}\boldsymbol{p}^{(k)}}{\boldsymbol{p}^{(k)}\boldsymbol{H}\boldsymbol{p}^{(k)}} \tag{3-61}$$

$$\boldsymbol{x}^{(k+1)} = \boldsymbol{x}^{(k)} + \boldsymbol{\alpha}^{(k)}\boldsymbol{p}^{(k)} \tag{3-62}$$

$$\boldsymbol{r}^{(k+1)} = \boldsymbol{r}^{(k)} + \boldsymbol{\alpha}^{(k)}\boldsymbol{H}\boldsymbol{p}^{(k)} \tag{3-63}$$

$$\boldsymbol{\beta}^{(k)} = \frac{\boldsymbol{r}^{(k+1)}\boldsymbol{r}^{(k+1)}}{\boldsymbol{r}^{(k)}\boldsymbol{r}^{(k)}} \tag{3-64}$$

$$\boldsymbol{p}^{(k+1)} = -\boldsymbol{r}^{(k+1)} + \boldsymbol{\beta}^{(k)}\boldsymbol{p}^{(k)} \tag{3-65}$$

转 (3); 否则转 (4).

(3) $k = k+1$, 转 (2)

(4) 输出 $\boldsymbol{x}^{(k)}$, 程序终止.

Suykens 等利用共轭梯度算法解线性代数方程组 (3-20), 其详细的步骤如下[13,15,19]:

算法 3.4

(1) 利用共轭梯度算法解线性代数方程组 (3-55) 和 (3-56), 得到 $\boldsymbol{\eta}$ 和 $\boldsymbol{\nu}$.

(2) 根据方程 (3-57) 计算 s.

(3) 根据方程 (3-58) 和 (3-59), 计算未知变量 $\boldsymbol{\alpha}$ 和 b, 得到线性代数方程组 (3-20) 的解.

3.4.3 改进的共轭梯度算法

基于降阶策略, 2005 年, Chu 等对求解线性代数方程组 (3-20) 的共轭梯度算法进行了改进[20]. 为了说明 Chu 的方法, 首先给出两个定理.

定理 3.1 假设对称正定矩阵

$$\boldsymbol{H} = \begin{pmatrix} \bar{\boldsymbol{H}} & \boldsymbol{q} \\ \boldsymbol{q}^{\mathrm{T}} & h_{ll} \end{pmatrix} \tag{3-66}$$

其中 $\bar{\boldsymbol{H}} \in R^{(l-1)\times(l-1)}$, $\boldsymbol{q} \in R^{(l-1)}$, $h_{ll} \in R$. 那么矩阵

$$\tilde{\boldsymbol{H}} = \bar{\boldsymbol{H}} - \boldsymbol{1}_{l-1} \cdot \boldsymbol{q}^{\mathrm{T}} - \boldsymbol{q} \cdot \boldsymbol{1}_{l-1}^{\mathrm{T}} + h_{ll}\boldsymbol{1}_{l-1} \cdot \boldsymbol{1}_{l-1}^{\mathrm{T}} \tag{3-67}$$

是正定矩阵.

证明 设

$$\boldsymbol{M} = \begin{pmatrix} \boldsymbol{I}_{l-1} & \boldsymbol{0}_{l-1} \\ -\boldsymbol{1}_{l-1}^{\mathrm{T}} & 1 \end{pmatrix} \tag{3-68}$$

则有

$$\boldsymbol{M}^{\mathrm{T}}\boldsymbol{H}\boldsymbol{M} = \begin{pmatrix} \boldsymbol{I}_{l-1} & -\boldsymbol{1}_{l-1} \\ \boldsymbol{0}_{l-1}^{\mathrm{T}} & 1 \end{pmatrix} \begin{pmatrix} \bar{\boldsymbol{H}} & \boldsymbol{q} \\ \boldsymbol{q}^{\mathrm{T}} & h_{ll} \end{pmatrix} \begin{pmatrix} \boldsymbol{I}_{l-1} & \boldsymbol{0}_{l-1} \\ -\boldsymbol{1}_{l-1}^{\mathrm{T}} & 1 \end{pmatrix} = \begin{pmatrix} \tilde{\boldsymbol{H}} & \tilde{\boldsymbol{q}} \\ \tilde{\boldsymbol{q}}^{\mathrm{T}} & h_{ll} \end{pmatrix} \tag{3-69}$$

因为 $\boldsymbol{H}$ 是正定矩阵, 所以 $\begin{pmatrix} \tilde{\boldsymbol{H}} & \tilde{\boldsymbol{q}} \\ \tilde{\boldsymbol{q}}^{\mathrm{T}} & h_{ll} \end{pmatrix}$ 也是正定矩阵, 从而 $\tilde{\boldsymbol{H}}$ 也是正定矩阵.

定理 3.2 设 $\tilde{\boldsymbol{\alpha}}^*$ 是线性代数方程组

$$\tilde{H}\tilde{\alpha} = \tilde{\boldsymbol{Y}} - y_l \boldsymbol{1}_{l-1} \tag{3-70}$$

的解, 其中 $\tilde{\boldsymbol{Y}} = (y_1, y_2, \cdots, y_{l-1})^{\mathrm{T}}$, $\tilde{\boldsymbol{H}}$ 由 (3-67) 定义. 则

$$\boldsymbol{\alpha}^* = (\tilde{\boldsymbol{\alpha}}^*, -\boldsymbol{1}_{l-1}^{\mathrm{T}} \cdot \tilde{\boldsymbol{\alpha}}^*)^{\mathrm{T}} \tag{3-71}$$

$$b^* = y_l + h_{ll}(\boldsymbol{1}_{l-1}^{\mathrm{T}} \cdot \tilde{\boldsymbol{\alpha}}^*) - \boldsymbol{q}^{\mathrm{T}} \cdot \tilde{\boldsymbol{\alpha}}^* \tag{3-72}$$

是 (3-20) 的解.

证明 因为 $\tilde{\boldsymbol{H}}$ 是正定的, 所以 $\tilde{\boldsymbol{\alpha}}^*$ 是唯一的. 由 (3-67) 和 (3-70) 得

$$\begin{aligned}
&\bar{\boldsymbol{H}}\tilde{\boldsymbol{\alpha}}^* - \boldsymbol{q}\boldsymbol{1}_{l-1}^{\mathrm{T}} \cdot \tilde{\boldsymbol{\alpha}}^* - \tilde{\boldsymbol{Y}} \\
=&(\tilde{\boldsymbol{H}} + \boldsymbol{1}_{l-1} \cdot \boldsymbol{q}^{\mathrm{T}} + \boldsymbol{q} \cdot \boldsymbol{1}_{l-1}^{\mathrm{T}} - h_{ll}\boldsymbol{1}_{l-1} \cdot \boldsymbol{1}_{l-1}^{\mathrm{T}}) \cdot \tilde{\boldsymbol{\alpha}}^* - \boldsymbol{q} \cdot \boldsymbol{1}_{l-1}^{\mathrm{T}} \cdot \tilde{\boldsymbol{\alpha}}^* - \tilde{\boldsymbol{Y}} \\
=&\tilde{\boldsymbol{H}} \cdot \tilde{\boldsymbol{\alpha}}^* + \boldsymbol{1}_{l-1} \cdot \boldsymbol{q}^{\mathrm{T}} \cdot \tilde{\boldsymbol{\alpha}}^* + \boldsymbol{q} \cdot \boldsymbol{1}_{l-1}^{\mathrm{T}} \cdot \tilde{\boldsymbol{\alpha}}^* - h_{ll}\boldsymbol{1}_{l-1} \cdot \boldsymbol{1}_{l-1}^{\mathrm{T}} \cdot \tilde{\boldsymbol{\alpha}}^* - \boldsymbol{q} \cdot \boldsymbol{1}_{l-1}^{\mathrm{T}} \cdot \tilde{\boldsymbol{\alpha}}^* - \tilde{\boldsymbol{Y}} \\
=& - y_l\boldsymbol{1}_{l-1} + \boldsymbol{1}_{l-1} \cdot \boldsymbol{q}^{\mathrm{T}} \cdot \tilde{\boldsymbol{\alpha}}^* - h_{ll}\boldsymbol{1}_{l-1} \cdot \boldsymbol{1}_{l-1}^{\mathrm{T}} \cdot \tilde{\boldsymbol{\alpha}}^* \\
=&(\boldsymbol{q}^{\mathrm{T}} \cdot \tilde{\boldsymbol{\alpha}}^* - h_{ll}\boldsymbol{1}_{l-1}^{\mathrm{T}} \cdot \tilde{\boldsymbol{\alpha}}^* - y_l) \cdot \boldsymbol{1}_{l-1} \\
=& - b^* \cdot \boldsymbol{1}_{l-1}
\end{aligned} \tag{3-73}$$

把 (3-72) 和 (3-73) 写成矩阵形式, 可以得到

$$\boldsymbol{H} \cdot \boldsymbol{\alpha}^* + b^* \cdot \boldsymbol{1}_l = \boldsymbol{Y} \tag{3-74}$$

其中 $\boldsymbol{Y} = (y_1, y_2, \cdots, y_{l-1}, y_l)^{\mathrm{T}}$. 由于 $\boldsymbol{1}_l^{\mathrm{T}} \cdot \boldsymbol{\alpha}^* = 0$, 所以 $\boldsymbol{\alpha}^*$ 和 b^* 是 (3-20) 的解.

从 (3-70) 可知, 改进的共轭梯度算法只需求解一个阶数为 $l-1$ 的线性代数方程组即可, 与 Suykens 等采用的共轭梯度算法 (需要解两个阶数为 l 的线性代数方程组) 相比, 至少会节省大约 50%的计算时间.

3.4.4 Chua 算法

从方程组 (3-20), 可以得到 $b\boldsymbol{Y} + \boldsymbol{H}\boldsymbol{\alpha} = \boldsymbol{1}$ 和 $\boldsymbol{Y}^{\mathrm{T}}\boldsymbol{\alpha} = 0$, 从而

$$b = \frac{\boldsymbol{1}^{\mathrm{T}}(\boldsymbol{H}^{-1}\boldsymbol{Y})}{\boldsymbol{1}^{\mathrm{T}}\boldsymbol{H}^{-1}\boldsymbol{1}} \tag{3-75}$$

$$\boldsymbol{\alpha} = \boldsymbol{H}^{-1}(\boldsymbol{Y} - b\boldsymbol{1}) \tag{3-76}$$

只要能够求出 $\boldsymbol{H}^{-1}$, 那么变量 $\boldsymbol{\alpha}$ 和 b 就可以直接计算出来. 受 Mangasarian 和 Musicant 的启发[21], Chua 利用 Sherman-Morrison-Woodbury (SMW) 矩阵等式[22]

$$\boldsymbol{H}^{-1}=\left(\frac{\boldsymbol{I}}{\gamma}+\boldsymbol{Z}\boldsymbol{Z}^{\mathrm{T}}\right)^{-1}=\gamma\left(\boldsymbol{I}-\boldsymbol{Z}\left(\frac{\boldsymbol{I}}{\gamma}+\boldsymbol{Z}^{\mathrm{T}}\boldsymbol{Z}\right)^{-1}\boldsymbol{Z}^{\mathrm{T}}\right) \tag{3-77}$$

把一个 $l\times l$ 矩阵的求逆降成了一个 $n\times n$ 矩阵的求逆. 这种方法仅适用于线性核的情况. 对于非线性情况, 由于 $\varphi(\cdot)$ 一般是不知道的, 所以无法用 (3-77) 计算 $\boldsymbol{H}^{-1}$.

3.4.5　Keerthi 的 SMO 算法

2003 年, Keerthi 等提出了用 SMO 算法解最小二乘支持向量机的方法[23]. 设

$$\tilde{\boldsymbol{w}}=(\boldsymbol{w},\sqrt{\gamma}\boldsymbol{e})^{\mathrm{T}} \tag{3-78}$$

$$\tilde{\varphi}(\boldsymbol{x}_i)=\left(\varphi(\boldsymbol{x}_i),\frac{\boldsymbol{\xi}_i}{\sqrt{\gamma}}\right)^{\mathrm{T}} \tag{3-79}$$

$$\boldsymbol{e}=(e_1,e_2,\cdots,e_l) \tag{3-80}$$

$$\boldsymbol{\xi}_i=(0,0,\cdots,1,0,\cdots,0) \tag{3-81}$$

则优化问题 (3-13)~(3-14) 可以表示为

$$\min_{\tilde{\boldsymbol{w}},b}\quad J(\tilde{\boldsymbol{w}},b)=\frac{1}{2}\tilde{\boldsymbol{w}}^{\mathrm{T}}\tilde{\boldsymbol{w}} \tag{3-82}$$

$$\text{s.t.}\quad y_k-(\tilde{\boldsymbol{w}}^{\mathrm{T}}\tilde{\varphi}(\boldsymbol{x}_k)+b)=0,\quad k=1,\cdots,l \tag{3-83}$$

上述问题的 Lagrange 函数为

$$L(\tilde{\boldsymbol{w}},b,\boldsymbol{\alpha})=\frac{1}{2}\tilde{\boldsymbol{w}}^{\mathrm{T}}\tilde{\boldsymbol{w}}+\sum_{k=1}^{l}\alpha_k[y_k-(\tilde{\boldsymbol{w}}^{\mathrm{T}}\tilde{\varphi}(\boldsymbol{x}_k)+b)] \tag{3-84}$$

相应的 KKT 条件为

$$\frac{\partial L(\tilde{\boldsymbol{w}},b,\boldsymbol{\alpha})}{\partial\tilde{\boldsymbol{w}}}=0\Rightarrow\tilde{\boldsymbol{w}}=\sum_{k=1}^{l}\alpha_k\tilde{\varphi}(\boldsymbol{x}_k) \tag{3-85}$$

$$\frac{\partial L(\tilde{\boldsymbol{w}},b,\boldsymbol{\alpha})}{\partial b}=0\Rightarrow\sum_{k=1}^{l}\alpha_k=0 \tag{3-86}$$

从而, 其对偶问题为

$$\max_{\boldsymbol{\alpha}}\quad f(\boldsymbol{\alpha})=-\frac{1}{2}\left\|\tilde{\boldsymbol{w}}(\boldsymbol{\alpha})\right\|^2+\sum_{k=1}^{l}\alpha_k y_k \tag{3-87}$$

$$\text{s.t.} \quad \sum_{k=1}^{l} \alpha_k = 0 \tag{3-88}$$

对偶问题 (3-87)~(3-88) 的 Lagrange 函数

$$\bar{L}(\boldsymbol{\alpha}) = -\frac{1}{2}\left\|\tilde{\boldsymbol{w}}(\boldsymbol{\alpha})\right\|^2 + \sum_{k=1}^{l} \alpha_k y_k + \beta \sum_{k=1}^{l} \alpha_k \tag{3-89}$$

定义

$$F_i = -\frac{\partial f}{\partial \alpha_i} = \tilde{\boldsymbol{w}}(\boldsymbol{\alpha}) \cdot \tilde{\varphi}(\boldsymbol{x}_i) - y_i = \sum_{k=1}^{l} \alpha_k \tilde{K}(\boldsymbol{x}_i, \boldsymbol{x}_k) - y_i \tag{3-90}$$

其中

$$\tilde{K}(\boldsymbol{x}_i, \boldsymbol{x}_k) = \tilde{\varphi}(\boldsymbol{x}_i) \cdot \tilde{\varphi}(\boldsymbol{x}_k) = K(\boldsymbol{x}_i, \boldsymbol{x}_k) + \frac{\delta_{ik}}{\gamma} \tag{3-91}$$

则相应于对偶问题 (3-87)~(3-88) 的 KKT 条件为

$$\frac{\partial \bar{L}}{\partial \alpha_i} = 0 \Rightarrow \beta - F_i = 0 \tag{3-92}$$

定义

$$b_{\text{up}} = \max_i F_i \tag{3-93}$$

$$b_{\text{low}} = \min_i F_i \tag{3-94}$$

$$i_{\text{up}} = \arg\max_i F_i \tag{3-95}$$

$$i_{\text{low}} = \arg\min_i F_i \tag{3-96}$$

Keerthi 等选冲突对 $(i_{\text{up}}, i_{\text{low}})$ 进入工作集 B 进行优化, 当达到最优时 $b_{\text{up}} = b_{\text{low}}$.

从数值计算的考虑, 该算法的终止条件为

$$\left|\frac{J-f}{f}\right| < \varepsilon \tag{3-97}$$

其中

$$\begin{aligned}
J - f =& \frac{1}{2}\|\boldsymbol{w}\|^2 + \frac{\gamma}{2}\sum_{k=1}^{l} e_k^2 - \left[-\frac{1}{2}\|\tilde{\boldsymbol{w}}\|^2 + \sum_{k=1}^{l}\alpha_k y_k\right] \\
=& \frac{1}{2}\sum_{i=1}^{l}\sum_{k=1}^{l}\alpha_i\alpha_k K(\boldsymbol{x}_i, \boldsymbol{x}_k) + \frac{\gamma}{2}\sum_{k=1}^{l} e_k^2 + \frac{1}{2}\sum_{i=1}^{l}\sum_{k=1}^{l}\alpha_i\alpha_k \tilde{K}(\boldsymbol{x}_i, \boldsymbol{x}_k) - \sum_{k=1}^{l}\alpha_k y_k \\
=& \frac{1}{2}\sum_{i=1}^{l}\sum_{k=1}^{l}\alpha_i\alpha_k\left(\tilde{K}(\boldsymbol{x}_i, \boldsymbol{x}_k) - \frac{\delta_{ik}}{\gamma}\right) + \frac{\gamma}{2}\sum_{k=1}^{l} e_k^2
\end{aligned}$$

$$
\begin{aligned}
&+\frac{1}{2}\sum_{i=1}^{l}\sum_{k=1}^{l}\alpha_i\alpha_k\tilde{K}(\boldsymbol{x}_i,\boldsymbol{x}_k)-\sum_{k=1}^{l}\alpha_k y_k\\
=&\sum_{i=1}^{l}\sum_{k=1}^{l}\alpha_i\alpha_k\tilde{K}(\boldsymbol{x}_i,\boldsymbol{x}_k)-\sum_{k=1}^{l}\alpha_k y_k-\frac{1}{2}\sum_{i=1}^{l}\frac{\alpha_i^2}{\gamma}+\frac{\gamma}{2}\sum_{k=1}^{l}e_k^2\\
=&\sum_{i=1}^{l}\left[\alpha_i\left(F_i-\frac{\alpha_i}{2\gamma}\right)+\frac{\gamma e_i^2}{2}\right]
\end{aligned}
\tag{3-98}
$$

$$
\begin{aligned}
e_i&=y_i-(\boldsymbol{w}\cdot\varphi(\boldsymbol{x}_i)+b)=y_i-\sum_{j=1}^{l}\alpha_j\varphi(\boldsymbol{x}_j)\cdot\varphi(\boldsymbol{x}_i)-b\\
&=y_i-\sum_{j=1}^{l}\alpha_j\left(\tilde{K}(\boldsymbol{x}_j,\boldsymbol{x}_i)-\frac{\delta_{ij}}{\gamma}\right)-b=-b+\frac{\alpha_i}{\gamma}-F_i
\end{aligned}
\tag{3-99}
$$

$$
b=\frac{b_{\text{up}}+b_{\text{low}}}{2}
\tag{3-100}
$$

公式 (3-98)~(3-99) 中的 F_i 的更新公式为

$$
F_i^{\text{new}}=F_i^{\text{old}}+(\alpha_{i_{\text{up}}}^{\text{new}}-\alpha_{i_{\text{up}}}^{\text{old}})\tilde{K}(\boldsymbol{x}_{i_{\text{up}}},\boldsymbol{x}_i)+(\alpha_{i_{\text{low}}}^{\text{new}}-\alpha_{i_{\text{low}}}^{\text{old}})\tilde{K}(\boldsymbol{x}_{i_{\text{low}}},\boldsymbol{x}_i)
\tag{3-101}
$$

令

$$
\eta=2\tilde{K}(\boldsymbol{x}_{i_1},\boldsymbol{x}_{i_2})-\tilde{K}(\boldsymbol{x}_{i_1},\boldsymbol{x}_{i_1})-\tilde{K}(\boldsymbol{x}_{i_2},\boldsymbol{x}_{i_2})
\tag{3-102}
$$

由 (2-80), (2-83) 和 (2-84) 可得

$$
\begin{aligned}
\psi(t)-\psi(0)=&\psi'(0)t+\frac{\psi''(0)}{2}t^2=(F_{i_{\text{up}}}-F_{i_{\text{low}}})t-\frac{\eta}{2}t^2\\
=&t\cdot\eta\cdot t-\frac{\eta}{2}t^2=\frac{\eta}{2}t^2=\frac{\eta}{2}(\boldsymbol{\alpha}_{i_{\text{up}}}^{\text{new}}-\boldsymbol{\alpha}_{i_{\text{up}}}^{\text{old}})^2=\frac{\eta}{2}(\boldsymbol{\alpha}_{i_{\text{low}}}^{\text{new}}-\boldsymbol{\alpha}_{i_{\text{low}}}^{\text{old}})^2
\end{aligned}
\tag{3-103}
$$

由于

$$
f^{\text{new}}-f^{\text{old}}=-(\psi(t)-\psi(0))=-\frac{\eta}{2}(\boldsymbol{\alpha}_{i_{\text{up}}}^{\text{new}}-\boldsymbol{\alpha}_{i_{\text{up}}}^{\text{old}})^2=-\frac{\eta}{2}(\boldsymbol{\alpha}_{i_{\text{low}}}^{\text{new}}-\boldsymbol{\alpha}_{i_{\text{low}}}^{\text{old}})^2
\tag{3-104}
$$

所以公式 (3-97) 中的 f 的更新公式为

$$
f^{\text{new}}=f^{\text{old}}-\frac{\eta}{2}(\boldsymbol{\alpha}_{i_1}^{\text{new}}-\boldsymbol{\alpha}_{i_1}^{\text{old}})^2=f^{\text{old}}-\frac{\eta}{2}(\boldsymbol{\alpha}_{i_2}^{\text{new}}-\boldsymbol{\alpha}_{i_2}^{\text{old}})^2
\tag{3-105}
$$

3.5 最小二乘支持向量机的稀疏化算法

从方程 (3-7) 和 (3-18) 可以看出, 无论对于分类问题还是回归问题, Lagrange 乘子 α_k 都与误差 e_k 成正比. 一般来说, 误差 e_k 大部分不等于 0, 因此最小二乘支持向量机的解常常是非稀疏的, 这是它最主要的缺点.

在 3.4 中, 我们介绍了一些求解最小二乘支持向量机的主要算法, 如超松弛算法[14]、共轭梯度法[13,15,19]、降阶法[22] 和 SMO 算法[23]. 从计算的角度看, 这些算法是非常吸引人的. 但是, 用这些算法得到的解是非稀疏的, 这极大地限制了最小二乘支持向量机的应用. 因为在解非稀疏的情况下, 几乎所有的训练数据都对最终的决策函数起作用, 在学习样本大的情况下, 预测就非常慢.

为了得到稀疏解, 人们在剪枝算法方面开展了一些重要的研究. Suykens 等提出了基于最小 Lagrange 乘子绝对值的剪枝方法[15], Kruif 和 Vries 提出了基于最小目标误差的剪枝方法[24], Hoegaerts 等对各种剪枝方法进行了比较[25]. 考虑到重新训练的代价, Zeng 和 Chen 提出了基于 SMO 的剪枝方法[26], 我们提出了基于增量学习和减量学习的自适应剪枝算法[28]. 在这节中, 将详细地介绍相关的工作.

3.5.1 基于最小 Lagrange 乘子绝对值的剪枝算法

考虑到 $\alpha_k = \gamma e_k$, Suykens 等认为, 相应于 $|\alpha_k|$ 比较小的样本对最终的决策影响较小, 从而提出了基于最小 Lagrange 乘子绝对值的剪枝算法[15]. 其算法的详细步骤如下:

算法 3.5

(1) 设原始训练集为 $T_0 = T$, $k = 0$, 解相应于集合 T_0 的线性代数方程组得到 Lagrange 乘子 $\alpha_i, i = 1, 2, \cdots, l$;

(2) 对 $|\alpha_i|$ 进行升序排列, 从集合 T_k 中删除对应前 5%的样本点, 得到剩余样本点组成的集合 T_{k+1};

(3) 解相应于集合 T_{k+1} 的线性代数方程组得到新的 Lagrange 乘子 $\alpha_i, i = 1, 2, \cdots, |T_{k+1}|$;

(4) 如果学习机的性能下降, 则输出与集合 T_k 对应的 $\alpha_i (i = 1, 2, \cdots, |T_k|)$ 和 b, 剪枝过程结束; 否则, $k = k + 1$, 转 (2).

3.5.2 基于最小剪枝误差的剪枝算法

考虑到 Suykens 等的剪枝策略不一定能保证剪枝误差最小, 2003 年, Kruif 和 Veries 提出了一种基于最小剪枝误差的剪枝算法[24].

设

$$\boldsymbol{\alpha}_{1\cdots j-1} = (\alpha_1, \alpha_2, \cdots, \alpha_{j-1})^{\mathrm{T}} \tag{3-106}$$

$$\boldsymbol{\alpha}_{j+1\cdots l} = (\alpha_{j+1}, \alpha_{j+2}, \cdots, \alpha_l)^{\mathrm{T}} \tag{3-107}$$

$$\boldsymbol{y}_{1\cdots j-1} = (y_1, y_2, \cdots, y_{j-1})^{\mathrm{T}} \tag{3-108}$$

$$\boldsymbol{y}_{j+1\cdots l} = (y_{j+1}, y_{j+2}, \cdots, y_l)^{\mathrm{T}} \tag{3-109}$$

则方程组 (3-20) 可表示为

$$\begin{pmatrix} 0 & \boldsymbol{1}^{\mathrm{T}} & 1 & \boldsymbol{1}^{\mathrm{T}} \\ \boldsymbol{1} & \boldsymbol{H}_{1,1} & \boldsymbol{\omega}_1 & \boldsymbol{H}_{1,2} \\ 1 & \boldsymbol{\omega}_1^{\mathrm{T}} & k_{jj}+\dfrac{1}{\gamma} & \boldsymbol{\omega}_2^{\mathrm{T}} \\ \boldsymbol{1} & \boldsymbol{H}_{2,1} & \boldsymbol{\omega}_2 & \boldsymbol{H}_{2,2} \end{pmatrix} \begin{pmatrix} b \\ \boldsymbol{\alpha}_{1\cdots j-1} \\ \alpha_j \\ \boldsymbol{\alpha}_{j+1\cdots l} \end{pmatrix} = \begin{pmatrix} b \\ \boldsymbol{y}_{1\cdots j-1} \\ y_j \\ \boldsymbol{y}_{j+1\cdots l} \end{pmatrix} \tag{3-110}$$

当 $\lambda=0$ 时, 线性代数方程组

$$\begin{pmatrix} 0 & \boldsymbol{1}^{\mathrm{T}} & 1 & \boldsymbol{1}^{\mathrm{T}} \\ \boldsymbol{1} & \boldsymbol{H}_{1,1} & \boldsymbol{\omega}_1 & \boldsymbol{H}_{1,2} \\ 1 & \boldsymbol{\omega}_1^{\mathrm{T}} & k_{jj}+\dfrac{1}{\gamma}+\lambda & \boldsymbol{\omega}_2^{\mathrm{T}} \\ \boldsymbol{1} & \boldsymbol{H}_{2,1} & \boldsymbol{\omega}_2 & \boldsymbol{H}_{2,2} \end{pmatrix} \begin{pmatrix} b \\ \boldsymbol{\alpha}_{1\cdots j-1} \\ \alpha_j \\ \boldsymbol{\alpha}_{j+1\cdots l} \end{pmatrix} = \begin{pmatrix} b \\ \boldsymbol{y}_{1\cdots j-1} \\ y_j \\ \boldsymbol{y}_{j+1\cdots l} \end{pmatrix} \tag{3-111}$$

与 (3-110) 是一样的; 令 $\lambda\to\infty$, 则从方程组 (3-111) 中得 $\alpha_j=0$.

令

$$\boldsymbol{A}_\gamma = \begin{pmatrix} 0 & \boldsymbol{1}^{\mathrm{T}} & 1 & \boldsymbol{1}^{\mathrm{T}} \\ \boldsymbol{1} & \boldsymbol{H}_{1,1} & \boldsymbol{\omega}_1 & \boldsymbol{H}_{1,2} \\ 1 & \boldsymbol{\omega}_1^{\mathrm{T}} & k_{jj}+\dfrac{1}{\gamma} & \boldsymbol{\omega}_2^{\mathrm{T}} \\ \boldsymbol{1} & \boldsymbol{H}_{2,1} & \boldsymbol{\omega}_2 & \boldsymbol{H}_{2,2} \end{pmatrix} \tag{3-112}$$

$$\boldsymbol{X}=(b,\alpha_{1\cdots j-1},\alpha_j,\alpha_{j+1\cdots l})^{\mathrm{T}} \tag{3-113}$$

$$\boldsymbol{c}=(0,\boldsymbol{y}_{1\cdots j-1},y_j,\boldsymbol{y}_{j+1\cdots l})^{\mathrm{T}} \tag{3-114}$$

则方程组 (3-110) 可表示为

$$\boldsymbol{A}_\gamma\boldsymbol{X}=\boldsymbol{c} \tag{3-115}$$

(1) 当 $\lambda=0$ 时. 由 $\boldsymbol{A}_\gamma\boldsymbol{X}_1=\boldsymbol{c}$ 得

$$\boldsymbol{X}_1=\boldsymbol{A}_\gamma^{-1}\boldsymbol{c} \tag{3-116}$$

(2) 当 $\lambda\neq 0$ 时. 设

$$\boldsymbol{u}=(0,\boldsymbol{0}^{\mathrm{T}},\sqrt{\lambda},\boldsymbol{0}^{\mathrm{T}})^{\mathrm{T}} \tag{3-117}$$

由

$$\tilde{\boldsymbol{A}}_\gamma=\boldsymbol{A}_\gamma+\boldsymbol{u}\boldsymbol{u}^{\mathrm{T}} \tag{3-118}$$

可得

$$\tilde{\boldsymbol{A}}_\gamma^{-1}=\boldsymbol{A}_\gamma^{-1}-\frac{\boldsymbol{A}_\gamma^{-1}\boldsymbol{u}\boldsymbol{u}^{\mathrm{T}}\boldsymbol{A}_\gamma^{-1}}{1+\boldsymbol{u}^{\mathrm{T}}\boldsymbol{A}_\gamma^{-1}\boldsymbol{u}} \tag{3-119}$$

从而线性代数方程组 (3-111) 的解为

$$\boldsymbol{X}_2=\tilde{\boldsymbol{A}}_\gamma^{-1}\boldsymbol{c}=\left(\boldsymbol{A}_\gamma^{-1}-\frac{\boldsymbol{A}_\gamma^{-1}\boldsymbol{u}\boldsymbol{u}^{\mathrm{T}}\boldsymbol{A}_\gamma^{-1}}{1+\boldsymbol{u}^{\mathrm{T}}\boldsymbol{A}_\gamma^{-1}\boldsymbol{u}}\right)\boldsymbol{c} \tag{3-120}$$

由 (3-116) 和 (3-120) 得

$$\Delta\boldsymbol{X}=\boldsymbol{X}_1-\boldsymbol{X}_2=\frac{\boldsymbol{A}_\gamma^{-1}\boldsymbol{u}\boldsymbol{u}^{\mathrm{T}}\boldsymbol{A}_\gamma^{-1}}{1+\boldsymbol{u}^{\mathrm{T}}\boldsymbol{A}_\gamma^{-1}\boldsymbol{u}}\boldsymbol{c}=\frac{\lambda\boldsymbol{A}_\gamma^{-1}\boldsymbol{e}_j\boldsymbol{e}_j^{\mathrm{T}}\boldsymbol{A}_\gamma^{-1}}{1+\lambda\boldsymbol{e}_j^{\mathrm{T}}\boldsymbol{A}_\gamma^{-1}\boldsymbol{e}_j}\boldsymbol{c} \tag{3-121}$$

式中 $\boldsymbol{e}_j$ 是第 $j+1$ 个元素为 1, 其余元素均为 0 的列向量.

当 $\lambda\to\infty$ 时

$$\lim_{\lambda\to\infty}\Delta\boldsymbol{X}=\lim_{\lambda\to\infty}\frac{\lambda\boldsymbol{A}_\gamma^{-1}\boldsymbol{e}_j\boldsymbol{e}_j^{\mathrm{T}}\boldsymbol{A}_\gamma^{-1}}{1+\lambda\boldsymbol{e}_j^{\mathrm{T}}\boldsymbol{A}_\gamma^{-1}\boldsymbol{e}_j}\boldsymbol{c}=\frac{\boldsymbol{A}_\gamma^{-1}\boldsymbol{e}_j\boldsymbol{e}_j^{\mathrm{T}}\boldsymbol{A}_\gamma^{-1}}{\boldsymbol{e}_j^{\mathrm{T}}\boldsymbol{A}_\gamma^{-1}\boldsymbol{e}_j}\boldsymbol{c} \tag{3-122}$$

设样本 $\boldsymbol{x}_j$ 在第 m 次迭代时的输出为

$$y^m(\boldsymbol{x}_j)=\sum_{\substack{k=1\\k\neq j}}^{l}\alpha_k^m K(\boldsymbol{x}_k,\boldsymbol{x}_j)+\alpha_j^m K(\boldsymbol{x}_j,\boldsymbol{x}_j)+b^m \tag{3-123}$$

如果在第 $m+1$ 次迭代时样本 $\boldsymbol{x}_j$ 被从训练集中删除, 那么此时 $\boldsymbol{x}_j$ 的输出为

$$y^{m+1}(\boldsymbol{x}_j)=\sum_{\substack{k=1\\k\neq j}}^{l}\alpha_k^{m+1}K(\boldsymbol{x}_k,\boldsymbol{x}_j)+b^{m+1} \tag{3-124}$$

从而, 由方程 (3-122) 可知, 由于移去 $\boldsymbol{x}_j$ 而在 $\boldsymbol{x}_j$ 上所产生的输出差为

$$\begin{aligned}d(\boldsymbol{x}_j)&=y^m(\boldsymbol{x}_j)-y^{m+1}(\boldsymbol{x}_j)=\sum_{\substack{k=1\\k\neq j}}^{l}(\alpha_k^m-\alpha_k^{m+1})K(\boldsymbol{x}_k,\boldsymbol{x}_j)+\alpha_j^m K(\boldsymbol{x}_j,\boldsymbol{x}_j)+b^m-b^{m+1}\\&=\boldsymbol{\omega}_1^{\mathrm{T}}\cdot(\boldsymbol{\alpha}_{1\cdots j-1}^m-\boldsymbol{\alpha}_{1\cdots j-1}^{m+1})+\boldsymbol{\omega}_2^{\mathrm{T}}\cdot(\boldsymbol{\alpha}_{j+1\cdots l}^m-\boldsymbol{\alpha}_{j+1\cdots l}^{m+1})+k_{jj}\alpha_j^m+b^m-b^{m+1}\\&=(\boldsymbol{A}\cdot\lim_{\lambda\to\infty}\Delta\boldsymbol{X})_j\\&=\left(\frac{\boldsymbol{A}\boldsymbol{A}_\gamma^{-1}\boldsymbol{e}_j\boldsymbol{e}_j^{\mathrm{T}}\boldsymbol{A}_\gamma^{-1}}{\boldsymbol{e}_j^{\mathrm{T}}\boldsymbol{A}_\gamma^{-1}\boldsymbol{e}_j}\boldsymbol{c}\right)_j\end{aligned} \tag{3-125}$$

其中

$$\boldsymbol{A}=\begin{pmatrix}0&\boldsymbol{1}^{\mathrm{T}}&1&\boldsymbol{1}^{\mathrm{T}}\\\boldsymbol{1}&\boldsymbol{H}_{1,1}&\boldsymbol{\omega}_1&\boldsymbol{H}_{1,2}\\1&\boldsymbol{\omega}_1^{\mathrm{T}}&k_{jj}&\boldsymbol{\omega}_2^{\mathrm{T}}\\\boldsymbol{1}&\boldsymbol{H}_{2,1}&\boldsymbol{\omega}_2&\boldsymbol{H}_{2,2}\end{pmatrix} \tag{3-126}$$

在 Kruif 和 Veries 的策略中, 他们将相应于最小 $|d(\boldsymbol{x}_j)|$ 的样本移去, 从而达到稀疏化的目的.

3.5.3 基于 SMO 的剪枝算法

2005 年, Zeng 和 Chen 认为, 在 Kruif 和 Veries 的剪枝策略中, 由于需要计算 $\boldsymbol{A}_{\gamma}^{-1}$, 剪枝所花费的计算时间可能比较长, 从而提出了一种基于 SMO 的剪枝策略[26].

优化问题 (3-82)~(3-83) 的对偶目标函数为

$$f(\boldsymbol{\alpha}) = -\frac{1}{2}\sum_{i=1}^{l}\sum_{j=1}^{l}\alpha_i\alpha_j\tilde{K}(\boldsymbol{x}_i,\boldsymbol{x}_j) + \sum_{i=1}^{l}\alpha_i y_i \tag{3-127}$$

令

$$F_i = -\frac{\partial f}{\partial \alpha_i} = \sum_{j=1}^{l}\alpha_j\tilde{K}(\boldsymbol{x}_i,\boldsymbol{x}_j) - y_i \tag{3-128}$$

则 (3-117) 可表示为

$$f(\boldsymbol{\alpha}) = \frac{1}{2}\sum_{i=1}^{l}\alpha_i(y_i - F_i) \tag{3-129}$$

当把样本点 $\boldsymbol{x}_k$(相应的 Lagrange 乘子为 α_k) 从训练集中移去时, 新的对偶目标函数为

$$f(\tilde{\boldsymbol{\alpha}}) = \frac{1}{2}\sum_{i\neq k}^{l}\alpha_i(y_i - \tilde{F}_i) \tag{3-130}$$

其中

$$\tilde{\boldsymbol{\alpha}} = (\alpha_1, \alpha_2, \cdots, \alpha_{k-1}, \alpha_{k+1}, \cdots, \alpha_l) \tag{3-131}$$

$$\tilde{F}_i = F_i - \alpha_k\tilde{K}(\boldsymbol{x}_i,\boldsymbol{x}_k) \tag{3-132}$$

从而, 由样本点 $\boldsymbol{x}_k$ 所引起的目标函数差为

$$\begin{aligned}
d(f) =& f(\boldsymbol{\alpha}) - f(\tilde{\boldsymbol{\alpha}}) = \frac{1}{2}\sum_{i=1}^{l}\alpha_i(y_i - F_i) - \frac{1}{2}\sum_{i\neq k}^{l}\alpha_i(y_i - \tilde{F}_i)\\
=& \frac{1}{2}\sum_{i\neq k}^{l}\alpha_i(y_i - F_i) + \frac{1}{2}\alpha_k(y_k - F_k) - \frac{1}{2}\sum_{i\neq k}^{l}\alpha_i(y_i - \tilde{F}_i)\\
=& \frac{1}{2}\sum_{i\neq k}^{l}\alpha_i(\tilde{F}_i - F_i) + \frac{1}{2}\alpha_k(y_k - F_k)\\
=& \frac{1}{2}\sum_{i\neq k}^{l}\alpha_i(-\alpha_k\tilde{K}(\boldsymbol{x}_i,\boldsymbol{x}_k)) + \frac{1}{2}\alpha_k(y_k - F_k)\\
=& -\frac{1}{2}\sum_{i=1}^{l}\alpha_i\alpha_k\tilde{K}(\boldsymbol{x}_i,\boldsymbol{x}_k) + \frac{1}{2}\alpha_k^2\tilde{K}(\boldsymbol{x}_k,\boldsymbol{x}_k) + \frac{1}{2}\alpha_k(y_k - F_k)
\end{aligned}$$

$$
\begin{aligned}
&= -\frac{1}{2}\alpha_k\left(\sum_{i=1}^{l}\alpha_i\tilde{K}(\boldsymbol{x}_i,\boldsymbol{x}_k)-y_k\right)+\frac{1}{2}\alpha_k^2\tilde{K}(\boldsymbol{x}_k,\boldsymbol{x}_k)-\frac{1}{2}\alpha_k F_k\\
&= -\frac{1}{2}\alpha_k(F_k)+\frac{1}{2}\alpha_k^2\tilde{K}(\boldsymbol{x}_k,\boldsymbol{x}_k)-\frac{1}{2}\alpha_k F_k\\
&= \frac{1}{2}\alpha_k^2\tilde{K}(\boldsymbol{x}_k,\boldsymbol{x}_k)-\alpha_k F_k
\end{aligned}
\tag{3-133}
$$

在 Zeng 和 Chen 的算法中, 相应于最小 $|d(f)|$ 的样本被移去. 其详细的剪枝步骤如下:

算法 3.6

(1) 设原始训练集为 $T_0=T$, $k=0$, 用 SMO 解相应于集合 T_0 的线性代数方程组;

(2) 根据 (3-133) 把相应于最小 $|d(f)|$ 的样本点 j 从集合 T_k 中移去, 得到剩余样本点组成的集合 T_{k+1}. 对于 $i\neq j$ 的样本点, 用 $\tilde{F}_i=F_i-\alpha_j\tilde{K}(\boldsymbol{x}_i,\boldsymbol{x}_j)$ 修正 F_i. 为了快速, 移去样本点的过程可以连续进行 m 次;

(3) 用 SMO 解相应于集合 T_{k+1} 的线性代数方程组;

(4) 如果学习机的性能下降, 则输出与集合 T_k 对应的 $\alpha_i(i=1,2,\cdots,|T_k|)$ 和 b, 剪枝过程结束; 否则, $k=k+1$, 转 (2).

3.5.4 基于增量学习和减量学习的自适应剪枝算法

剪枝算法的计算费用包括剪枝点的确定和最小二乘支持向量机的重训. 在前边所介绍的剪枝算法中, 人们采用的是从上到下的策略, 为了得到最小二乘支持向量机的稀疏解, 必须先解原始的非稀疏最小二乘支持向量机. 对于大的分类问题, 这可能是不实际的, 因为这将花费大量的时间.

为了不直接解初始的线性代数方程组, 受 Cauwenberghs 和 Poggio 的影响[27], 我们采用块增量学习从下而上解决这个问题. 为了防止工作集的规模太大, 交替使用减量学习策略进行剪枝. 这样我们的算法可以自适应地得到稀疏解. 详细的算法步骤如下[28]:

算法 3.7

(1) 初始化工作集 $W=\{(\boldsymbol{x}_1,y_1)\cdots(\boldsymbol{x}_N,y_N)\}$, 其中必须存在 $y_i\neq y_j$;

(2) 解线性方程组 (3-10), 并根据 (3-11) 式构建当前分类器 $f(\boldsymbol{x})$;

(3) 用 $f(\boldsymbol{x})$ 检测工作集以外的样本, 若有样本被错分, 则把该样本加入工作集; 当工作集中的元素达到 $N+k$ 时, 做块增量学习, 得到分类器 $f_1(\boldsymbol{x})$, 相应的工作集记为 W_1;

(4) 对与分类器 $f_1(\boldsymbol{x})$ 相应的工作集运用减量学习算法, 得到分类器 $f_2(\boldsymbol{x})$, 相应的工作集记为 W_2;

(5) 用 $f_2(\boldsymbol{x})$ 检测后继样本, 如果错分, 则更新当前分类器为 $f(\boldsymbol{x}) = f_1(\boldsymbol{x})$, $W = W_1$, 否则更新当前分类器为 $f(\boldsymbol{x}) = f_2(\boldsymbol{x})$, $W = W_2$;

(6) 判断程序停止条件是否满足. 如果不满足, 则转 (3).

下面, 讨论算法实现中的几个关键性问题.

(1) 块增量学习

不失一般性, 假设工作集规模为 N 的最小二乘支持向量机已经建立.

设

$$\begin{pmatrix} 0 & \boldsymbol{Y}^{\mathrm{T}} \\ \boldsymbol{Y} & \boldsymbol{Z}\boldsymbol{Z}^{\mathrm{T}} + \gamma^{-1}\boldsymbol{I} \end{pmatrix} = \boldsymbol{A}_N, \quad \begin{pmatrix} b \\ \boldsymbol{\alpha} \end{pmatrix} = \boldsymbol{\alpha}_N, \quad \begin{pmatrix} 0 \\ \boldsymbol{1} \end{pmatrix} = \boldsymbol{B}_N \tag{3-134}$$

方程 (3-10) 可以写为

$$\boldsymbol{A}_N \boldsymbol{\alpha}_N = \boldsymbol{B}_N \Rightarrow \boldsymbol{\alpha}_N = \boldsymbol{A}_N^{-1} \boldsymbol{B}_N \tag{3-135}$$

当 k 个新的数据点 $(\boldsymbol{x}_{N+1}, y_{N+1}), (\boldsymbol{x}_{N+2}, y_{N+2}), \cdots, (\boldsymbol{x}_{N+k}, y_{N+k})$ 被选入当前工作集时, 可以得到

$$\boldsymbol{\alpha}_{N+k} = \boldsymbol{A}_{N+k}^{-1} \boldsymbol{B}_{N+k} \tag{3-136}$$

其中

$$\boldsymbol{A}_{N+k} = \begin{pmatrix} \boldsymbol{A}_N & \boldsymbol{D}^{\mathrm{T}} \\ \boldsymbol{D} & \boldsymbol{C} \end{pmatrix} \tag{3-137}$$

$$\boldsymbol{D} = \begin{pmatrix} y_{N+1} & \Omega_{N+1,1} & \Omega_{N+1,2} & \cdots & \Omega_{N+1,N} \\ \vdots & \vdots & \vdots & & \vdots \\ y_{N+k} & \Omega_{N+k,1} & \Omega_{N+k,2} & \cdots & \Omega_{N+k,N} \end{pmatrix} \tag{3-138}$$

$$\boldsymbol{C} = \begin{pmatrix} \Omega_{N+1,N+1} & \Omega_{N+1,N+2} & \Omega_{N+1,N+3} & \cdots & \Omega_{N+1,N+k} \\ \vdots & \vdots & \vdots & & \vdots \\ \Omega_{N+k,N+1} & \Omega_{N+k,N+2} & \Omega_{N+k,N+3} & \cdots & \Omega_{N+k,N+k} \end{pmatrix} + \gamma^{-1}\boldsymbol{I} \tag{3-139}$$

$$\boldsymbol{B}_{N+k} = \begin{pmatrix} \boldsymbol{B}_N & 1 & 1 & \cdots & 1 \end{pmatrix}^{\mathrm{T}} \tag{3-140}$$

$$\Omega_{ij} = y_i y_j K(\boldsymbol{x}_i, \boldsymbol{x}_j) \tag{3-141}$$

矩阵 $\boldsymbol{A}_{N+k}^{-1}$ 可以利用 $\boldsymbol{A}_N^{-1}$ 得到

$$\boldsymbol{A}_{N+k}^{-1} = \begin{pmatrix} \boldsymbol{A}_N & \boldsymbol{D}^{\mathrm{T}} \\ \boldsymbol{D} & \boldsymbol{C} \end{pmatrix}^{-1}$$

$$= \begin{pmatrix} \left(\boldsymbol{A}_N - \boldsymbol{D}^{\mathrm{T}}\boldsymbol{C}^{-1}\boldsymbol{D}\right)^{-1} & \boldsymbol{A}_N^{-1}\boldsymbol{D}^{\mathrm{T}}\left(\boldsymbol{D}\boldsymbol{A}_N^{-1}\boldsymbol{D}^{\mathrm{T}} - \boldsymbol{C}\right)^{-1} \\ \left(\boldsymbol{D}\boldsymbol{A}_N^{-1}\boldsymbol{D}^{\mathrm{T}} - \boldsymbol{C}\right)^{-1}\boldsymbol{D}\boldsymbol{A}_N^{-1} & \left(\boldsymbol{C} - \boldsymbol{D}\boldsymbol{A}_N^{-1}\boldsymbol{D}^{\mathrm{T}}\right)^{-1} \end{pmatrix} \tag{3-142}$$

其中 $\left(\boldsymbol{A}_N - \boldsymbol{D}^{\mathrm{T}}\boldsymbol{C}^{-1}\boldsymbol{D}\right)^{-1}$ 可以由下式得到

$$\left(\boldsymbol{A}_N - \boldsymbol{D}^{\mathrm{T}}\boldsymbol{C}^{-1}\boldsymbol{D}\right)^{-1} = \boldsymbol{A}_N^{-1} - \boldsymbol{A}_N^{-1}\boldsymbol{D}^{\mathrm{T}}\left(-\boldsymbol{C} + \boldsymbol{D}\boldsymbol{A}_N^{-1}\boldsymbol{D}^{\mathrm{T}}\right)^{-1}\boldsymbol{D}\boldsymbol{A}_N^{-1} \tag{3-143}$$

这样, $\boldsymbol{A}_{N+k}^{-1}$ 可以采用增量的方式计算, 同时避免了大矩阵逆计算.

(2) 减量学习

考虑工作集中包含 N 个数据点的 LS-SVM 已经建立, 则减量学习的过程如下:

算法 3.8

(1) 根据一定的剪枝策略, 从工作集中删除一个数据点;

(2) 对新的工作集重新进行学习, 构造新的分类器.

当从工作集中删除一个数据点之后, 方程 (3-135) 可以表示为

$$\boldsymbol{\alpha}_{N-1} = \boldsymbol{A}_{N-1}^{-1}\boldsymbol{B}_{N-1} \tag{3-144}$$

设 $\boldsymbol{A}_N^{-1} = (a_{ij})$, $\boldsymbol{A}_{N-1}^{-1} = (a'_{ij})$, 工作集中的第 k 个数据被删除. 则 a'_{ij} 可以表示为[18]

$$a'_{ij} = a_{ij} - a_{k,k}^{\ 1} a_{i,k} a_{k,j}, \quad i,j = 1,\cdots N; \quad i,j \neq k \tag{3-145}$$

(3) 剪枝策略

在自适应剪枝算法中, 采用了两种剪枝策略. 第一个策略是把相应于最小 $|\alpha_i|$ 的数据点从集合 W_1 中删除, 称为第一剪枝策略; 第二个是把相应于最小 $\left|\left(\dfrac{\boldsymbol{A}\boldsymbol{A}_{N+1}^{-1}\boldsymbol{e}_j\boldsymbol{e}_j^{\mathrm{T}}\boldsymbol{A}_{N+1}^{-1}}{\boldsymbol{e}_j^{\mathrm{T}}\boldsymbol{A}_{N+1}^{-1}\boldsymbol{e}_j}\boldsymbol{B}_{N+1}\right)_j\right|$ 的数据点从集合 W_1 中删除[14], 称为第二剪枝策略. 其中 $\boldsymbol{A} = \begin{pmatrix} 0 & \boldsymbol{Y}^{\mathrm{T}} \\ \boldsymbol{Y} & \boldsymbol{Z}\boldsymbol{Z}^{\mathrm{T}} \end{pmatrix}$.

(4) 停机条件

在新的算法中, 采用的程序停止条件是: $\left|\dfrac{G_2 - G_1}{G_1}\right| < \varepsilon$, G_1 是目标函数 $G = \dfrac{1}{2}\boldsymbol{w}^{\mathrm{T}}\boldsymbol{w} + \dfrac{\gamma}{2}\sum_k e_k^2$ 的上次循环值, G_2 是本次循环值, G 的值仅由 W 中的数据决定.

为了说明算法的效果, 我们用 VC++ 6.0 编写了相关算法, 并在内存为 256MB、CPU 为 800 MHz 的 PC 机上测试了 UCI 的 5 个数据集. 数据集的详细描述如下:

- Tic-Tac-Toe 数据集: 该数据集有 958 个样本, 9 个属性, 两类. 用 900 个样本进行训练, 剩余的 58 个样本进行测试.
- Image Segmentation 数据集: 该数据集有 2310 个样本, 19 个属性, 7 类. 分别把 1-4 类和 5-7 类归为 +1 类和 −1 类, 用 2200 个样本进行训练, 110 个样本进行测试.
- King+Rook versus King+Pawn on a7 (KRKPA7) 数据集: 该数据集有 3196 个样本, 36 个属性, 2 类. 用 3000 个样本进行训练, 196 个样本进行测试.
- Sat Image 数据集: 该数据集有 6435 个样本, 36 个属性, 6 类. 把 1, 2, 5 类归为 +1 类 3, 4, 7 类归为 −1 类, 用 2435 个样本进行训练, 4000 个样本进行测试.
- White King and Rook against Black King (KRK) 数据集: 该数据集有 28056 个样本, 6 个属性, 18 类. 分别把 zero~twelve 类归为 +1 类, 其余的归为 −1 类. 从数据集中随机地选择 15000 个样本, 3000 个进行训练, 12000 个进行测试.

在我们的实验中, 采用了网格法寻找最优超参数, 核函数为 RBF 核函数, 10 折交叉验证策略被采用测试算法的精度和速度. 一些初始参数设置如下: $N=2, \varepsilon=0.01$. 和 SMO 算法[11] 的比较结果以及相关最优参数列在表 3.1~ 表 3.5 中, 块的大小和支持向量机数目、训练速度、测试精度之间的关系被显示在图 3.1~ 图 3.3 中. 其中, 时间单位为秒.

表 3.1　文献 [28] 的方法和 SMO 算法在 Tic-Tac-Toe 数据集上所得到的结果比较

算法	剪枝策略	k	γ	σ	训练时间	支持向量个数	训练精度	测试精度
SMO	–	–	256.00	8.00	302.5310	899	1.000000	1.000000
所提出的算法	第一剪枝策略	2	64.00	8.00	0.7360	57	0.999000	0.998276
		3	16.00	8.00	1.7835	131	0.993556	0.996552
		5	256.00	8.00	0.9895	103	0.994444	0.991379
		7	256.00	8.00	1.2058	130	0.969889	0.982759
		10	512.00	8.00	0.9203	125	0.959111	0.958621
	第二剪枝策略	2	512.00	8.00	0.7352	58	0.997778	0.998276
		3	128.00	8.00	1.2468	93	0.994111	0.996552
		5	512.00	8.00	1.0736	99	0.988778	0.982759
		7	128.00	8.00	2.7490	162	0.976778	0.968966
		10	256.00	8.00	1.8018	148	0.969889	0.958621

表 3.2 文献 [28] 的方法和 SMO 算法在 Image Segmentation 数据集上所得到的结果比较

算法	剪枝策略	k	γ	σ	训练时间	支持向量个数	训练精度	测试精度
SMO	–	–	8.00	16.00	572.7935	2192	1.000000	0.980734
所提出的算法	第一剪枝策略	2	8.00	16.00	18.5176	213	0.996364	0.977982
		3	4.00	16.00	18.7569	229	0.995409	0.976147
		5	1.00	16.00	22.4994	257	0.991682	0.977982
		7	8.00	16.00	25.0430	311	0.992045	0.977064
		10	8.00	16.00	24.8278	335	0.987636	0.974312
	第二剪枝策略	2	4.00	16.00	62.2396	258	0.994773	0.981651
		3	64.00	16.00	91.0417	305	0.996591	0.977982
		5	1.00	16.00	44.7514	288	0.989318	0.980734
		7	2.00	16.00	49.7727	316	0.990455	0.977982
		10	2.00	16.00	76.1106	358	0.988000	0.974312

表 3.3 文献 [28] 的方法和 SMO 算法在 KRKPA7 数据集上所得到的结果比较

算法	剪枝策略	k	γ	σ	训练时间	支持向量个数	训练精度	测试精度
SMO	–	–	32.00	2.00	3476.3458	2997	1.000000	0.996429
所提出的算法	第一剪枝策略	2	128.00	4.00	19.8064	136	0.999600	0.990816
		3	2.00	4.00	40.5285	282	0.986767	0.983163
		5	2.00	4.00	26.4942	294	0.976500	0.975510
		7	1.00	4.00	45.2451	372	0.970933	0.972959
		10	1.00	4.00	36.1137	394	0.965767	0.969388
	第二剪枝策略	2	256.00	4.00	60.4248	248	0.992000	0.987245
		3	64.00	4.00	53.4928	266	0.990633	0.986224
		5	1.00	4.00	99.6596	362	0.976633	0.982653
		7	2.00	4.00	55.2935	336	0.973067	0.971429
		10	1.00	4.00	80.6201	409	0.966933	0.967857

表 3.4 文献 [28] 的方法和 SMO 算法在 Sat Image 数据集上所得到的结果比较

算法	剪枝策略	k	γ	σ	训练时间	支持向量个数	训练精度	测试精度
SMO	–	–	8.00	32.00	1237.04	2429	1.000000	0.979325
所提出的算法	第一剪枝策略	2	1.00	32.00	26.7625	129	0.998809	0.973600
		3	1.00	32.00	28.3077	147	0.994538	0.966725
		5	1.00	32.00	26.4931	173	0.994620	0.970150
		7	1.00	32.00	27.5587	197	0.993799	0.970575
		10	1.00	32.00	22.4321	175	0.994661	0.971425
	第二剪枝策略	2	1.00	32.00	38.7939	153	0.997659	0.973975
		3	1.00	32.00	37.2548	155	0.998357	0.973475
		5	1.00	32.00	29.1499	157	0.997125	0.973075
		7	1.00	32.00	25.5426	158	0.995606	0.972800
		10	1.00	32.00	25.7692	179	0.993799	0.973000

表 3.5　文献 [28] 的方法和 SMO 算法在 KRK 数据集上所得到的结果比较

算法	剪枝策略	k	γ	σ	训练时间	支持向量个数	训练精度	测试精度
SMO	–	–	512.00	4.00	31486.1698	2997	1.000000	0.972100
所提出的算法	第一剪枝策略	2	128.00	4.00	16.5176	241	0.997600	0.984967
		3	128.00	4.00	18.7932	324	0.987533	0.972650
		5	64.00	4.00	35.3600	567	0.964700	0.950842
		7	256.00	4.00	36.0378	628	0.947733	0.934192
		10	256.00	4.00	47.2622	715	0.926533	0.914625
	第二剪枝策略	2	128.00	4.00	147.1145	328	0.989300	0.975692
		3	32.00	4.00	236.7685	387	0.983733	0.971750
		5	128.00	4.00	618.1928	586	0.964500	0.948383
		7	256.00	4.00	431.8358	606	0.948367	0.934342
		10	512.00	4.00	402.6961	652	0.936700	0.921100

从表 3.1～ 表 3.5 可以看出, 无论使用第一剪枝策略还是第二剪枝策略, 在测试的所有数据集上, 我们都得到了最小二乘支持向量机的稀疏解. 与 Keerthi 的 SMO 算法相比, 我们的算法不仅学习速度快, 而且在 $k=2$ 的情况下测试精度也没有大的损失.

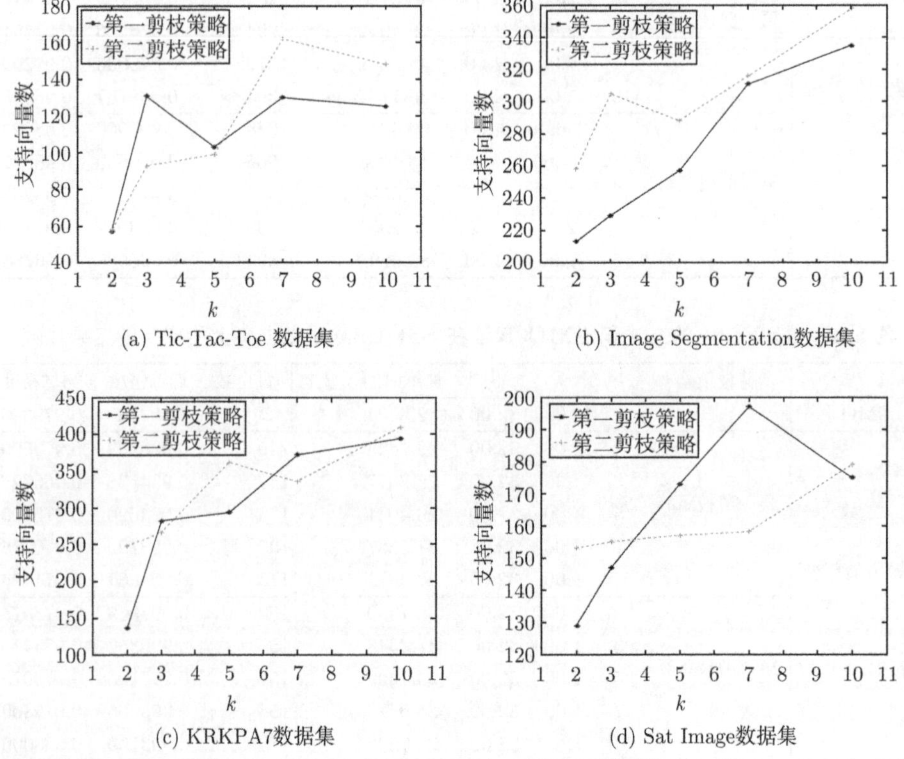

(a) Tic-Tac-Toe 数据集　(b) Image Segmentation数据集

(c) KRKPA7数据集　(d) Sat Image数据集

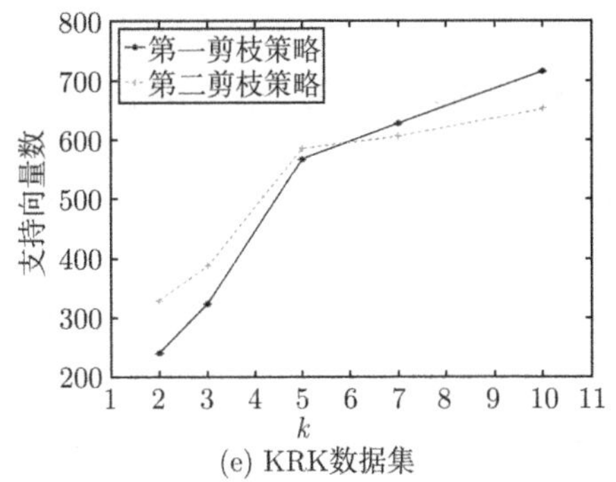

(e) KRK数据集

图 3.1 两种剪枝策略在不同的数据集上所得到的支持向量数和块的大小 k 之间的关系

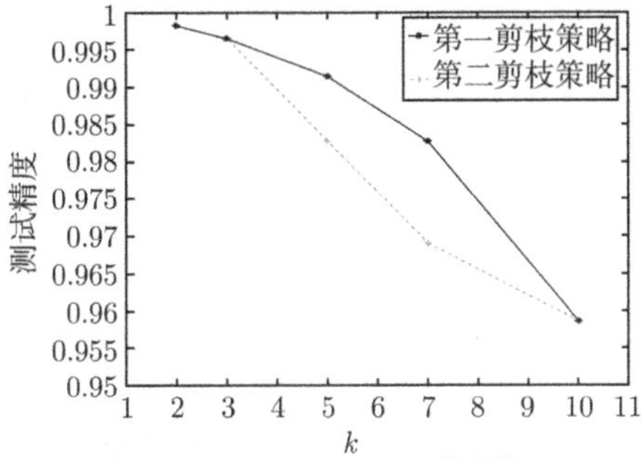

(a) Tic-Tac-Toe 数据集

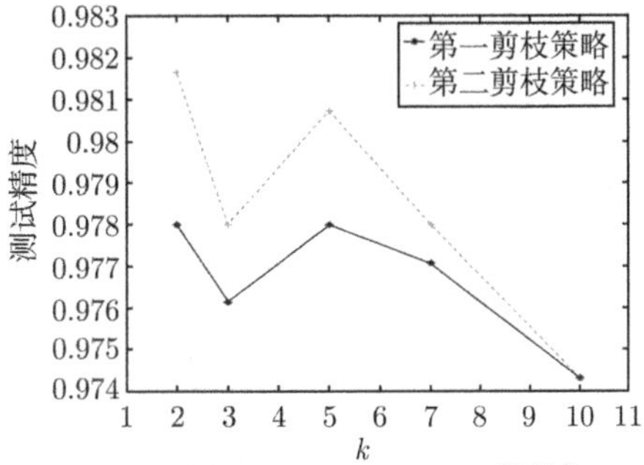

(b) Image Segmentation数据集

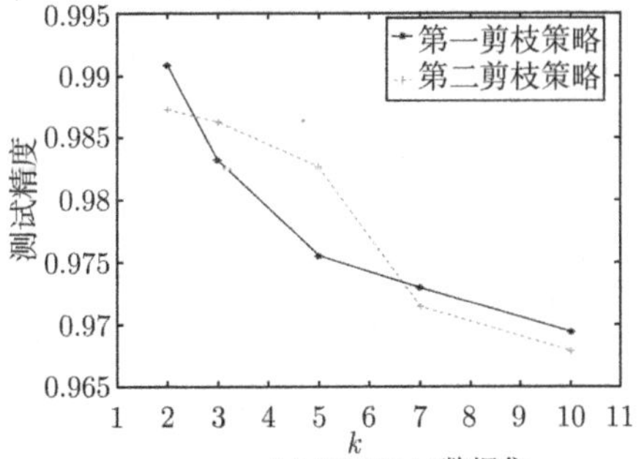

(c) KRKPA7数据集

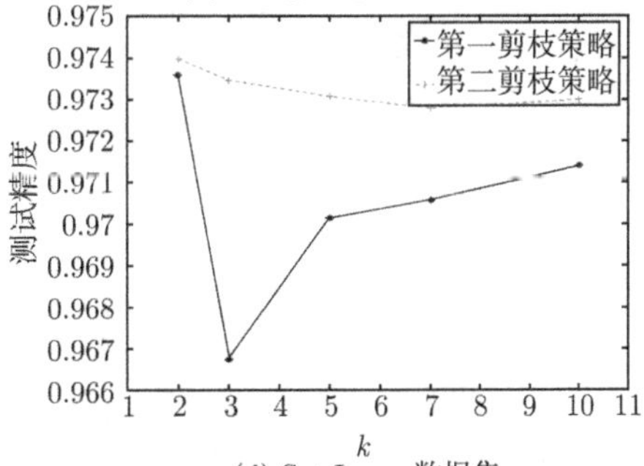

(d) Sat Image数据集

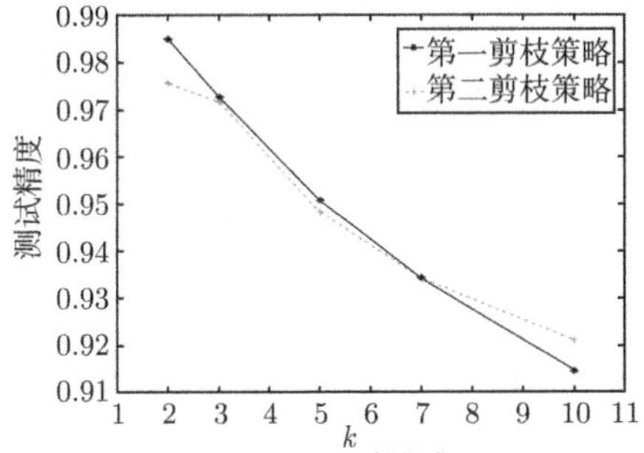

(e) KRK数据集

图 3.2 两种剪枝策略在不同的数据集上所得到的测试精度和块的大小 k 之间的关系

从图 3.1 和图 3.2 可以看出, 支持向量数和测试精度均与块的大小 k 之间存在非线性关系. 大多数情况下, 支持向量数随着 k 的增加而增加, 测试精度随着 k 的增加而减小, 主要原因是：随着 k 的增加, 在每次迭代中被剪掉的点减少, 一些冗余信息没有去掉. 有时也出现支持向量数随着 k 的增加而减少, 测试精度随着 k 的增加而增大的情况, 这可能是因为相关函数在 k 的某些位置处达到了局部极值. 无论如何, 对于所有的数据集, 两种剪枝策略均在 $k = 2$ 处得到了最少的支持向量和最好的测试精度.

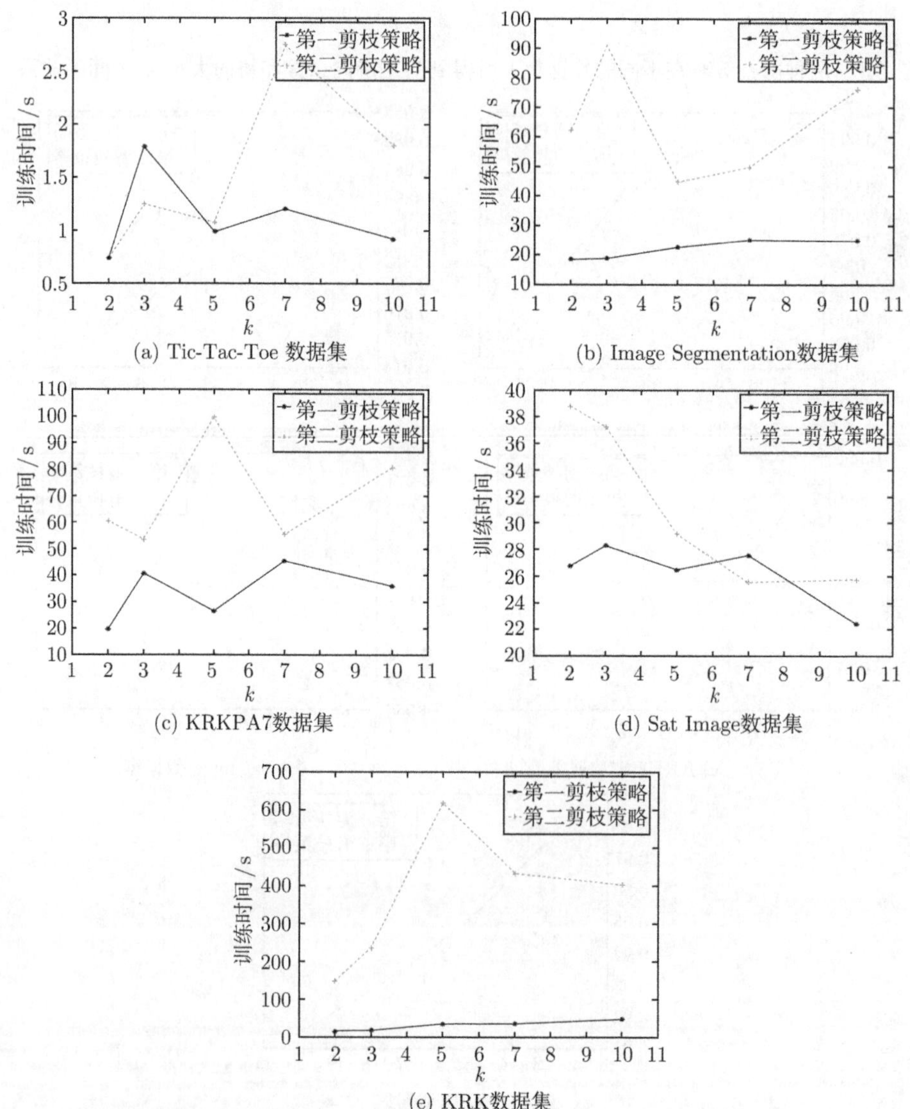

图 3.3　两种剪枝策略在不同的数据集上所花费的训练时间和块的大小 k 之间的关系

从图 3.3 可以看出, 训练时间和块的大小 k 之间存在着复杂的非线性关系. 在大多数情况下, 第一种剪枝策略花费的时间比第二种剪枝策略少.

从上面的实验中, 我们可以看出, 两种剪枝策略均得到了稀疏解, 在 $k=2$ 的情况下, 算法得到了最好的测试精度和稀疏效果. 在多数情况下, 第一种剪枝策略比第二种剪枝策略快. 与 SMO 算法相比, 我们的算法不仅速度快而且测试精度没有大的损失. 另外, 在自适应算法执行的过程中, 最优超平面的位置是逐渐调整的, 这将导致集合 W 中的一些点被移去, 集合 W 外的一些点可能进入 W. 因此, 初始点的选择对结果没有影响. 至于 N 的值, 当它比较大时, 对训练时间和测试精度是有影响的, 在 $N=l$ 的情况下, 我们的算法与原始的最小二乘支持向量机是一样的. 无论如何, 当 $N<10$ 时, N 的选择对训练时间和测试精度没有影响.

参 考 文 献

[1] Cortes C, Vapnik V. Support-vector networks. Machine Learning, 1995, 20: 273-297.

[2] Vapnik V. Statistical learning theory. New York: Wiley, 1998.

[3] Vapnik V. The nature of statistical learning theory. New York: Springer, 1995.

[4] Saunders C, Gammerman A, Vovk V. Ridge regression learning algorithm in dual variables. Proceedings of the 15th International Conference on Machine Learning ICML–98, Morgan Kaufmann, 1998: 515-521.

[5] Suykens J A K, Vandewalle J. Least squares support vector machine classifiers. Neural Processing Letters, 1999, 9 (3): 293-300.

[6] Suykens J A K, De Barbanter J, Lukas L, Vandewalle J.Weighted least squares support vector machines: robustness and sparse approximation. Neurocomputing, 2002, 48(1-4): 85-105.

[7] Zhang L, Zhou W D, Jiao L C. Hidden space support vector machines. IEEE Transactions on Neural Networks, 2004, 15 (6): 1424-1434.

[8] 王玲, 薄列峰, 刘芳, 焦李成. 最小二乘隐空间支持向量机. 计算机学报, 2005, 28(8): 1302-1307.

[9] Wang Z, Chen S C. New least squares support vector machines based on matrix patterns. Neural Processing Letters, 2007, 26: 41-56.

[10] Suykens J A K, Vandewalle J. Recurrent least squares support vector machines. IEEE Transactions on Circuits Systems-I, 2000, 47 (7): 1109-1114.

[11] Suykens J A K, Vandewalle J, De Moor B. Optimal control by least squares support vector machines. Neural Networks, 2001, 14 (1): 23-35.

[12] Van Gestel T, Suykens J A K, Baestaens D E, Lambrechts A, Lanckriet G, Vandaele B, De Moor B, Vandewalle J. Financial time series prediction using least squares support vector machines within the evidence framework. IEEE Transactions on Neural

Networks, 2001, 12 (4): 809-821.

[13] Van Gestel T, Suykens J A K, Baesens B, Viaene S, Vanthienen J, Dedene G, De Moor B, Vandewalle J. Benchmarking least squares support vector machine classifiers. Machine Learning, 2004, 54 (1): 5-32.

[14] Hamers B, Suykens J A K, De Moor B. A comparison of iterative methods for least squares support vector machine classifiers. ESAT-SISTA, K. U. Leuven, Leuven, Belgium, Internal Rep., 2001: 01-110.

[15] Suykens J A K, Van Gestel T, De Brabanter J, De Moor B, Vandewalle J. Least squares support vector machines. Singapore: World Scientific Press, 2002.

[16] Hestenes M R, Stiefel E. Method of conjugate gradient for solving linear system. Journal of Research of the National Bureau of Standards, 1952, 49: 409-436.

[17] Fletcher R, Reeves C M. Function minimization by conjugate gradients. Computer Journal, 1964, 7: 149-154.

[18] 袁亚湘, 孙文瑜. 最优化理论与方法. 北京：科学出版社, 1997.

[19] Suykens J A K, Lukas L, Van Dooren P, De Moor B, Vandewalle J. Least squares support vector machine classifiers: a large scale algorithm//Proceedings of Europe Conference on Circuit Theory and Design (ECCTD'99). Stresa, Italy, 1999: 839-842.

[20] Chu W, Ong C, Keerthi S S. An improved conjugate gradient scheme to the solution of least squares SVM. IEEE Transactions on Neural Networks, 2005, 16 (2): 498-501.

[21] Mangasarian O L, Musicant D R. Lagrangian support vector machines. Journal of Machine Learning Research, 2001, 1: 161-177.

[22] Chua K S. Efficient computations for large least square support vector machine classifiers. Pattern Recognition Letters, 2003, 24: 75-80.

[23] Keerthi S S, Shevade S K. SMO algorithm for least squares SVM formulations. Neural Computation, 2003, 15: 487-507.

[24] De Kruif B J, De Vries T J. Pruning error minimization in least squares support vector machines. IEEE Transactions on Neural Networks, 2003, 14 (3): 696-702.

[25] Hoegaerts L, Suykens J A K, Vandewalle J. De Moor B. A comparison of pruning algorithms for sparse least squares support vector machines//Proceedings of ICONIP 2004, Lecture Notes in Computer Science 3316. Berlin Heidelberg: Springer-Verlag, 2004: 1247-1253.

[26] Zeng X Y, Chen X W. SMO-based pruning methods for sparse least squares support vector machines. IEEE Transactions on Neural Networks, 2005, 16 (6): 1541-1546.

[27] Cauwenberghs G, Poggio T. Incremental and decremental support vector machine learning. Proceedings of Advances in Neural Information Processing Systems13, 2000: 409-415.

[28] 杨晓伟, 路节, 张广全. 一种高效的最小二乘支持向量机分类器剪枝算法. 计算机研究与发展, 2007, 44(7): 1128-1136.

第 4 章　多分类问题

标准支持向量机最初是用来解决二分类问题的[1,2], 多分类问题常常被转化为二分类问题[3]. 例如, 在一对多算法中[3], 一个 C 类问题被转化为 C 个二分类问题. 为了提高算法的测试精度, 人们使用连续决策函数来代替离散决策函数[4]. 在一对一算法中, 一个 C 类问题被转化为 $\dfrac{C(C-1)}{2}$ 个二分类问题[5,6]. 为了减少一对一算法中的超平面数, Debnath,Takahide 和 Takahashi 提出了基于决策的新算法[7]. 最近, 为了充分利用剩余的信息, 基于一对一策略, Angulo[8,9] 和 Zhong[10] 提出了支持向量机分类 —— 回归算法. 无论一对多算法还是一对一算法, 都存在不可分区域. 为了解决这个问题, Abe 等[11~13] 提出了基于模糊决策函数的支持向量机, Platt 提出了基于决策树的有向无环图[14], Pontil 和 Verri[15]、Kijsirikul 和 Ussivakul[16] 提出了自适应有向无环图, Cheong[17] 和 Fei[18] 提出了二叉树算法, Liu 提出了嵌套算法[19]. 为了一次求出所有的决策函数, Weston 和 Watkins 提出了 All-at-once 算法[20]. Dietterich[21] 和 Klautau[22] 把误差纠错码算法应用于多分类, 提出了误差纠错码支持向量机. Allwein, Schapire 和 Singer 提出了把多分类问题转化为二分类问题的统一方法[23]. 为了直观地理解不同多分类之间的关系, Hill 和 Doucet 提出了一种几何结构[24]. 至于多分类算法之间的性能比较, Hsu[25]、Kikuchi[26]、Rifkin[27] 和 Galar[28] 作了一些重要的工作. 在本章中, 将详细介绍相关的工作.

4.1　一对多算法

该方法将一个 C 类分类问题转化为 C 个二分类问题, 其中第 i 个分类器是通过将属于第 i 类的样本点视为正类, 其余所有的样本点视为负类训练而成的. 设第 i 类和剩余类之间的最优超平面为

$$D_i(\boldsymbol{x}) = \boldsymbol{w}_i^{\mathrm{T}}\boldsymbol{\Phi}(\boldsymbol{x}) + b_i = 0 \tag{4-1}$$

当采用离散判别函数时[3], 其决策规则为: 把样本 $\boldsymbol{x}$ 归为

$$D_i(\boldsymbol{x}) > 0 \tag{4-2}$$

的第 i 类. 当有多个 $D_i(\boldsymbol{x}) > 0$ 时, 会存在不可分区域. 这从图 4.1 中可以看出 (阴影区为不可分区域).

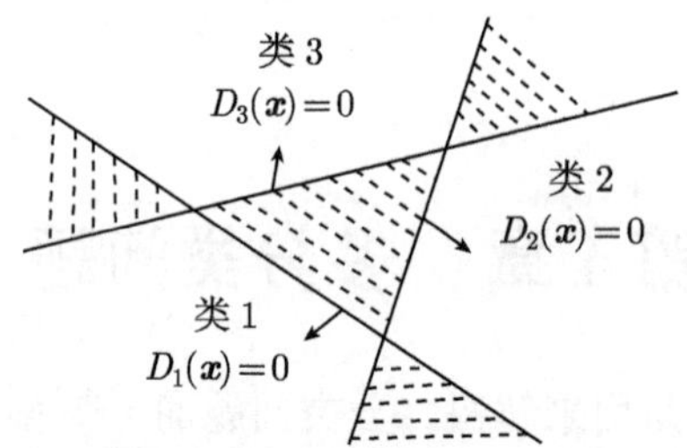

图 4.1　基于离散判别的结果

当采用连续判别函数时[4], 其决策规则为: 把样本 $\boldsymbol{x}$ 归为

$$\underset{i=1,\cdots,C}{\arg\max}\ D_i(\boldsymbol{x}) \tag{4-3}$$

的第 i 类. 当有多个 $D_i(\boldsymbol{x})$ 相等时, 会存在不可分区域. 这从图 4.2 中可以看出 (虚线为不可分区域).

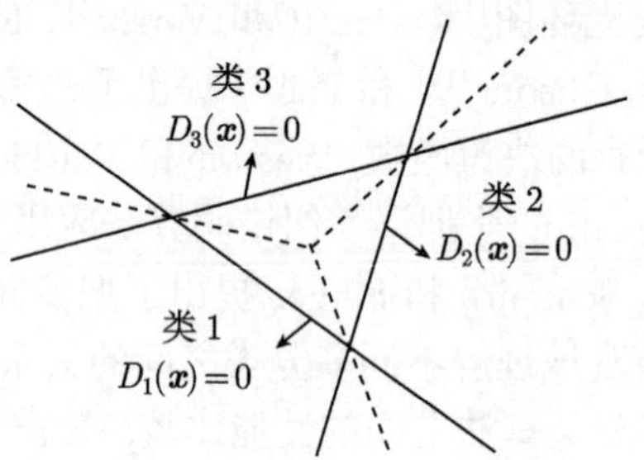

图 4.2　基于连续判别的结果

为了解决离散判别的不可分区域问题, 2001 年, Inoue 和 Abe 提出了基于模糊决策函数的支持向量机[11]. 对于第 i 类, 在与最优超平面 $D_j(\boldsymbol{x})=0$ 垂直的方向上定义模糊隶属度函数 $m_{ij}(\boldsymbol{x})$ 如下:

当 $i=j$ 时

$$m_{ii}(\boldsymbol{x})=\begin{cases}1, & D_i(\boldsymbol{x})\geqslant 1\\ D_i,(\boldsymbol{x}), & 其他\end{cases} \tag{4-4}$$

当 $i\neq j$ 时

$$m_{ij}(\boldsymbol{x})=\begin{cases}1, & D_j(\boldsymbol{x})\leqslant -1\\ -D_j(\boldsymbol{x}), & 其他\end{cases} \tag{4-5}$$

样本 $\boldsymbol{x}$ 属于第 i 类的隶属度函数定义为

$$m_i(\boldsymbol{x})=\min_{j=1,\cdots,C} m_{ij}(\boldsymbol{x}) \tag{4-6}$$

假设

$$k = \mathop{\arg\max}_{i=1,\cdots,C} \ m_i(\boldsymbol{x}) \tag{4-7}$$

则样本 $\boldsymbol{x}$ 被分为第 k 类.

2003 年, Abe 从理论上证明该方法等价于采用连续决策函数的一对多方法[29].

尽管此方法简单、有效, 但当类别数较大时, 某一类的训练样本将大大少于其他类训练样本的总和, 这种训练样本间的不均衡将对测试精度产生明显的影响.

4.2 一对一算法

1999 年, KreBel 提出了一对一算法[5]. 该算法把一个 C 类问题转化为 $\dfrac{C(C-1)}{2}$ 个二分类问题. 设第 i 类和第 j 类之间的最优超平面为

$$D_{ij}(\boldsymbol{x}) = \boldsymbol{w}_{ij}^{\mathrm{T}} \boldsymbol{\varPhi}(\boldsymbol{x}) + b_{ij} = 0 \tag{4-8}$$

$$D_{ij}(\boldsymbol{x}) = -D_{ji}(\boldsymbol{x}) \tag{4-9}$$

当采用离散判别函数时, 对于给定的样本 $\boldsymbol{x}$, 先计算

$$D_i(\boldsymbol{x}) = \sum_{j \neq i, j=1}^{c} \mathrm{sng}(D_{ij}(\boldsymbol{x})) \tag{4-10}$$

其中

$$\mathrm{sng}(D_{ij}(\boldsymbol{x})) = \begin{cases} 1, & D_{ij}(\boldsymbol{x}) \geqslant 0 \\ 0, & D_{ij}(\boldsymbol{x}) < 0 \end{cases} \tag{4-11}$$

假设

$$k = \mathop{\arg\max}_{i=1,\cdots,C} \ (D_i(\boldsymbol{x})) \tag{4-12}$$

那么就把 $\boldsymbol{x}$ 归为第 k 类. 如果有多个 k 值相等, 则 $\boldsymbol{x}$ 是不可分的. 一般来说, 该算法存在不可分区域, 这从图 4.3 中可以看出.

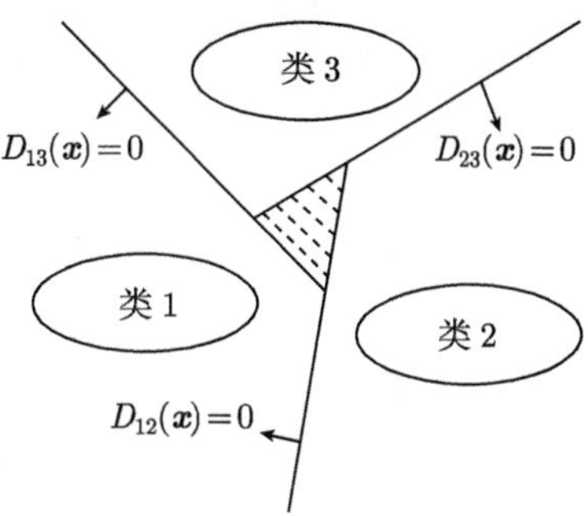

图 4.3 一对一算法的判别结果

为了解决一对一算法中的不可分区域问题, 2002 年, Abe 和 Inoue 提出了基于模糊判别的支持向量机[30]. 在和超平面 $D_{ij}(\boldsymbol{x})=0$ 垂直的方向上定义模糊隶属度函数 $m_{ij}(\boldsymbol{x})$ $(i,j=1,2,\cdots,C)$

$$m_{ij}(\boldsymbol{x})=\begin{cases}1, & D_{ij}(\boldsymbol{x})\geqslant 1\\ D_{ij}(\boldsymbol{x}), & 其他\end{cases} \tag{4-13}$$

同时定义模糊隶属度函数 $m_i(\boldsymbol{x})(i=1,2,\cdots,C)$

$$m_i(\boldsymbol{x})=\min_{j=1,\cdots,C}(m_{ij}(\boldsymbol{x})) \tag{4-14}$$

或者

$$m_i(\boldsymbol{x})=\frac{1}{c-1}\sum_{j\neq i,j=1}^{c} m_{ij}(\boldsymbol{x}) \tag{4-15}$$

假设

$$k=\arg\max_{i=1,\cdots,C}\ m_i(\boldsymbol{x}) \tag{4-16}$$

那么, 把 $\boldsymbol{x}$ 归为第 k 类.

4.3 基于决策树的支持向量机

4.3.1 有向无环图支持向量机

为了解决一对一支持向量机中的不可分区域问题, 2000 年, Platt,Cristianni 和 Shawe-Taylor 提出了一种基于决策树的支持向量机 —— 有向无环图支持向量机 (decision directed acyclic graph support vector machine, DDAG SVM)[14]. 图 4.4 是一个三类问题的 DDAG 决策树, 非 i 表示样本 $\boldsymbol{x}$ 不属于第 i 类. 对于最顶层的分类器, 可以选择任意两类构成分类器. 除了叶子结点之外, 如果 $D_{ij}(\boldsymbol{x})>0$, 则 $\boldsymbol{x}$ 不属于第 j 类; 否则 $\boldsymbol{x}$ 不属于第 i 类. 很明显, 对于一个 C 类问题, 该树的高度为 $C-1$. 图 4.5 是由类 1 和类 2 构成的分类器位于根结点时的不可分区域指派情况, 图 4.6 是由类 2 和类 3 构成的分类器位于根结点时的不可分区域指派情况.

从图 4.5 和图 4.6 可以看出, 尽管 DDAG 算法解决了一对一支持向量机中的不可分区域问题, 但是由于决策树结构的不同, 该算法会把不可分区域指派到决策树中不同的叶子结点. 因此该算法的推广能力严重地依赖于决策树的结构. 如果我们能够把易分的类放在决策树的上层, 难分的类放在决策树的下层, 那么不可分区域就被指派给了难分的类, 这样可以有效地提高分类的推广能力. 一种比较可行的决策树构造算法如下[31,32]

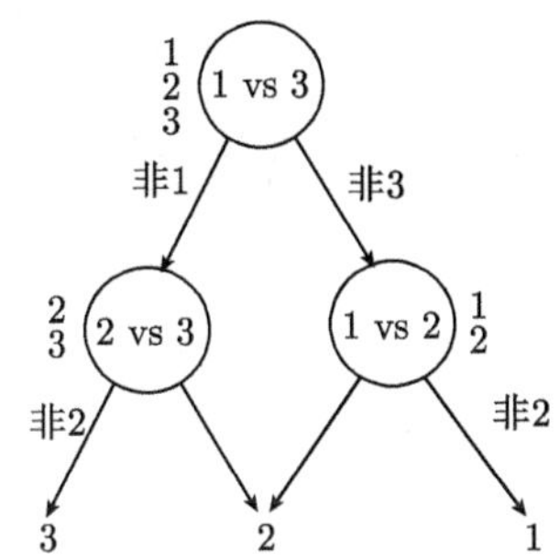

图 4.4 三类问题的 DDAG 决策树

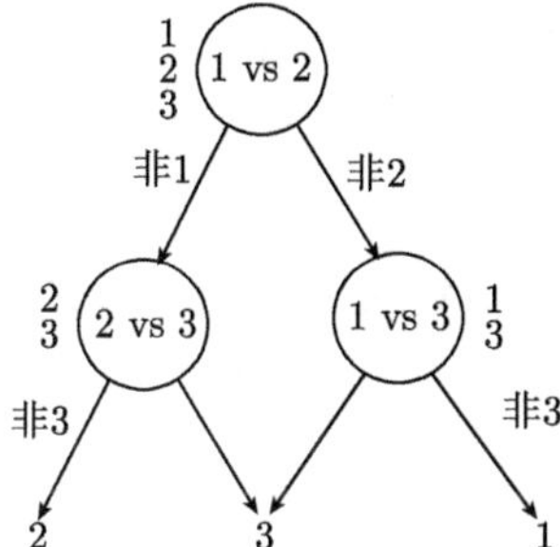

图 4.5 类 1 和类 2 构成的分类器位于根结点时的不可分区域指派情况

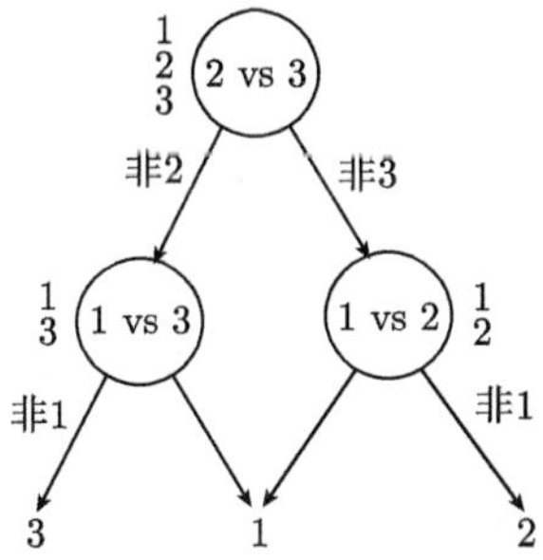

图 4.6 类 2 和类 3 构成的分类器位于根结点时的不可分区域的指派情况

算法 4.1

(1) 对于 C 类问题, 训练 $\dfrac{C(C-1)}{2}$ 个二分类器;

(2) 产生初始列表 $\text{List}(0)=\{1,2,\cdots,C\}$;

(3) 如果没有新的列表产生, 算法终止; 否则, 选择一个列表并从该列表中选择推广能力最高的类对, 假设为 (i,j);

(4) 如果步骤 (3) 中的列表包含了两个以上的元素, 那么就从该列表中删除 i 或 j 得到两个新的列表, 转步骤 (3).

图 4.7 是一个四类问题的决策树结构求解图.

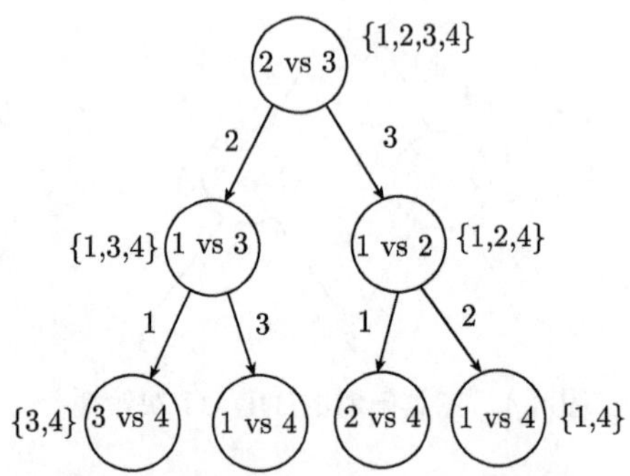

图 4.7 四类 DDAG 结构求解图

4.3.2 自适应有向无环图

1998 年, 在解决三维物体的识别问题中, Pontil 和 Verri 提出了利用网球锦标赛规则解决多分类中的不可分区域问题的方法[15]. 2002 年, Kijsiri 和 Ussivakul 提出了同样的方法, 称为自适应有向无环图(adaptive directed acyclic graph, ADAG)[16]. ADAG 是一个倒三角的 DAG 结构. 对于一个 C 类问题, 该算法也需要 $\dfrac{C(C-1)}{2}$ 个二分类器. 其结点按照倒三角来安排, 最顶层有 $\dfrac{C}{2}$ 个结点, 第 2 层有 $\dfrac{C}{2^2}$ 个结点, 最后一层有一个结点. 因此, 树的高度为 $\lceil \log_2 C \rceil$. 图 4.8 是一个八类问题的 ADAG 决策图[16].

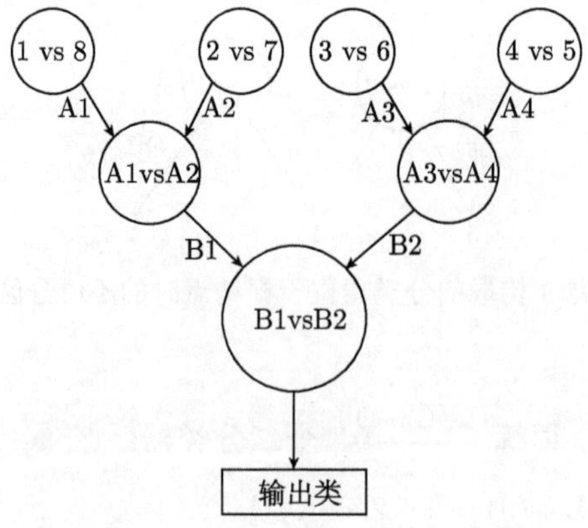

图 4.8 八类问题的 ADAG 决策图

由于任意的 ADAG 都可以转化为一个等价的 DDAG, 所以可以按照建立 DDAG 的算法建立 ADAG 决策树. 图 4.9 是一个八类问题的 ADAG 结构求解图[32].

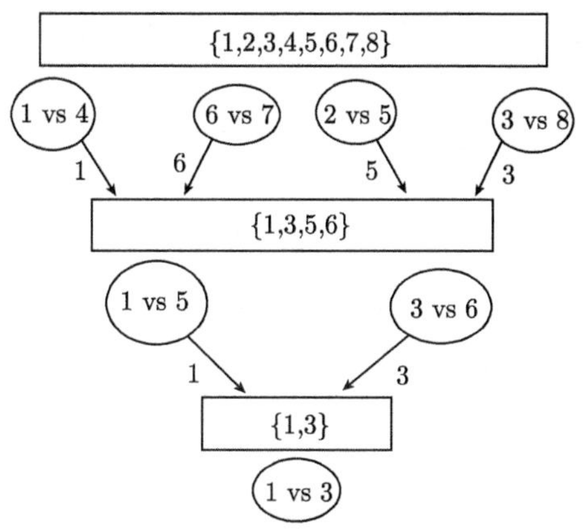

图 4.9 八类问题的 ADAG 结构求解图

DAG SVM 的结构具有冗余性, 它采用排除法进行分类, 每次排除掉最不可能的那个类别, 提高了判别准确率. 但是每级根结点的选择直接影响分类结果, 不同的根结点选择方法可能产生分类结果的不确定性.

4.3.3 二叉树支持向量机

2004 年, Cheong,Oh 和 Lee 提出了基于二叉树的支持向量机[17]. 对 10 类问题的二叉树基本结构如图 4.10 所示.

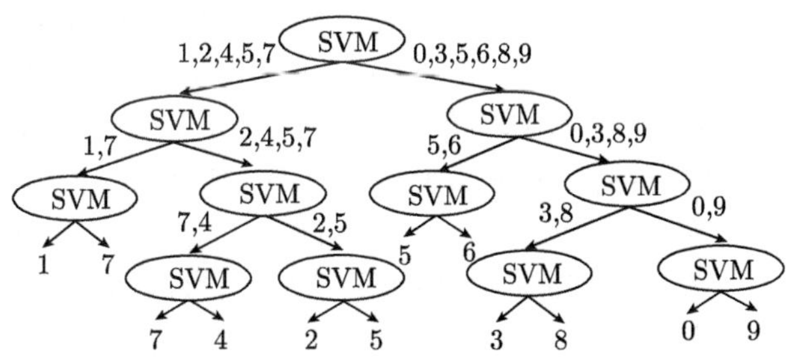

图 4.10 10 类问题的二叉树基本结构

为了把多分类问题转化为二叉树, 我们采用了两种方法:

(1) 在每个节点上采用基于核的 SOM 方法进行聚类, 把该结点上的类聚为两类. 这种方法常常使不同类的样本位于同一个簇中, 从而导致树的高度比较高, 增加计算量.

(2) 采用使类内差异最小而类间差异最大的原则进行聚类, 把该节点上的类聚为两类. 对于 C 类问题, 共有 2^C 种可能组合需要计算. 对于 C 比较大的问题, 这种方法将是不可行的. 一种比较可行的方法是利用智能算法解决这个问题.

2006 年, 基于文献 [17] 的思想, Fei 和 Liu 提出了中心二叉树支持向量机[18]. 两种方法的不同仅仅在二叉树的构造上.

设结点 N 处的决策函数为

$$f_N(\boldsymbol{x}) = \boldsymbol{w}_N^{\mathrm{T}} \boldsymbol{\Phi}(\boldsymbol{x}) + b_N \tag{4-17}$$

样本 $\boldsymbol{x}$ 在结点 N 处属于子结点 0 或 1 的概率为

$$P(y|f_N(\boldsymbol{x})) = \frac{1}{1+\exp(-f_N(\boldsymbol{x}))} \tag{4-18}$$

则中心二叉树支持向量机算法的详细步骤如下:

算法 4.2

(1) 初始化: 把所有训练样本加入根结点 N, 设置已经训练好的二分类器列表 Trained_List 为空.

(2) 建立二叉树的子树

(2.1) 输入结点 N, 检查它是否包含不同的类.

(2.2) 评估: 如果该结点包含不同的类, 那么随机地选择两类, 不妨假设为 i 和 j, 然后创建它的两个孩子结点, 设为 0 和 1.

(2.2.1) 检查 (i,j) 是否在 Trained_List 列表中. 如果 (i,j) 不在 Trained_List 列表中, 那么就用 i 类和 j 类的所有样本训练得到一个二分类器, 把该分类器加入到 Trained_List 列表中. 否则, 把结点 N 中属于 i 类的样本指派给孩子结点 0, 属于 j 类的样本指派给孩子结点 1.

(2.2.2) 测试结点 N 中其他类的样本. 如果 $\mathrm{sgn}(f_N(\boldsymbol{x}))$ 与类 i 一致, 那么就把 $\boldsymbol{x}$ 指派给孩子结点 0; 如果 $\mathrm{sgn}(f_N(\boldsymbol{x}))$ 与类 j 一致, 那么就把 $\boldsymbol{x}$ 指派给孩子结点 1. 同时, 计算这些样本的被指派概率.

(2.2.3) 如果结点 N 中的某一类样本全部指派给了孩子结点 0(或 1), 但是它们的一部分指派概率满足 $|P(y|f_N(\boldsymbol{x}))-0.5| < \delta$($\delta$ 是一个预先设定的小数), 那么就把相应的这部分样本重新指派给孩子结点 1(或 0).

(2.2.4) 如果 N 中所有剩余类的样本都被分散到两个孩子结点中, 那么就清空这两个孩子结点.

(2.2.4.1) 在结点 N 中重新选择两类.

(2.2.4.2) 如果该类对在结点 N 处还没有被评估, 则转 (2.2.1); 否则转 (2.2.4.1).

(2.2.4.3) 如果所有的类对都已经被评估, 则删除这两个孩子结点.

(2.2.5) 否则, 把 (i, j) 指为可接受的分类对.

(2.2.6) 对于两个孩子结点, 递归调用步骤 (2).

(2.3) 如果结点 N 中只包含一类, 则返回.

(3) 测试: 从根结点开始分类. 测试样本 $\boldsymbol{x}$ 被当前结点上的分类器指派给孩子结点 0 或 1, 直到叶子结点. 如果叶子结点包含多个分类器, 那么最终的决策通过投票策略来进行.

为了说明算法的具体流程, 在图 4.11 中给出了一个六分类的例子.

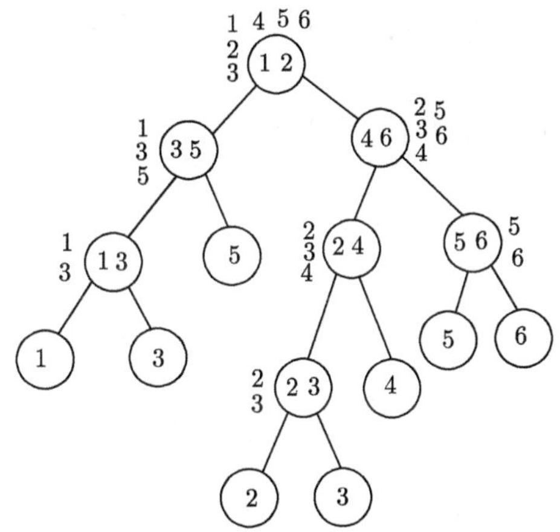

图 4.11 解 6 分类问题的中心二叉树支持向量机

为了得到一棵平衡的二叉树, 采取了下面的策略:

(1) 计算结点上所有类的类中心;

(2) 把类中心的平均值作为该结点的中心;

(3) 计算各个类中心到结点中心的距离;

(4) 距离最小的两类首先被评估, 直到找到可接受的类对为止.

最近几年, 基于决策树的多分类算法研究得到了各国研究者们的高度重视, 涌现了一批高质量的成果. 2008 年, Liu 等提出了多空间映射算法[33], Chen 提出了 PDTSVM 算法[34], 2009 年, Madzarov 提出了 SVM-BDT 算法[35], Chen 提出了自适应二叉树算法[36]. 2013 年, 我们提出了基于一对多分割的二叉树支持向量机算法[37]. 针对类别数特别多的分类问题, 2007 年, Chalasani 提出了基于层次分类的支持向量机算法[38], 2008 年, Liu 和 Jin 提出了格子支持向量机[39].

4.4 嵌套算法

从前边的讨论中, 我们知道, 无论一对一算法、一对多算法, 还是有向无环图算法, 都没有很好地解决不可分区域问题. 在这一节中, 将给出一种基于一对一策略的嵌套算法来重新处理这个问题[19]. 算法的详细步骤如下：

算法 4.3

(1) 对于一个 C 分类问题, 基于一对一策略构造 $\dfrac{C(C-1)}{2}$ 个最优超平面, 其中第 i 类和第 j 类之间的最优超平面用 (4-8) 表示.

(2) 对于给定的样本 $\boldsymbol{x}$, 如果根据 (4-12) 获得的 k 是唯一的, 那么样本 $\boldsymbol{x}$ 归属于第 k 类. 否则, 根据 (4-12) 选择出落入不可分区域的样本.

(3) 如果落入不可分区域的样本类别数大于等于三, 我们把这些样本看成多分类问题, 并利用这些样本根据一对一策略构造超平面.

(4) 重复 (2)~(3) 直到该算法收敛, 也就是在最后形成的不可分区域中只包含一类样本或者两类样本或者不包含样本.

(5) 如果最后形成的不可分区域只包含一类样本, 那么该区域指派给该类, 如果包含两类样本, 利用二分类支持向量机来划分该区域并指派给相应的类别.

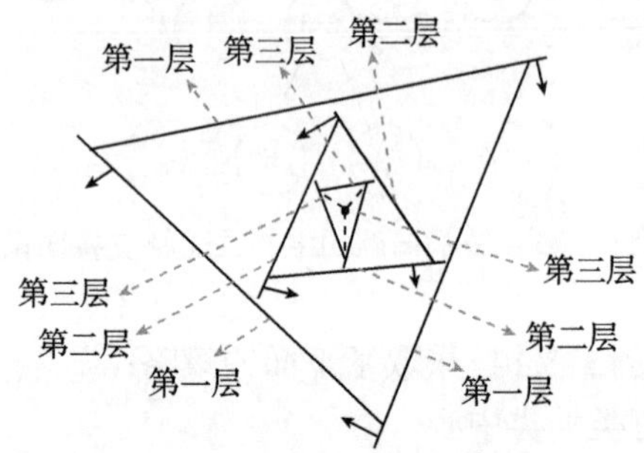

图 4.12　嵌套一对一判别函数法

接下来, 分析嵌套一对一判别法的收敛性和计算复杂度.

对于一个给定的 C 分类问题, 假设样本数为 l. 当基于一对一策略构造完超平面后, 我们称这些超平面为一层超平面, 并且对获得的这些超平面进行编号 (图 4.12). 如果不可分区域中的样本属于两类, 那么基于二分类支持向量机超平面也称为一层超平面.

当构造完第 i 层超平面后, 假设构造此层超平面的样本以概率 p_i 落入新形成的不可分区域中, 并且落入不可分区域的样本数为 n_i, 则可以得到下列递推公式：

$$n_1 = l \cdot p_1 \tag{4-19}$$

$$n_i = n_{i-1} \cdot p_i, \quad i \geqslant 2 \tag{4-20}$$

从而

$$n_i = l \cdot \prod_{j=1}^{i} p_j \tag{4-21}$$

因为 $p_i < 1$, 对于一个给定的问题, 样本数 l 是有限的, 因此当 i 变大的时候, n_i 会相应地递减, 即落入不可分区域的样本数会逐渐地减少. 最终, 嵌套一对一判别法会收敛, 也就是说, 最后形成的不可分区域只包含一类样本或两类样本或没有样本.

对于二分类支持向量机算法, 假设计算复杂度为 $O(n^\lambda)$, 其中 n 为参加训练的样本数. 对于 C 分类问题, 假设样本均匀分布, T 表示计算复杂度.

对于一对一算法, 有向无环图算法和模糊判别法, 它们拥有相同的训练过程, 并需要构造 $\dfrac{C(C-1)}{2}$ 个最优超平面, 则

$$T_{\text{One-against-One}} = T_{\text{DDAG}} = T_{\text{FDF}} = O\left(\frac{C(C-1)}{2}\left(\frac{2l}{C}\right)^\lambda\right) = O\left(C_C^2\left(\frac{2l}{C}\right)^\lambda\right) \tag{4-22}$$

对于嵌套一对一判别法, 假设当算法停止的时候已经构造了 m 层最优超平面, n_i 和 C_i 表示参加构造第 i 层超平面的样本数和类别数, 则

$$n_i \geqslant n_{i+1}, \quad i = 1, 2, \cdots, m-1 \tag{4-23}$$

$$C_i \geqslant C_{i+1}, \quad i = 1, 2, \cdots, m-1 \tag{4-24}$$

从而嵌套一对一判别法的计算复杂度 T_{NA} 可以表示为

$$\begin{aligned} T_{NA} =& O\left(C_{C_1}^2\left(\frac{2n_1}{C_1}\right)^\lambda\right) + O\left(C_{C_2}^2\left(\frac{2n_2}{C_2}\right)^\lambda\right) + O\left(C_{C_3}^2\left(\frac{2n_3}{C_3}\right)^\lambda\right) \\ & + \cdots + O\left(C_{C_m}^2\left(\frac{2n_m}{C_m}\right)^\lambda\right) \end{aligned} \tag{4-25}$$

令

$$\alpha = \max\left(\frac{n_2}{n_1}, \frac{n_3}{n_2}, \frac{n_4}{n_3}, \cdots, \frac{n_m}{n_{m-1}}\right) \tag{4-26}$$

$$\beta = \min\left(\frac{C_2}{C_1}, \frac{C_3}{C_2}, \frac{C_4}{C_3}, \cdots, \frac{C_m}{C_{m-1}}\right) \tag{4-27}$$

则

$$n_i \leqslant \alpha^{i-1}, \quad i = 2, 3, \cdots, m \tag{4-28}$$

$$C_i \geqslant \beta^{i-1} C, \quad i = 2, 3, \cdots, m \tag{4-29}$$

由公式 (4-26) 和式 (4-27) 可知, $\alpha < 1$ 和 $\beta < 1$ 成立, 把公式 (4-26) 代入式 (4-25) 可得

$$\begin{aligned}T_{NA} \leqslant & O\left(C_{C_1}^2\left(\frac{2l}{C}\right)^\lambda\right)+O\left(C_{C_2}^2\left(\frac{2\alpha l}{C_2}\right)^\lambda\right)\\ &+O\left(C_{C_3}^2\left(\frac{2\alpha^2 l}{C_3}\right)^\lambda\right)+\cdots+O\left(C_{C_m}^2\left(\frac{2\alpha^{m-1} l}{C_m}\right)^\lambda\right)\end{aligned} \tag{4-30}$$

因为

$$C_C^2 \geqslant C_{C_i}^2, \quad i=2,3,\cdots,m \tag{4-31}$$

因此, 在公式 (4-30) 中, 用 C_2^2 代替 $C_{c_1}^2$ 可得

$$\begin{aligned}T_{NA} \leqslant & O\left(C_C^2\left(\frac{2l}{C}\right)^\lambda\right)+O\left(C_C^2\left(\frac{2\alpha l}{C_2}\right)^\lambda\right)\\ &+O\left(C_C^2\left(\frac{2\alpha^2 l}{C_3}\right)^\lambda\right)+\cdots+O\left(C_C^2\left(\frac{2\alpha^{m-1} l}{C_m}\right)^\lambda\right)\end{aligned} \tag{4-32}$$

由公式 (4-29) 可得

$$\begin{aligned}T_{NA} \leqslant & O\left(C_C^2\left(\frac{2l}{C}\right)^\lambda\right)+O\left(C_C^2\left(\frac{2\alpha l}{C_2}\right)^\lambda\right)\\ &+O\left(C_C^2\left(\frac{2\alpha^2 l}{\beta^2 C}\right)^\lambda\right)+\cdots+O\left(C_C^2\left(\frac{2\alpha^{m-1} l}{\beta^{m-1} C}\right)^\lambda\right)\\ =& O\left(C_C^2\left(\frac{2l}{C}\right)^\lambda\left(\left(\left(\frac{\alpha}{\beta}\right)^\lambda\right)^0+\left(\left(\frac{\alpha}{\beta}\right)^\beta\right)^1+\left(\left(\frac{\alpha}{\beta}\right)^\lambda\right)^2\right.\right.\\ &\left.\left.+\cdots+\left(\left(\frac{\alpha}{\beta}\right)^\lambda\right)^{m-1}\right)\right)\end{aligned} \tag{4-33}$$

因为

$$\beta \geqslant \frac{2}{C} > \frac{1}{C} \tag{4-34}$$

所以把式 (4-34) 代入式 (4-33) 可得

$$\begin{aligned}T_{NA} <& O\left(C_C^2\left(\frac{2l}{C}\right)^\lambda((C\alpha)^\lambda)^0+(C\alpha)^\lambda)^1+(C\alpha)^\lambda)^2+\cdots+(C\alpha)^\lambda)^{m-1})\right)\\ =& O\left(\frac{1-(C\alpha)^{\lambda m}}{1-(C\alpha)^\lambda}C_C^2\left(\frac{2l}{C}\right)^\lambda\right)\end{aligned} \tag{4-35}$$

从式 (4-35) 可知, 当 $C\alpha < 1$ 时, 嵌套算法的计算时间与一对一算法、模糊判别算法和有向无环图算法基本一样; 当 $C\alpha > 1$ 时, 嵌套算法的计算时间可能比其他三

种算法长一些. C 越大, $C\alpha > 1$ 的可能性就越大, 嵌套算法花费的时间越长. 因此, 嵌套算法不适合大的 C 值. 如果 m 等于 1, 嵌套算法退化为一对一算法.

为了验证嵌套算法的有效性, 把嵌套算法、一对一算法、有向无环图算法和模糊判别法在 5 个 UCI 数据集上进行了比较. 数据集的信息如下：

1. Auto-mpg 数据集：此数据集来自 Carnegie Mellon University 的 StatLib 图书馆, 共包含 398 个样本, 共三类, 7 个属性. 我们随机地从中挑选 298 个样本作为训练集, 剩下的 100 个样本作为测试集.

2. Balance Scale 数据集: 该数据集包含 625 个样本, 4 类 (第一类 49 个样本, 第二类 288 个样本, 第三类 288 个样本), 并且不包含任何缺失数据. 我们随机地从中选择 475 个作为训练集, 剩下的 150 个样本作为测试集.

3. Car Evaluation 数据集：该数据集来自分层决策模型, 包含 1728 个样本, 4 类, 6 个属性值, 并且没有缺失数据. 其中 unacc 类包含 1210 个样本, acc 类包含 384 个样本, good 类含有 69 个样本, v-good 类包含 65 个样本. 我们随机地选择 1228 个样本作为训练集, 剩下的 500 个样本作为测试集.

4. Thyroid 数据集：该数据集包含训练集和测试集. 其中训练集包含 3772 个样本, 测试集含有 3428 个样本, 一共 3 类, 21 个属性.

5. Abalone 数据集：该数据集包含 4177 个样本, 6 个属性值, 29 类, 并且没有第 2 类. 我们按照以下方法重新组合这些类：把第 1, 3, 4 类组合成一类, 第 5 类看做一类, 第 6 类看做一类, 第 7 类看做一类, 第 8、9 类组合成一类, 第 10、11 类组合成一类, 第 12、13 类组合成一类, 剩下的组合成一类. 我们随机地选择 2177 个样本作为训练集, 剩下 2000 个样本作为测试集.

所有的实验运行在个人电脑上, 该 PC 拥有 2.8GHz Pentium IV 处理器和 512MB 内存, 操作系统为 Windows XP. 所有的程序都是采用 C++ 编写, 编译器为微软的 Visual C++ 6.0. 在本试验中, 我们选择 RBF 核函数. 我们用的支持向量机求解器是最小二乘支持向量机. (γ,σ) 的取值范围为：$\gamma=[2^0,2^1,2^2,\cdots,2^9]$, $\sigma=[2^{-3},2^{-3},2^{-2},\cdots,2^6]$. 表 4.1 给出了有向无环图算法、模糊函数判别法和嵌套算法对不可分区域的分类精度, 表 4.2 给出了一对一算法、有向无环图算法、模糊函数判别法和嵌套算法关于整个数据集的分类精度.

从表 4.1 可知, 嵌套算法的测试精度明显比有向无环图算法和模糊判别法高, 这说明嵌套算法在解决不可分区域问题时表现出了更好的性能.

表 4.2 表明, 对于整个数据集, 嵌套一对一判别法的分类精度比一对一算法、有向无环图算法、模糊判别法的分类精度都高. 这是因为对于可分区域, 这些算法拥有相同的分类边界, 并且在可分区域中拥有相同的分类精度. 然而, 嵌套算法在不可分区域中拥有较高的分类精度, 因此, 嵌套一对一判别法的总体精度也高于其他算法.

表 4.1　不可分区域的分类精度

数据集	模糊判别法		有向无环图		嵌套一对一算法	
	测试精度	训练精度	测试精度	训练精度	测试精度	训练精度
Auto	27.27	23.91	18.18	14.74	36.36	68.48
Balance	12.5	22.73	12.5	31.82	37.5	68.18
Car	27.27	54.55	18.18	45.45	45.46	77.27
Thyroid	50.0	58.82	21.43	41.176	71.43	100
Abalone	71.43	85.71	42.86	71.43	85.71	100

表 4.2　总体分类精度

数据集	一对一算法		模糊判别法		有向无环图		嵌套一对一算法	
	测试精度	训练精度	测试精度	训练精度	测试精度	训练精度	测试精度	训练精度
Auto	57	59.25	63	66.78	61	63.76	65	80.53
Balance	86	88.42	87.33	89.47	87.33	89.89	88	91.58
Car	84	86.16	84.6	87.13	84.4	86.97	85	87.54
Thyroid	94.14	94.94	94.34	95.20	94.22	95.12	94.43	95.39
Abalone	45.35	48	45.6	48.28	45.5	48.23	45.65	48.32

我们同样发现以下两种现象：

(a) 对于 Auto 数据集, 嵌套一对一判别法的分类精度明显高于其他算法的分类精度.

(b) 对于 Balance、Car、Thyroid 和 Abalone 数据集, 嵌套一对一判别法的分类精度略高于其他算法的分类精度.

产生上述问题的原因主要是：对于 Auto 数据集, 落入不可分区域的样本数和总体的样本数比起来相对较大, 对于 Balance、Car、Thyroid 和 Abalone 数据集, 落入不可分区域的样本数和总体的样本数比起来要小的多. 对于每个数据集, 虽然不可分区域的分类精度得到了较高的提高, 但是对于整体的分类精度的影响却是不同的.

4.5　纠错输出编码支持向量机

纠错编码常常被用于分类器输出的解码, 从而提高分类器的推广能力. 对于支持向量机来说, 纠错编码不仅能够提高分类器的推广能力, 而且也能够解决多分类中的不可分区域问题. 下面, 详细地讨论它在多分类问题中的应用.

Dietterich 和 Bakiri 把纠错编码应用于多分类问题[21]. 设 g_{ij} 是第 j 个决策函数对第 i 类的目标值：

$$g_{ij}(\boldsymbol{x})=\begin{cases}1, & x \text{ 属于第 } i \text{ 类}\\ -1, & \text{其他}\end{cases} \tag{4-36}$$

第 j 个列向量 $g_j = (g_{1j}, g_{2j}, \cdots, g_{Cj})^{\mathrm{T}}$ 是 j 个决策函数的目标向量. 如果一列中的所有元素都是 1 或− 1, 则该决策函数不能用于分类. 如果第 i 列和第 j 列的目标向量相反, 即 $g_i = -g_j$, 则它们是同一个决策函数. 显然, 对于 C 分类问题, 完全不同的决策函数的最大数为 $2^{C-1} - 1$.

第 i 个行向量 $(g_{i1}, g_{i2}, \cdots, g_{id})$ 是对应于第 i 类的码文, d 是决策函数的数目. 在纠错码方法中, 如果两个码文之间的最小海明距离是 h, 那么这种编码至少能对 $\left\lfloor \dfrac{h-1}{2} \right\rfloor$ 个位进行纠错. 对于 3 类问题, 最多有 3 个决策函数, 其纠错编码如表 4.3 所示. 因此纠错输出编码方法可以看做是一对多分类方法的变形.

表 4.3 三类问题的纠错编码 (一对多策略)

类别号	$\boldsymbol{g}_1$	$\boldsymbol{g}_2$	$\boldsymbol{g}_3$
1	1	−1	−1
2	−1	1	−1
3	−1	−1	1

通过忽略一些输出, Allwein,Schapire 和 Singer 把一对一、一对多和纠错编码的输出码统一起来[23]. 如果用 0 表示忽略掉的输出, 那么对于一个 3 类问题, 其一对一分类的纠错码如表 4.4 所示.

表 4.4 三类问题的纠错编码 (一对一策略)

类别号	$\boldsymbol{g}_1$	$\boldsymbol{g}_2$	$\boldsymbol{g}_3$
1	1	0	−1
2	−1	1	0
3	0	−1	1

为了计算 $\boldsymbol{x}$ 和第 i 类之间的距离, 定义误差函数

$$\varepsilon_{ij}(\boldsymbol{x}) = \begin{cases} 0, & g_{ij}(\boldsymbol{x}) = 0 \\ \max(1 - g_{ij}D_j(\boldsymbol{x}), 0), & \text{其他} \end{cases} \tag{4-37}$$

则 $\boldsymbol{x}$ 到第 i 类的距离为

$$d_i(\boldsymbol{x}) = \sum_{j=1}^{d} \varepsilon_{ij}(\boldsymbol{x}) \tag{4-38}$$

设

$$k = \arg \min_{i=1,2,\cdots,C} d_i(\boldsymbol{x}) \tag{4-39}$$

则把 $\boldsymbol{x}$ 划为第 k 类.

当 $\varepsilon_{ij}(\boldsymbol{x})$ 采用离散函数时,

$$\varepsilon_{ij}(\boldsymbol{x})=\begin{cases}0, & g_{ij}(\boldsymbol{x})=0\\ 0, & g_{ij}(\boldsymbol{x})=\pm 1, g_{ij}D_i(x)\geqslant 1\\ 1, & \text{其他}\end{cases} \tag{4-40}$$

在这种情况下, 将无法解决多分类中的不可分区域问题.

纠错输出编码支持向量机的判别精度取决于编码矩阵 A, 好的编码方法在编码长度有限的情况下, 能使纠错输出编码支持向量机具有一定的纠错能力和较好的推广性能, 一对多算法可看做是纠错输出编码支持向量机的一个特例, 但一对多算法不具有纠错能力.

4.6 一次求解算法

对于一个 C 类问题, 为了一次求解所有的超平面, 1999 年, Weston 和Watkins[20] 在不等式

$$\boldsymbol{w}_i^{\mathrm{T}}\varphi(\boldsymbol{x}_j)+b_i-(\boldsymbol{w}_m^{\mathrm{T}}\varphi(\boldsymbol{x}_j)+b_m)\geqslant 1-\xi_{ij} \tag{4-41}$$

成立的情况下, 构造如下的 L_1 软间隔多分类支持向量机:

$$\min_{\boldsymbol{w},b,\boldsymbol{\xi}} \quad Q(\boldsymbol{w},b,\boldsymbol{\xi})=\frac{1}{2}\sum_{i=1}^{C}\|\boldsymbol{w}_i\|^2+\gamma\sum_{i=1}^{l}\sum_{\substack{j=1\\ j\neq y_i}}^{C}\xi_{ij} \tag{4-42}$$

$$\begin{aligned}\text{s.t.} \quad & \boldsymbol{w}_{y_i}^{\mathrm{T}}\varphi(\boldsymbol{x}_i)+b_{y_i}-(\boldsymbol{w}_j^{\mathrm{T}}\varphi(\boldsymbol{x}_i)+b_j)\geqslant 1-\xi_{ij}\\ & j\neq y_i, \quad j=1,2,\cdots,C, \quad i=1,2,\cdots,l\end{aligned} \tag{4-43}$$

其中 $y_i\in\{1,2,\cdots,C\}$ 是样本 $\boldsymbol{x}_i$ 的类别, γ 是正则化参数, ξ_{ij} 是松弛变量.

上述问题的 Lagrange 函数为

$$\begin{aligned}L(\boldsymbol{w},b,\boldsymbol{\xi},\boldsymbol{\alpha},\boldsymbol{\beta})=&\frac{1}{2}\sum_{i=1}^{C}\|\boldsymbol{w}_i\|^2+\gamma\sum_{i=1}^{l}\sum_{\substack{j=1\\ j\neq y_i}}^{C}\xi_{ij}\\ &-\sum_{i=1}^{l}\sum_{\substack{j=1\\ j\neq y_i}}^{C}\alpha_{ij}(\boldsymbol{w}_{y_i}^{\mathrm{T}}\varphi(\boldsymbol{x}_i)+b_{y_i}-(\boldsymbol{w}_j^{\mathrm{T}}\varphi(\boldsymbol{x}_i)+b_j)-1+\xi_{ij})\\ &-\sum_{i=1}^{l}\sum_{\substack{j=1\\ j\neq y_i}}^{C}\beta_{ij}\xi_{ij}\\ =&\frac{1}{2}\sum_{i=1}^{C}\|\boldsymbol{w}_i\|^2-\sum_{i=1}^{l}\sum_{j=1}^{C}Z_{ij}(\boldsymbol{w}_j^{\mathrm{T}}\varphi(\boldsymbol{x}_i)+b_j-1)\end{aligned}$$

$$
-\sum_{i=1}^{l}\sum_{\substack{j=1\\j\neq y_i}}^{C}(\alpha_{ij}+\beta_{ij}-\gamma)\xi_{ij}+\sum_{i=1}^{l}\sum_{\substack{j=1\\j\neq y_i}}^{C}\alpha_{ij} \tag{4-44}
$$

其中

$$
Z_{ij}=\begin{cases}\displaystyle\sum_{\substack{k=1\\k\neq y_i}}^{C}\alpha_{ik}, & j=y_i\\ -\alpha_{ij}, & \text{其他}\end{cases} \tag{4-45}
$$

由

$$
\frac{\partial L}{\partial b_j}=0\Rightarrow\sum_{i=1}^{l}Z_{ij}=0,\quad j=1,2,\cdots,C \tag{4-46}
$$

$$
\frac{\partial L}{\partial \boldsymbol{w}_j}=0\Rightarrow\sum_{i=1}^{l}Z_{ij}\varphi(\boldsymbol{x}_i)=0,\quad j=1,2,\cdots,C \tag{4-47}
$$

$$
\frac{\partial L}{\partial \xi_i}=0\Rightarrow\alpha_{ij}+\beta_{ij}=\gamma,\quad j\neq y_i,\quad j=1,2,\cdots,C,\quad i=1,2,\cdots,l \tag{4-48}
$$

可以得到原问题的对偶问题:

$$
\max_{\boldsymbol{\alpha}}\quad L(\boldsymbol{\alpha})=\sum_{i=1}^{l}\sum_{\substack{j=1\\j\neq y_i}}^{C}\alpha_{ij}-\frac{1}{2}\sum_{i,k=1}^{l}\sum_{j=1}^{C}Z_{ij}Z_{kj}K(\boldsymbol{x}_i,\boldsymbol{x}_j) \tag{4-49}
$$

$$
\text{s.t.}\quad \sum_{i-1}^{l}Z_{ij}=0,\quad j\neq y_i,\quad j=1,2,\cdots,C \tag{4-50}
$$

$$
0\leqslant\alpha_{ij}\leqslant\gamma,\quad j\neq y_i,\quad j=1,2,\cdots,C,\quad i=1,2,\cdots,l \tag{4-51}
$$

设

$$
D_i(\boldsymbol{x})=\sum_{j=1}^{l}Z_{ij}K(\boldsymbol{x}_j,\boldsymbol{x})+b_i,i=1,2,\cdots,C \tag{4-52}
$$

$$
k=\underset{i=1,2,\cdots,C}{\arg\ \min}\ D_i(\boldsymbol{x}) \tag{4-53}
$$

则把样本 $\boldsymbol{x}$ 归为第 k 类

在优化问题 (4-42)~(4-43) 中, Crammer 和 Singer 用 $\xi_i=\max_j\xi_{ij}$ 代替 ξ_{ij}, 得到了如下的优化问题[40]:

$$
\min_{\boldsymbol{w},b,\boldsymbol{\xi}}\quad Q(\boldsymbol{w},b,\boldsymbol{\xi})=\frac{1}{2}\sum_{i=1}^{C}\|\boldsymbol{w}_i\|^2+\gamma\sum_{i=1}^{l}\xi_i \tag{4-54}
$$

$$
\begin{aligned}\text{s.t.}\quad & \boldsymbol{w}_{y_i}^{\mathrm{T}}\varphi(\boldsymbol{x}_i)+b_{y_i}-(\boldsymbol{w}_j^{\mathrm{T}}\varphi(\boldsymbol{x}_i)+b_j)\geqslant1-\xi_i,\quad j\neq y_i\\ & j=1,2,\cdots,C,\quad i=1,2,\cdots,l\end{aligned} \tag{4-55}
$$

该问题的 Lagrange 函数为

$$
\begin{aligned}
L(\boldsymbol{w},b,\boldsymbol{\xi},\boldsymbol{\alpha},\boldsymbol{\beta}) =& \frac{1}{2}\sum_{i=1}^{C}\|\boldsymbol{w}_i\|^2+\gamma\sum_{i=1}^{l}\xi_i \\
&-\sum_{i=1}^{l}\sum_{\substack{j=1\\j\neq y_i}}^{C}\alpha_{ij}(\boldsymbol{w}_{y_i}^{\mathrm{T}}\varphi(\boldsymbol{x}_i)+b_{y_i}-(\boldsymbol{w}_j^{\mathrm{T}}\varphi(\boldsymbol{x}_i)+b_j)-1+\xi_i)-\sum_{i=1}^{l}\beta_i\xi_i \\
=& \frac{1}{2}\sum_{i=1}^{C}\|\boldsymbol{w}_i\|^2-\sum_{i=1}^{l}\sum_{j=1}^{C}Z_{ij}(\boldsymbol{w}_j^{\mathrm{T}}\varphi(\boldsymbol{x}_i)+b_j-1) \\
&-\sum_{i=1}^{l}\left(\sum_{\substack{j=1\\j\neq y_i}}^{C}\alpha_{ij}+\beta_i-\gamma\right)\xi_i+\sum_{i=1}^{l}\sum_{\substack{j=1\\j\neq y_i}}^{C}\alpha_{ij}
\end{aligned}
\tag{4-56}
$$

其中

$$
Z_{ij}=\begin{cases}\displaystyle\sum_{\substack{k=1\\k\neq y_i}}^{C}\alpha_{ik}, & j=y_i\\ -\alpha_{ij}, & \text{其他}\end{cases}
\tag{4-57}
$$

由

$$
\frac{\partial L}{\partial b_j}=0\Rightarrow\sum_{i=1}^{l}Z_{ij}=0,\quad j=1,2,\cdots,C \tag{4-58}
$$

$$
\frac{\partial L}{\partial \boldsymbol{w}_j}=0\Rightarrow\sum_{i=1}^{l}Z_{ij}\varphi(\boldsymbol{x}_i)=0,\quad j=1,2,\cdots,C \tag{4-59}
$$

$$
\frac{\partial L}{\partial \xi_i}=0\Rightarrow\sum_{\substack{j=1\\j\neq y_i}}^{C}\alpha_{ij}+\beta_i=\gamma,\quad i=1,2,\cdots,l \tag{4-60}
$$

可以得到原问题的对偶问题

$$
\max_{\boldsymbol{\alpha}}\quad L(\boldsymbol{\alpha})=\sum_{i=1}^{l}\sum_{\substack{j=1\\j\neq y_i}}^{C}\alpha_{ij}-\frac{1}{2}\sum_{i,k=1}^{l}\sum_{j=1}^{C}Z_{ij}Z_{kj}K(\boldsymbol{x}_i,\boldsymbol{x}_j) \tag{4-61}
$$

$$
\text{s.t.}\quad \sum_{i=1}^{l}Z_{ij}=0,\quad j\neq y_i,\quad j=1,2,\cdots,C \tag{4-62}
$$

$$
\sum_{\substack{j=1\\j\neq y_i}}^{C}\alpha_{ij}\leqslant\gamma,\quad \alpha_{ij}\geqslant 0,\quad j\neq y_i,\quad j=1,2,\cdots,C,\quad i=1,2,\cdots,l \tag{4-63}
$$

设

$$D_j(\boldsymbol{x}) = \sum_{i=1}^{l} Z_{ij} K(\boldsymbol{x}_i, \boldsymbol{x}) + b_j, \quad j = 1, 2, \cdots, C \tag{4-64}$$

则把样本 $\boldsymbol{x}$ 归为第 k 类

$$k = \underset{j=1,2,\cdots,C}{\arg\min}\ D_j(\boldsymbol{x}) \tag{4-65}$$

从优化问题 (4-61)~(4-63) 可知：这个问题是自变量个数为 $l(C-1)+lC=2lC-l$ 的二次规划, 用传统优化方法解它的计算复杂度为 $O((2C-1)^3l^3)$. 当类别数 C 比较大时, 该算法的计算复杂度比一对一算法 $\left(O\left(\dfrac{4(C-1)}{C^2}l^3\right)\right)$ 和一对多算法 $(O(Cl^3))$ 高很多. 因此, 该算法在实际问题中并不实用.

4.7　支持向量机分类–回归算法

2003 年, 针对多分类问题, Angulo, Parra 和 Català提出了支持向量机分类——回归算法 (K-SVCR)[8,9], 其目的是寻找决策函数 $f(\boldsymbol{x}, \boldsymbol{w}, b)$ 使得

$$f(\boldsymbol{x}_p, \boldsymbol{w}, b) = \begin{cases} +1, & p = 1, 2, \cdots, l_1 \\ -1, & p = l_1+1, \cdots, l_1+l_2 \\ 0, & p = l_1+l_2+1, 2, \cdots, l \end{cases}$$

从而减少信息损失. 其中 $l_{12} = l_1 + l_2$ 是待分离的两类样本的个数.

K-SVCR 的优化问题为

$$\min_{\boldsymbol{w}, b, \boldsymbol{\xi}, \boldsymbol{\psi}, \boldsymbol{\psi}^*} \quad W_{\text{K-SVCR}} = \frac{1}{2}\|\boldsymbol{w}\|^2 + C\sum_{i=1}^{l}\xi_i + D\sum_{i=1}^{l}(\psi_i + \psi_i^*) \tag{4-66}$$

$$\text{s.t.} \quad y_i(\boldsymbol{w}^{\mathrm{T}}\varphi(\boldsymbol{x}_i) + b) > 1 - \xi_i, \quad i = 1, 2, \cdots, l_{12} \tag{4-67}$$

$$-\delta - \psi_i^* \leqslant (\boldsymbol{w}^{\mathrm{T}}\varphi(\boldsymbol{x}_i) + b) \leqslant \delta + \psi_i, \quad i = l_{12}+1, \cdots, l \tag{4-68}$$

式中 ξ_i, ψ_i, ψ_i^* 为松弛变量, $0 \leqslant \delta < 1$ 是一个预先设定的常数.

优化问题 (4-66)~(4-68) 的 Lagrange 函数为

$$\begin{aligned} L_{\text{K-SVCR}} =& \frac{1}{2}\|\boldsymbol{w}\|^2 + C\sum_{i=1}^{l}\xi_i + D\sum_{i=1}^{l}(\psi_i + \psi_i^*) \\ & - \sum_{i=1}^{l_{12}}\alpha_i[y_i(\boldsymbol{w}^{\mathrm{T}}\varphi(\boldsymbol{x}_i) + b - 1 + \xi_i)] - \sum_{i=1}^{l_{12}}\mu_i\xi_i \\ & + \sum_{i=l_{12}+1}^{l}\beta_i[\boldsymbol{w}^{\mathrm{T}}\varphi(\boldsymbol{x}_i) + b - \delta + \psi_i] - \sum_{i=l_{12}+1}^{l}\eta_i\psi_i \end{aligned}$$

$$-\sum_{i=l_{12}+1}^{l}\beta_i^*[\boldsymbol{w}^{\mathrm{T}}\varphi(\boldsymbol{x}_i)+b-\delta+\psi_i^*]-\sum_{i=l_{12}+1}^{l}\eta_i^*\psi_i^* \tag{4-69}$$

由

$$\frac{\partial L_{\text{K-SVCR}}}{\partial b}=0\Rightarrow\sum_{i=1}^{l_{12}}\alpha_i y_i=\sum_{i=l_{12}+1}^{l}(\beta_i-\beta_i^*) \tag{4-70}$$

$$\frac{\partial L_{\text{K-SVCR}}}{\partial \boldsymbol{w}}=0\Rightarrow w=\sum_{i=1}^{l_{12}}\alpha_i y_i\varphi(\boldsymbol{x}_i)-\sum_{i=l_{12}+1}^{l}(\beta_i-\beta_i^*)\varphi(\boldsymbol{x}_i) \tag{4-71}$$

$$\frac{\partial L_{\text{K-SVCR}}}{\partial \xi_i}=0\Rightarrow\alpha_i+\mu_i=C,\quad \alpha_i,\mu_i\geqslant 0,\quad i=1,2,\cdots,l \tag{4-72}$$

$$\frac{\partial L_{\text{K-SVCR}}}{\partial \psi_i}=0\Rightarrow\beta_i+\eta_i=D,\quad \beta_i,\eta_i\geqslant 0,\quad i=1,2,\cdots,l \tag{4-73}$$

$$\frac{\partial L_{\text{K-SVCR}}}{\partial \psi_i^*}=0\Rightarrow\beta_i^*+\eta_i^*=D,\quad \beta_i^*,\eta_i^*\geqslant 0,\quad i=1,2,\cdots,l \tag{4-74}$$

可得优化问题 (4-66)~(4-68) 的对偶问题为

$$\min_{\boldsymbol{\gamma}}\quad L(\boldsymbol{\gamma})=\frac{1}{2}\boldsymbol{\gamma}^{\mathrm{T}}\boldsymbol{H}\boldsymbol{\gamma}+\boldsymbol{c}^{\mathrm{T}}\boldsymbol{\gamma} \tag{4-75}$$

$$\text{s.t.}\quad 0\leqslant\gamma_i y_i\leqslant C,\quad i=1,2,\cdots,l_{12} \tag{4-76}$$

$$0\leqslant\gamma_i\leqslant D,\quad i=l_{12},\cdots,l+l_3 \tag{4-77}$$

$$\sum_{i=1}^{l_{12}}\gamma_i=\sum_{i=l_{12}+1}^{l}\gamma_i-\sum_{i=l+1}^{l+l_3}\gamma_i \tag{4-78}$$

其中 $l_3=l-l_{12}$ 是属于其他类的样本个数,

$$\gamma_i=\alpha_i y_i,\quad i=1,2,\cdots,l_{12} \tag{4-79}$$

$$\gamma_i=\beta_i,\quad i=l_{12}+1,\cdots,l \tag{4-80}$$

$$\gamma_i=\beta_{i-l_3}^*,\quad i=l+1,\cdots,l+l_3 \tag{4-81}$$

$$\boldsymbol{x}_i=\boldsymbol{x}_{i-l},\quad i=l+1,\cdots,l+l_3 \tag{4-82}$$

$$\boldsymbol{\gamma}^{\mathrm{T}}=(\gamma_1,\cdots,\gamma_l,\gamma_{l+1},\cdots,\gamma_{l+l_3})\in R^{l_{12}+l_3+l_3} \tag{4-83}$$

$$\boldsymbol{c}^{\mathrm{T}}=\left(-\frac{1}{y_1},\cdots,-\frac{1}{y_{l_{12}}},\delta,\cdots,\delta\right)\in R^{l_{12}+l_3+l_3} \tag{4-84}$$

$$\boldsymbol{H}=\begin{pmatrix}(K(\boldsymbol{x}_i,\boldsymbol{x}_j)) & (-K(\boldsymbol{x}_i,\boldsymbol{x}_j)) & (K(\boldsymbol{x}_i,\boldsymbol{x}_j))\\(-K(\boldsymbol{x}_i,\boldsymbol{x}_j)) & (K(\boldsymbol{x}_i,\boldsymbol{x}_j)) & (-K(\boldsymbol{x}_i,\boldsymbol{x}_j))\\(K(\boldsymbol{x}_i,\boldsymbol{x}_j)) & (-K(\boldsymbol{x}_i,\boldsymbol{x}_j)) & (K(\boldsymbol{x}_i,\boldsymbol{x}_j))\end{pmatrix} \tag{4-85}$$

最终的决策函数为

$$f(\boldsymbol{x})=\begin{cases}+1, & \sum\limits_{i=1}^{\mathrm{SV}} v_i K(\boldsymbol{x}_i,\boldsymbol{x})+b\geqslant\delta \\ -1, & \sum\limits_{i=1}^{\mathrm{SV}} v_i K(\boldsymbol{x}_i,\boldsymbol{x})+b\leqslant-\delta \\ 0, & \text{其他}\end{cases} \tag{4-86}$$

其中

$$v_i=\gamma_i,\quad i=1,2,\cdots,l_{12} \tag{4-87}$$

$$v_i=\gamma_{i+l_3}-\gamma_i,\quad i=l_{12}+1,\cdots,l \tag{4-88}$$

从优化问题 (4-75)~(4-78) 可知：这个问题的自变量个数为 $l+l-l_1-l_2=2l-l_1-l_2$. 假如训练样本集是平衡的, 用传统优化方法解它, 则算法 K-SVCR 的计算复杂度为 $O\left(\dfrac{C(C-1)}{2}\times(2l-l_1-l_2)^3\right)=O\left((C-1)^3\times\dfrac{4(C-1)}{C^2}l^3\right)$. 当类别数 C 比较大时, 该算法的计算复杂度比一对一算法 $\left(O\left(\dfrac{4(C-1)}{C^2}l^3\right)\right)$ 高很多. 因此, 该算法在实际问题中也是不实用的.

参 考 文 献

[1] Cortes C, Vapnik V N. Support-vector networks. Machine Learning, 1995, 20: 273-297.

[2] Vapnik V N. An overview of statistical learning theory. IEEE Transactions on Neural Networks, 1999, 10(5): 988-999.

[3] Vapnik V N. The nature of statistical learning theory. London, UK: Springer-Verlag, 1995.

[4] Vapnik V N. Statistical learning theory. New York: John Wiley & Sons, 1998.

[5] KreBel U H G. Pairwise classification and support vector machines//SchAolkopf B, Burges C J, Smola A J. Advances in Kernel Methods: Support Vector Learning. Cambridge, MA: The MIT Press, 1999: 255-268.

[6] Li Z Y, Tang S W, Yan S C. Multi-class SVM classifier based on pairwise cou- pling//Lee S W, Verri A. LNCS 2388. Berlin, Heidelberg: Springer-Verlag, 2002: 321-333.

[7] Debnath R, Takahide N, Takahashi H. A decision based one-against-one method for multi-class support vector machine. Pattern Analysis and Application, 2004, 7: 164-175.

[8] Angulo C, Parra X, Català A, K-SVCR. A support vector machine for multi-class classification. Neurocomputing, 2003, 55(1-2): 57-77.

[9] Angulo C, Ruiz F J, Gonzalez L, Ortega J A. Multi- classification by using tri-class SVM. Neural Processing Letters, 2006, 23: 89-101.

[10] Zhong P, Fukushima M. A new multi-class support vector algorithm. Optimization Methods and Software, 2006, 21(3): 359-372.

[11] Inoue T, Abe S. Fuzzy support vector machines for pattern classification. Proceedings of International Joint Conference on Neural Networks, 2001: 1449-1454.

[12] Kikuchi T, Abe S. Error correcting output codes vs. fuzzy support vector machines. Proceedings of Artificial Neural Networks in Pattern Recognition, Florence, Italy, 2003: 192-196.

[13] Tsujinishi D, Abe S. Fuzzy least squares support vector machines for multiclass problems. Neural Networks, 2003, 16(5-6): 785-792.

[14] Platt J C, Cristianini N, Shawe-Taylor J. Large margin DAGs for multiclass classification//Solla S A, Leen T K, MAuller K R. Advances in Neural Information Processing Systems. The MIT Press, 2000: 547-553.

[15] Pontil M, Verri A. Support vector machine for 3-D object recognition. IEEE Transactions on Pattern Analysis and Machine Intelligence, 1998, 20(6): 637-646.

[16] Kijsirikul B, Ussivakul N. Multiclass support vector machines using adaptive directed acyclic graph. Proceedings of International Joint Conference on Neural Networks, 2002: 980-985.

[17] Cheong S, Oh S H, Lee S Y. Support vector machines with binary tree architecture for multi-class classification. Neural Information Processing- Letters and Reviews, 2004, 2(3): 47-51.

[18] Fei B, Liu J B. Binary tree of SVM: a new fast multiclass training and classification algorithm. IEEE Transactions on Neural Networks, 2006, 17(3): 696-704.

[19] Liu B, Hao Z F, Yang X W. Nesting algorithm for multi-classification problems. Soft Computing, 2007, 11: 383-389.

[20] Weston J, Watkins C. Support vector machines for multi-class pattern recognition. Proceedings of 7th European Symposium on Artificial Neural Networks, 1999: 219-224.

[21] Dietterich T G, Bakiri G. Solving multiclass learning problems via error-correcting output codes. Journal of Artificial Intelligence Research, 1995, 2: 263-286.

[22] Klautau A, Jevtic N, Orlitsky A. On nearest-neighbor error-correcting output codes with application to all-pairs multiclass support vector machines. Journal of Machine Learning Research, 2003, 4: 1-15.

[23] Allwein E L, Schapire R E, Singer Y. Reducing multiclass to binary: a unifying approach for margin classifiers. Journal of Machine Learning Research, 2000, 1: 113- 141.

[24] Hill S I, Doucet A. Adapting two-class support vector classification methods to many class problems//Raedt D, Wroble S. Proceedings of the 22nd International Confer-ence

on Machine Learning. Germany: Bonn, 2005: 313-320.

[25] Hsu C W, Lin C J. A comparison of methods for multiclass support vector machines. IEEE Transactions on Neural Networks, 2002, 13(2): 415-425.

[26] Kikuchi T, Abe S. Comparison between error correcting output codes and fuzzy support vector machines. Pattern Recognition Letters, 2005, 26: 1937-1945.

[27] Rifkin R, Klautau A. In defense of one-vs-all classification. Journal of Machine Learning Research, 2004, 5: 101-141.

[28] Galar M, Fernandez A, Barrenechea E, Bustince H, Herrera F. An overview of ensemble methods for binary classifiers in multi-class problems: experimental study on one-vs-one and one-vs-all schemes. Pattern Recognition, 2011, 44: 1761-1776.

[29] Abe S. Analysis of multiclass support vector machines//Proceedings of International. Conference on Computational Intelligence for Modelling Control and Automation, Vienna, Austria, 2003: 385-396.

[30] Abe S, Inoue T. Fuzzy support vector machines for multiclass problems. Proceedings of the Tenth European symposium on Artificial Neural Networks (ESANN 2002), 2002: 113-118.

[31] Abe S. Support vector machines for pattern recognition. Second Edition. Springer, 2010.

[32] Abe S. Support vector machines for pattern recognition. Springer, 2005.

[33] Liu B, Cao L B, Yu P S, Zhang C Q. Multi-space-mapped SVMs for multi-class classification. 2008 Eighth IEEE International Conference on Data Mining, 2008: 911-916.

[34] Chen J, Wang C, Wang R S. Combining support vector machines with a pairwise decision tree. IEEE Geoscience and Remote Sensing Letters, 2008, 5(3): 409-413.

[35] Madzarov G, Gjorgjevikj D, Chorbev I. A multi-class SVM classifier utilizing binary decision tree. Informatica, 2009, 33: 233-241.

[36] Chen J,Wang C,Wang R S. Adaptive binary tree for fast SVM multiclass classification. Neurocomputing, 2009, 72: 3370-3375.

[37] Yang X W, Yu Q Z, He L F, Guo T J. The one-against-all partition based binary tree support vector machine algorithms for multi-class classification. Neurocomputing, 2013. (In press)

[38] Chalasani T K, Namboodiri A M, Jawahar C V. Support vector machine based hierarchical classifiers for large class problems. Advances in Pattern Recognition, 2007: 309-314.

[39] Liu Z B, Jin L W. LATTICESVM-a new method for multi-class support vector machine. 2008 International Joint Conference on Neural Networks (IJCNN 2008), 2008: 727-733.

[40] Crammer K, Singer Y. On the learnability and design of output codes for multiclass problems. Machine Learning, 2002, 47(2-3): 201-233.

第 5 章　模糊支持向量机

在实际应用中, 数据集常常带有孤立点或噪声. 针对这种数据集, 如何设计健壮的学习机是机器学习和模式识别领域中的重要研究课题. 针对标准支持向量机对噪声点或孤立点敏感的问题, 2002 年, Lin 和 Wang 提出了单边加权模糊支持向量机 (fuzzy support vector machine, FSVM)[1], Suykens 等提出了加权最小二乘支持向量机 (weighted least squares support vector machines, WLS-SVM)[2]. 2003 年, 为了解决带噪声的回归问题, Leski 提出了基于 ε-不敏感学习和最大间隔的模糊系统[3~5]. 2004 年, Leski 提出了基于模糊 if-then 规则的 ε 间隔非线性分类器[6], Tao 和 Wang 提出了基于加权间隔的模糊支持向量机[7]. 2005 年, Jayadeva 等提出了模糊近边界支持向量机 (fuzzy proximal support vector machine, FPSVM)[8], Wang 等提出了双边加权模糊支持向量机[9], 张讲设和郭高提出了基于噪声软剔除的加权稳健支持向量回归方法[10]. 目前, 模糊支持向量机在实际中得到了广泛的应用, 但是权重的设置问题是这个领域中的公开问题. 在这一章中, 首先介绍模糊支持向量机的一些主要模型, 然后讨论权重的设置问题, 最后给出基于模糊 c-均值聚类的一些模糊支持向量机.

5.1　单边加权模糊支持向量机

在这一节中, 考虑单边加权模糊支持向量机模型, 所用的训练集为

$$T=\{(\boldsymbol{x}_1,y_1,s_1),(\boldsymbol{x}_2,y_2,s_2),\cdots,(\boldsymbol{x}_l,y_l,s_l)\} \tag{5-1}$$

其中 $\boldsymbol{x}_i\in R^n$, 对于二分类问题, $y_i\in\{-1,+1\}$, 对于回归问题, $y_i\in R$, $\sigma_i<s_i\leqslant 1$, σ_i 为充分小的正数.

5.1.1　基于标准模型的模糊支持向量机

2002 年, Lin 和 Wang 通过对不同的样本赋予不同的误差权重, 提出了解决二分类问题的模糊支持向量机 (fuzzy support vector machine, FSVM)[1], 其相应的数学模型为下列优化问题:

$$\min_{\boldsymbol{w},b,\boldsymbol{\xi}}\quad J(\boldsymbol{w},b,\boldsymbol{\xi})=\frac{1}{2}\boldsymbol{w}^{\mathrm{T}}\boldsymbol{w}+C\sum_{k=1}^{l}s_k\xi_k \tag{5-2}$$

$$\text{s.t.}\quad y_k(\boldsymbol{w}^{\mathrm{T}}\varphi(\boldsymbol{x}_k)+b)\geqslant 1-\xi_k,\quad k=1,2,\cdots,l \tag{5-3}$$

$$\xi_k \geqslant 0, \quad k=1,\cdots,l \tag{5-4}$$

优化问题 (5-2)~(5-4) 的 Lagrange 函数为

$$L(\boldsymbol{w},b,\boldsymbol{\alpha},\boldsymbol{\xi})=\frac{1}{2}\boldsymbol{w}^{\mathrm{T}}\boldsymbol{w}+C\sum_{k=1}^{l}s_k\xi_k-\sum_{k=1}^{l}\alpha_k[y_k(\boldsymbol{w}^{\mathrm{T}}\varphi(\boldsymbol{x}_k)+b)-1+\xi_k]-\sum_{k=1}^{l}\beta_k\xi_k \tag{5-5}$$

其 KKT 条件为

$$\frac{\partial L(\boldsymbol{w},b,\boldsymbol{\alpha},\boldsymbol{\xi})}{\partial \boldsymbol{w}}=0\Rightarrow \boldsymbol{w}=\sum_{k=1}^{l}\alpha_k y_k\varphi(\boldsymbol{x}_k) \tag{5-6}$$

$$\frac{\partial L(\boldsymbol{w},b,\boldsymbol{\alpha},\boldsymbol{\xi})}{\partial b}=0\Rightarrow \sum_{k=1}^{l}\alpha_k y_k=0 \tag{5-7}$$

$$\frac{\partial L(\boldsymbol{w},b,\boldsymbol{\alpha},\boldsymbol{\xi})}{\partial (\xi_k)}=0\Rightarrow Cs_k-\alpha_k-\beta_k=0, \quad k=1,2,\cdots,l \tag{5-8}$$

从而其对偶问题为

$$\max_{\boldsymbol{\alpha}} \quad -\frac{1}{2}\sum_{i=1}^{l}\sum_{j=1}^{l}\alpha_i\alpha_j y_i y_j K(\boldsymbol{x}_i,\boldsymbol{x}_j)+\sum_{i=1}^{l}\alpha_i \tag{5-9}$$

$$\text{s.t.} \quad \sum_{k=1}^{l}\alpha_k y_k=0 \tag{5-10}$$

$$0\leqslant \alpha_k\leqslant s_k C, \quad k=1,2,\cdots,l \tag{5-11}$$

给定了样本的模糊隶属度 s_k 后, 就可以用求解标准支持向量机的算法解优化问题 (5-9)~(5-11). 得到超平面参数 α 和 b 之后, 就可以用判别函数

$$y(\boldsymbol{x})=\mathrm{sgn}\left[\sum_{j=1}^{l}\alpha_j y_j K(\boldsymbol{x},\boldsymbol{x}_j)+b\right] \tag{5-12}$$

对新的样本 $\boldsymbol{x}$ 进行识别.

5.1.2 加权最小二乘支持向量机

为了解决带噪声的回归问题, 2002 年, Suykens 等提出了加权最小二乘支持向量机 (weighted least squares support vector machines, WLS-SVM)[2]. 其数学模型为

$$\min_{\boldsymbol{w},b,\boldsymbol{e}} \quad J(\boldsymbol{w},b,\boldsymbol{e})=\frac{1}{2}\boldsymbol{w}^{\mathrm{T}}\boldsymbol{w}+\frac{C}{2}\sum_{k=1}^{l}s_k e_k^2 \tag{5-13}$$

$$\text{s.t.} \quad y_k=\boldsymbol{w}^{\mathrm{T}}\varphi(\boldsymbol{x}_k)+b+e_k, \quad k=1,\cdots,l \tag{5-14}$$

优化问题 (5-13)~(5-14) 的 KKT 条件为

$$\begin{pmatrix} 0 & \boldsymbol{1}^{\mathrm{T}} \\ \boldsymbol{1} & \boldsymbol{Z}\boldsymbol{Z}^{\mathrm{T}}+\boldsymbol{R} \end{pmatrix}\begin{pmatrix} b \\ \boldsymbol{\alpha} \end{pmatrix}=\begin{pmatrix} 0 \\ \boldsymbol{Y} \end{pmatrix} \tag{5-15}$$

其中 $\boldsymbol{Z}=(\varphi(\boldsymbol{x}_1)^{\mathrm{T}},\cdots,\varphi(\boldsymbol{x}_l)^{\mathrm{T}})$, $\boldsymbol{Y}=(y_1,\cdots,y_l)^{\mathrm{T}}$, $\boldsymbol{1}=(1,\cdots,1)^{\mathrm{T}}$, $\boldsymbol{\alpha}=(\alpha_1,\cdots,\alpha_l)^{\mathrm{T}}$ $\boldsymbol{R}=\mathrm{diag}\left(\frac{1}{Cs_1},\frac{1}{Cs_2},\cdots,\frac{1}{Cs_l}\right)$, C 为正则化因子.

记 $\boldsymbol{\Omega}=\boldsymbol{Z}\boldsymbol{Z}^{\mathrm{T}}$, 其中 $\Omega_{ij}=K(\boldsymbol{x}_i,\boldsymbol{x}_j)$, 则式 (5-15) 变为

$$\begin{pmatrix} 0 & \boldsymbol{1}^{\mathrm{T}} \\ \boldsymbol{1} & \boldsymbol{\Omega}+\boldsymbol{R} \end{pmatrix}\begin{pmatrix} b \\ \boldsymbol{\alpha} \end{pmatrix}=\begin{pmatrix} 0 \\ \boldsymbol{Y} \end{pmatrix} \tag{5-16}$$

求解 (5-16) 得到 $\boldsymbol{\alpha}$ 和 b, 则可得判别函数:

$$y(\boldsymbol{x})=\sum_{k=1}^{l}\alpha_k K(\boldsymbol{x},\boldsymbol{x}_k)+b \tag{5-17}$$

对于二分类问题, 相应的加权最小二乘支持向量机模型为

$$\min_{\boldsymbol{w},b,\boldsymbol{e}} \quad J(\boldsymbol{w},b,\boldsymbol{e})=\frac{1}{2}\boldsymbol{w}^{\mathrm{T}}\boldsymbol{w}+\frac{C}{2}\sum_{k=1}^{l}s_k e_k^2 \tag{5-18}$$

$$\text{s.t.} \quad y_k(\boldsymbol{w}^{\mathrm{T}}\varphi(\boldsymbol{x}_k)+b)=1-e_k, \quad k=1,\cdots,l \tag{5-19}$$

优化问题 (5-18)~(5-19) 的 KKT 条件为

$$\begin{pmatrix} 0 & \boldsymbol{Y}^{\mathrm{T}} \\ \boldsymbol{Y} & \boldsymbol{\Omega}+\boldsymbol{R} \end{pmatrix}\begin{pmatrix} b \\ \boldsymbol{\alpha} \end{pmatrix}=\begin{pmatrix} 0 \\ \boldsymbol{1} \end{pmatrix} \tag{5-20}$$

其中 $\Omega_{ij}=y_i y_j K(\boldsymbol{x}_i,\boldsymbol{x}_j)$.

对于新的样本 $\boldsymbol{x}$, 可以用判别函数

$$y(\boldsymbol{x})=\mathrm{sgn}\left[\sum_{k=1}^{l}\alpha_k y_k K(\boldsymbol{x},\boldsymbol{x}_k)+b\right] \tag{5-21}$$

进行识别.

5.1.3 模糊近边界支持向量机

由于原始支持向量机不是严格凸二次规划, Mangasarian 和 Musicant 通过在目标函数中增加 $\frac{1}{2}b^2$, 把它转化成一个严格凸二次规划[11]

$$\min_{\boldsymbol{w},b,\boldsymbol{\xi}} \quad J(\boldsymbol{w},b,\boldsymbol{\xi})=\frac{1}{2}(\boldsymbol{w}^{\mathrm{T}}\boldsymbol{w}+b^2)+\frac{C}{2}\sum_{k=1}^{l}\xi_k^2 \tag{5-22}$$

$$\text{s.t.} \quad y_k(\boldsymbol{w}^{\mathrm{T}}\boldsymbol{x}_k + b) \geqslant 1 - \xi_k, \quad k = 1, 2, \cdots, l \tag{5-23}$$

通过用等式约束代替不等式约束 (5-23), Fung 和 Mangasarian 提出了近边界支持向量机 (proximal support vector machine, PSVM)[12], 其相应的数学模型为

$$\min_{\boldsymbol{w},b,\boldsymbol{\xi}} \quad J(\boldsymbol{w}, b, \boldsymbol{\xi}) = \frac{1}{2}(\boldsymbol{w}^{\mathrm{T}}\boldsymbol{w} + b^2) + \frac{C}{2}\sum_{k=1}^{l}\xi_k^2 \tag{5-24}$$

$$\text{s.t.} \quad y_k(\boldsymbol{w}^{\mathrm{T}}\boldsymbol{x}_k + b) = 1 - \xi_k, \quad k = 1, 2, \cdots, l \tag{5-25}$$

为了处理噪声问题, Jayadeva 等提出了模糊近边界支持向量机 (fuzzy proximal support vector machine, FPSVM)[8], 其相应的数学模型为

$$\min_{\boldsymbol{w},b,\boldsymbol{\xi}} \quad J(\boldsymbol{w}, b, \boldsymbol{\xi}) = \frac{1}{2}(\boldsymbol{w}^{\mathrm{T}}\boldsymbol{w} + b^2) + \frac{C}{2}\sum_{k=1}^{l}(s_k\xi_k)^2 \tag{5-26}$$

$$\text{s.t.} \quad y_k(\boldsymbol{w}^{\mathrm{T}}\boldsymbol{x}_k + b) = 1 - \xi_k, \quad k = 1, 2, \cdots, l \tag{5-27}$$

由于等式约束 (5-27) 可以转化为下式:

$$s_k y_k(\boldsymbol{w}^{\mathrm{T}}\boldsymbol{x}_k + b) = s_k - s_k\xi_k, \quad k = 1, 2, \cdots, l \tag{5-28}$$

所以, 优化问题 (5-26)~(5-27) 的 Lagrange 函数为

$$L(\boldsymbol{w}, b, \boldsymbol{\alpha}, \boldsymbol{\xi}) = \frac{1}{2}(\boldsymbol{w}^{\mathrm{T}}\boldsymbol{w} + b^2) + \frac{C}{2}\sum_{k=1}^{l}(s_k\xi_k)^2 + \sum_{k=1}^{l}\alpha_k[s_k y_k(\boldsymbol{w}^{\mathrm{T}}\boldsymbol{x}_k + b) - s_k + s_k\xi_k] \tag{5-29}$$

其 KKT 条件为

$$\frac{\partial L(\boldsymbol{w}, b, \boldsymbol{\alpha}, \boldsymbol{\xi})}{\partial \boldsymbol{w}} = 0 \Rightarrow \boldsymbol{w} = \sum_{k=1}^{l}\alpha_k s_k y_k \boldsymbol{x}_k \tag{5-30}$$

$$\frac{\partial L(\boldsymbol{w}, b, \boldsymbol{\alpha}, \boldsymbol{\xi})}{\partial b} = 0 \Rightarrow b = -\sum_{k=1}^{l}\alpha_k s_k y_k \tag{5-31}$$

$$\frac{\partial L(\boldsymbol{w}, b, \boldsymbol{\alpha}, \boldsymbol{\xi})}{\partial (s_k\xi_k)} = 0 \Rightarrow s_k\xi_k = \frac{\alpha_k}{C}, \quad k = 1, 2, \cdots, l \tag{5-32}$$

$$\frac{\partial L(\boldsymbol{w}, b, \boldsymbol{\alpha}, \boldsymbol{\xi})}{\partial \alpha_k} = 0 \Rightarrow s_k y_k(\boldsymbol{w}^{\mathrm{T}}\boldsymbol{x}_k + b) - s_k + s_k\xi_k = 0, \quad k = 1, 2, \cdots, l \tag{5-33}$$

上述 KKT 条件可以写成下列线性代数方程组

$$\begin{pmatrix} 1 & \boldsymbol{SY}^{\mathrm{T}} \\ \boldsymbol{SY} & \boldsymbol{ZZ}^{\mathrm{T}} + \boldsymbol{R} \end{pmatrix} \begin{pmatrix} b \\ \boldsymbol{\alpha} \end{pmatrix} = \begin{pmatrix} 0 \\ \boldsymbol{S1} \end{pmatrix} \tag{5-34}$$

其中 $\boldsymbol{Z}=(\varphi(\boldsymbol{x}_1)^{\mathrm{T}}s_1y_1,\cdots,\varphi(\boldsymbol{x}_l)^{\mathrm{T}}s_ly_l)$, $\boldsymbol{Y}=(y_1,\cdots,y_l)^{\mathrm{T}}$, $\boldsymbol{1}=(1,\cdots,1)^{\mathrm{T}}$, $\boldsymbol{\alpha}=(\alpha_1,\cdots,\alpha_l)^{\mathrm{T}}$, $\boldsymbol{S}=\mathrm{diag}(s_1,s_2,\cdots,s_l)$, $\boldsymbol{R}=\mathrm{diag}\left(\dfrac{1}{Cs_1},\dfrac{1}{Cs_2},\cdots,\dfrac{1}{Cs_l}\right)$.

记 $\boldsymbol{\Omega}=\boldsymbol{Z}\boldsymbol{Z}^{\mathrm{T}}$, 其中 $\Omega_{ij}=s_iy_is_jy_jK(\boldsymbol{x}_i,\boldsymbol{x}_j)$, 则 (5-34) 变为

$$\begin{pmatrix} 1 & \boldsymbol{S}\boldsymbol{Y}^{\mathrm{T}} \\ \boldsymbol{S}\boldsymbol{Y} & \boldsymbol{\Omega}+\boldsymbol{R}\end{pmatrix}\begin{pmatrix} b \\ \boldsymbol{\alpha}\end{pmatrix}=\begin{pmatrix} 0 \\ \boldsymbol{S}\boldsymbol{1}\end{pmatrix} \tag{5-35}$$

5.2 双边加权模糊支持向量机

考虑到在实际问题中, 一个样本可能以不同的隶属度属于不同的类, Wang 等提出了双边加权模糊支持向量机[9]. 对于训练集

$$\begin{aligned} T=\{&(\boldsymbol{x}_1,y_1,s_1),(\boldsymbol{x}_1,-y_1,1-s_1),(\boldsymbol{x}_2,y_2,s_2),(\boldsymbol{x}_2,-y_2,1-s_2),\cdots,\\ &(\boldsymbol{x}_l,y_l,s_l),(\boldsymbol{x}_l,-y_l,1-s_l)\}\end{aligned} \tag{5-36}$$

其中 $\boldsymbol{x}_k\in R^n$ 为输入, $y_k\in\{-1,+1\}$ 为 $\boldsymbol{x}_k$ 所属的类别, s_k 为输入 $\boldsymbol{x}_k$ 属于 y_k 的隶属度, 其数学模型为

$$\min_{\boldsymbol{w},b,\boldsymbol{\xi}} \quad J(\boldsymbol{w},b,\boldsymbol{\xi})=\frac{1}{2}\boldsymbol{w}^{\mathrm{T}}\boldsymbol{w}+C\sum_{k=1}^{l}(s_k\xi_k+(1-s_k)\eta_k) \tag{5-37}$$

$$\text{s.t.} \quad \boldsymbol{w}^{\mathrm{T}}\varphi(\boldsymbol{x}_k)+b\geqslant 1-\xi_k,\quad k=1,2,\cdots,l \tag{5-38}$$

$$\boldsymbol{w}^{\mathrm{T}}\varphi(\boldsymbol{x}_k)+b\leqslant -1+\eta_k,\quad k=1,2,\cdots,l \tag{5-39}$$

$$\xi_k\geqslant 0,\quad k=1,\cdots,l \tag{5-40}$$

$$\eta_k\geqslant 0,\quad k=1,\cdots,l \tag{5-41}$$

上述优化问题的 Lagrange 函数为

$$\begin{aligned} &L(\boldsymbol{w},b,\boldsymbol{\alpha},\boldsymbol{\beta},\boldsymbol{\xi},\boldsymbol{\eta},\boldsymbol{\mu},\boldsymbol{\nu})\\ =&\frac{1}{2}\boldsymbol{w}^{\mathrm{T}}\boldsymbol{w}+C\sum_{k=1}^{l}(s_k\xi_k+(1-s_k)\eta_k)-\sum_{k=1}^{l}\alpha_k(\boldsymbol{w}^{\mathrm{T}}\varphi(\boldsymbol{x}_k)+b-1+\xi_k)\\ &+\sum_{k=1}^{l}\beta_k(\boldsymbol{w}^{\mathrm{T}}\varphi(\boldsymbol{x}_k)+b+1-\eta_k)-\sum_{k=1}^{l}\mu_k\xi_k-\sum_{k=1}^{l}\nu_k\eta_k\end{aligned} \tag{5-42}$$

其 KKT 条件为

$$\frac{\partial L(\boldsymbol{w},b,\boldsymbol{\alpha},\boldsymbol{\beta},\boldsymbol{\xi},\boldsymbol{\eta},\boldsymbol{\mu},\boldsymbol{\nu})}{\partial \boldsymbol{w}}=0\Rightarrow \boldsymbol{w}=\sum_{k=1}^{l}(\alpha_k-\beta_k)\varphi(\boldsymbol{x}_k) \tag{5-43}$$

$$\frac{\partial L(\boldsymbol{w},b,\boldsymbol{\alpha},\boldsymbol{\beta},\boldsymbol{\xi},\boldsymbol{\eta},\boldsymbol{\mu},\boldsymbol{\nu})}{\partial b}=0\Rightarrow\sum_{k=1}^{l}(\alpha_k-\beta_k)=0 \tag{5-44}$$

$$\frac{\partial L(\boldsymbol{w},b,\boldsymbol{\alpha},\boldsymbol{\beta},\boldsymbol{\xi},\boldsymbol{\eta},\boldsymbol{\mu},\boldsymbol{\nu})}{\partial \xi_k}=0\Rightarrow s_kC=\alpha_k+\mu_k,\quad k=1,2,\cdots,l \tag{5-45}$$

$$\frac{\partial L(\boldsymbol{w},b,\boldsymbol{\alpha},\boldsymbol{\beta},\boldsymbol{\xi},\boldsymbol{\eta},\boldsymbol{\mu},\boldsymbol{\nu})}{\partial \eta_k}=0\Rightarrow (1-s_k)C=\beta_k+\nu_k,\quad k=1,2,\cdots,l \tag{5-46}$$

$$\alpha_k(\boldsymbol{w}^{\mathrm{T}}\varphi(\boldsymbol{x}_k)+b-1+\xi_k)=0,\quad k=1,2,\cdots,l \tag{5-47}$$

$$\beta_k(\boldsymbol{w}^{\mathrm{T}}\varphi(\boldsymbol{x}_k)+b+1-\eta_k)=0,\quad k=1,2,\cdots,l \tag{5-48}$$

$$\mu_k\xi_k=0,\quad k=1,2,\cdots,l \tag{5-49}$$

$$\nu_k\eta_k=0,\quad k=1,2,\cdots,l \tag{5-50}$$

$$\alpha_k\geqslant 0,\quad \beta_k\geqslant 0,\quad \mu_k\geqslant 0,\quad \nu_k\geqslant 0,\quad \xi_k\geqslant 0,\quad \eta_k\geqslant 0,\quad k=1,2,\cdots,l \tag{5-51}$$

从 (5-45), (5-46) 和 (5-51) 中, 可以得到

$$0\leqslant\alpha_k\leqslant s_kC,\quad k=1,2,\cdots,l \tag{5-52}$$

$$0\leqslant\beta_k\leqslant (1-s_k)C,\quad k=1,2,\cdots,l \tag{5-53}$$

由 (5-45) 和 (5-49) 可知

$$\xi_k(s_kC-\alpha_k)=0,\quad k=1,2,\cdots,l \tag{5-54}$$

由 (5-46) 和 (5-50) 可知

$$\eta_k((1-s_k)C-\beta_k)=0,\quad k=1,2,\cdots,l \tag{5-55}$$

从而, 可以得到优化问题 (5-37)~(5-41) 的对偶问题为

$$\max_{\boldsymbol{\alpha},\boldsymbol{\beta}}\quad -\frac{1}{2}\sum_{i=1}^{l}\sum_{j=1}^{l}(\alpha_i-\beta_i)(\alpha_j-\beta_j)K(\boldsymbol{x}_i,\boldsymbol{x}_j)+\sum_{i=1}^{l}(\alpha_i+\beta_i) \tag{5-56}$$

$$\text{s.t.}\quad \sum_{k=1}^{l}(\alpha_k-\beta_k)=0 \tag{5-57}$$

$$0\leqslant\alpha_k\leqslant s_kC,\quad k=1,2,\cdots,l \tag{5-58}$$

$$0\leqslant\beta_k\leqslant (1-s_k)C,\quad k=1,2,\cdots,l \tag{5-59}$$

对于这个优化问题, 可以用 SMO 算法进行求解[13]. 得到 Lagrange 乘子 α_k 和 β_k 之后, 就可以用下述决策函数对新的样本 $\boldsymbol{x}$ 进行决策

$$y(\boldsymbol{x})=\mathrm{sgn}(\boldsymbol{w}^{\mathrm{T}}\varphi(\boldsymbol{x})+b)=\mathrm{sgn}\left(\sum_{k=1}^{l}(\alpha_k-\beta_k)K(\boldsymbol{x}_k,\boldsymbol{x})+b\right) \tag{5-60}$$

5.3 基于加权间隔的模糊支持向量机

为了解决带噪声的分类问题, 2004 年, Tao 和 Wang 提出了基于加权间隔的模糊支持向量机[7].

设模糊二分类问题的训练集为

$$T=\{(\boldsymbol{x}_1,s_1),(\boldsymbol{x}_2,s_2),\cdots,(\boldsymbol{x}_l,s_l)\} \tag{5-61}$$

其中 $\boldsymbol{x}_i\in R^n$ 是输入, s_i 是样本 $\boldsymbol{x}_i$ 属于第一类的隶属度.

令

$$y_i=2s_i-1,\quad i=1,2,\cdots,l \tag{5-62}$$

则训练集 (5-61) 可写成

$$T=\{(\boldsymbol{x}_1,y_1),(\boldsymbol{x}_2,y_2),\cdots,(\boldsymbol{x}_l,y_l)\} \tag{5-63}$$

为了推导加权间隔模糊支持向量机的公式, 先给出几个定义.

定义 5.1 如果存在参数对 $(\boldsymbol{w},b)\in R^n\times R$, 使得

$$\begin{cases}\boldsymbol{w}^{\mathrm{T}}\boldsymbol{x}_i+b>0, & y_i>0\\ \boldsymbol{w}^{\mathrm{T}}\boldsymbol{x}_k+b<0, & y_i<0\end{cases} \tag{5-64}$$

成立, 那么就称模糊二分类问题是线性模糊可分的, $f(\boldsymbol{x})=\boldsymbol{w}^{\mathrm{T}}\boldsymbol{x}+b$ 为线性模糊分类器.

在模糊分类器中, 如果 $y_{\mathrm{i}}>0$, 那么就把 $\boldsymbol{x}_i$ 归为第一类; 否则, 就把 $\boldsymbol{x}_i$ 归为第二类.

定义 5.2 设训练集 (5-63) 是线性模糊可分的, $f(\boldsymbol{x})=\boldsymbol{w}^{\mathrm{T}}\boldsymbol{x}+b$ 为线性模糊分类器. 把

$$\bar{\rho}(\boldsymbol{w},b)=\frac{\boldsymbol{w}^{\mathrm{T}}\boldsymbol{x}_i+b}{y_i} \tag{5-65}$$

和

$$\rho(\boldsymbol{w},b)=\min\left\{\frac{\boldsymbol{w}^{\mathrm{T}}\boldsymbol{x}_i+b}{y_i},i=1,2,\cdots,l\right\} \tag{5-66}$$

分别称为样本 $\boldsymbol{x}_i$ 关于分类器 $f(\boldsymbol{x})=\boldsymbol{w}^{\mathrm{T}}\boldsymbol{x}+b$ 的间隔和分类器 $f(\boldsymbol{x})=\boldsymbol{w}^{\mathrm{T}}\boldsymbol{x}+b$ 的模糊间隔.

定义 5.3 设训练集 (5-63) 是线性模糊可分的. 如果存在参数对 $(\boldsymbol{w}_0,b_0)\in R^n\times R$, 使得

$$\rho(\boldsymbol{w}_0,b_0)=\max\rho(\boldsymbol{w},b)=\max\left\{\min\left\{\frac{\boldsymbol{w}^{\mathrm{T}}\boldsymbol{x}_i+b}{y_i},i=1,2,\cdots,l\right\}\right\} \tag{5-67}$$

则称 $\boldsymbol{w}_0^{\mathrm{T}}\boldsymbol{x}+b_0=0$ 为模糊最优超平面, $\rho(\boldsymbol{w}_0,b_0)$ 为模糊最大间隔.

假设 $\|\boldsymbol{w}\|=1$, $\Delta=\min\left\{\dfrac{\boldsymbol{w}^{\mathrm{T}}\boldsymbol{x}_i+b}{y_i},i=1,2,\cdots,l\right\}$, 显然, 在线性可分的情况下, $\Delta>0$, 从而寻求最大间隔等价于解下述优化问题

$$\max \quad \{\Delta\} \tag{5-68}$$

$$\text{s.t.} \quad \|\boldsymbol{w}\|=1 \tag{5-69}$$

$$\boldsymbol{w}^{\mathrm{T}}\boldsymbol{x}_i+b\geqslant y_i\Delta, \quad y_i>0 \tag{7-70}$$

$$\boldsymbol{w}^{\mathrm{T}}\boldsymbol{x}_i+b\leqslant y_i\Delta, \quad y_i<0 \tag{5-71}$$

由文献 [14] 可知, 上述优化问题等价于

$$\min \quad \frac{1}{2}\|\boldsymbol{w}\|^2 \tag{5-72}$$

$$\text{s.t.} \quad y_i(\boldsymbol{w}^{\mathrm{T}}\boldsymbol{x}_i+b)\geqslant y_i^2, \quad i=1,2,\cdots,l \tag{5-73}$$

对于近似线性模糊分类问题和非线性模糊分类问题, 其优化问题分别为

$$\min \quad \frac{1}{2}\|\boldsymbol{w}\|^2+C\sum_{i=1}^{l}\xi_i \tag{5-74}$$

$$\text{s.t.} \quad y_i(\boldsymbol{w}^{\mathrm{T}}\boldsymbol{x}_i+b)\geqslant y_i^2-y_i^2\xi_i, \quad i=1,2,\cdots,l \tag{5-75}$$

$$\xi_i\geqslant 0, \quad i=1,2,\cdots,l \tag{5-76}$$

和

$$\min \quad \frac{1}{2}\|\boldsymbol{w}\|^2+C\sum_{i=1}^{l}\xi_i \tag{5-77}$$

$$\text{s.t.} \quad y_i(\boldsymbol{w}^{\mathrm{T}}\varphi(\boldsymbol{x}_i)+b)\geqslant y_i^2-y_i^2\xi_i, \quad i=1,2,\cdots,l \tag{5-78}$$

$$\xi_i\geqslant 0, \quad i=1,2,\cdots,l \tag{5-79}$$

考虑到优化问题 (5-72)~(5-73) 和优化问题 (5-74)~(5-76) 都是优化问题 (5-77)~(5-79) 的特殊情况, 下面, 仅给出优化问题 (5-77)~(5-79) 的对偶问题.

优化问题 (5-77)~(5-79) 的 Lagrange 函数为

$$L(\boldsymbol{w},b,\boldsymbol{\alpha},\boldsymbol{\beta},\boldsymbol{\xi})=\frac{1}{2}\boldsymbol{w}^{\mathrm{T}}\boldsymbol{w}+C\sum_{i=1}^{l}\xi_i-\sum_{i=1}^{l}\alpha_i(y_i(\boldsymbol{w}^{\mathrm{T}}\varphi(\boldsymbol{x}_i)+b)-y_i^2+y_i^2\xi_i)-\sum_{i=1}^{l}\beta_i\xi_i \tag{5-80}$$

其 KKT 条件为

$$\frac{\partial L(\boldsymbol{w},b,\boldsymbol{\alpha},\boldsymbol{\beta},\boldsymbol{\xi})}{\partial \boldsymbol{w}}=0\Rightarrow \boldsymbol{w}=\sum_{i=1}^{l}\alpha_i y_i\varphi(\boldsymbol{x}_i) \tag{5-81}$$

$$\frac{\partial L(\boldsymbol{w},b,\boldsymbol{\alpha},\boldsymbol{\beta},\boldsymbol{\xi})}{\partial b}=0\Rightarrow\sum_{i=1}^{l}\alpha_i y_i=0 \tag{5-82}$$

$$\frac{\partial L(\boldsymbol{w},b,\boldsymbol{\alpha},\boldsymbol{\beta},\boldsymbol{\xi})}{\partial \xi_i}=0\Rightarrow C=\alpha_i y_i^2+\beta_i,\quad i=1,2,\cdots,l \tag{5-83}$$

$$\alpha_i(y_i(\boldsymbol{w}^{\mathrm{T}}\varphi(\boldsymbol{x}_i)+b)-y_i^2+y_i^2\xi_i),\quad i=1,2,\cdots,l \tag{5-84}$$

$$\beta_i\xi_i=0,\quad i=1,2,\cdots,l \tag{5-85}$$

$$\alpha_i\geqslant 0,\quad \beta_i\geqslant 0,\quad i=1,2,\cdots,l \tag{5-86}$$

由 (5-83) 和 (5-86) 可知 $0\leqslant\alpha_i\leqslant\dfrac{C}{y_i^2}$, $i=1,2,\cdots,l$. 把式 (5-81)~(5-83) 代入 L 的表达式 (5-80), 然后取 L 的最大值, 就得到优化问题 (5-77)~(5-79) 的对偶问题:

$$\max_{\boldsymbol{\alpha}}\quad -\frac{1}{2}\sum_{i=1}^{l}\sum_{j=1}^{l}\alpha_i\alpha_j y_i y_j K(\boldsymbol{x}_i,\boldsymbol{x}_j)+\sum_{i=1}^{l}\alpha_i y_i^2 \tag{5-87}$$

$$\text{s.t.}\quad \sum_{i=1}^{l}\alpha_i y_i=0 \tag{5-88}$$

$$0\leqslant\alpha_i\leqslant\frac{C}{y_i^2},\quad i=1,2,\cdots,l \tag{5-89}$$

在解上述问题之前, 必须给出隶属度值 s_i. 对于模糊二分类问题, Keller 和 Hunt 给出了下列计算公式[14]:

如果 $\boldsymbol{x}_i$ 属于 +1 类, 则 $\boldsymbol{x}_i$ 属于 +1 类的隶属度为

$$s_i=0.5+\frac{\exp(C_0(d_{-1}(\boldsymbol{x}_i)-d_1(\boldsymbol{x}_i))/d)-\exp(-C_0)}{2(\exp C_0-\exp(-C_0))} \tag{5-90}$$

如果 $\boldsymbol{x}_i$ 属于 −1 类, 则 $\boldsymbol{x}_i$ 属于 +1 类的隶属度为

$$s_i=0.5-\frac{\exp(C_0(d_1(\boldsymbol{x}_i)-d_{-1}(\boldsymbol{x}_i))/d)-\exp(-C_0)}{2(\exp C_0-\exp(-C_0))} \tag{5-91}$$

在公式 (5-90)~(5-91) 中, $d_1(\boldsymbol{x}_i)$ 是 $\boldsymbol{x}_i$ 到正类中心的距离, $d_{-1}(\boldsymbol{x}_i)$ 是 $\boldsymbol{x}_i$ 到负类中心的距离, d 是正类中心和负类中心之间的距离, C_0 是控制隶属度函数的常数.

5.4 模糊支持向量机中的隶属度设置

在模糊支持向量机模型中, 隶属度的设置是最关键的问题. 如果隶属度设置不合理, 那么有可能模糊支持向量机模型的推广能力比原始的支持向量机都差. 目前, 隶属度的设置问题仍然是一个公开问题. 在这一节中, 详细介绍已有的隶属度设置方法.

5.4.1 基于原空间类中心的隶属度设置方法

基于原空间中每个样本点和所在类中心点的距离, Lin 和 Wang 提出了一种模糊隶属度函数来降低孤立点和噪声点的影响[1].

假设给定带有模糊隶属度的训练集为 (5-1). 定义 +1 类样本的均值为 $\boldsymbol{m}_+$, −1 类样本的均值为 $\boldsymbol{m}_-$, 即

$$\boldsymbol{m}_+ = \frac{1}{l_+}\sum_{y_i=+1}\boldsymbol{x}_i \tag{5-92}$$

$$\boldsymbol{m}_- = \frac{1}{l_-}\sum_{y_i=-1}\boldsymbol{x}_i \tag{5-93}$$

其中 l_+ 为 +1 类中的样本点数目, l_- 为 −1 类中的样本点数目. 则 +1 类的半径为

$$r_+ = \max_{\{\boldsymbol{x}_i:y_i=+1\}}\|\boldsymbol{x}_i - \boldsymbol{m}_+\| \tag{5-94}$$

−1 类的半径为

$$r_- = \max_{\{\boldsymbol{x}_i:y_i=-1\}}\|\boldsymbol{x}_i - \boldsymbol{m}_-\| \tag{5-95}$$

训练样本的模糊隶属度 s_i 可以表示为样本到类中心距离的线性函数[1] 或非线性函数[15]:

$$s_i = \begin{cases} 1 - \left\|\dfrac{\boldsymbol{m}_+ - \boldsymbol{x}_i}{r_+ + \delta}\right\|, & y_i = +1 \\ 1 - \left\|\dfrac{\boldsymbol{m}_- - \boldsymbol{x}_i}{r_- + \delta}\right\|, & y_i = -1 \end{cases} \tag{5-96}$$

$$s_i = \begin{cases} \dfrac{2}{1+\exp(\beta\|\boldsymbol{m}_+ - \boldsymbol{x}_i\|)}, & y_i = +1 \\ \dfrac{2}{1+\exp(\beta\|\boldsymbol{m}_- - \boldsymbol{x}_i\|)}, & y_i = -1 \end{cases} \tag{5-97}$$

其中 $\delta > 0$ 是为了避免出现 $s_i = 0$ 的情况, $\beta \in [0,1]$.

5.4.2 基于特征空间类中心的隶属度设置方法

2006 年, Jiang 等提出了基于高维特征空间类中心的模糊隶属度函数[16], 它是文献 [1] 中的模糊隶属度函数在高维特征空间中的自然推广.

定义 +1 类样本在特征空间中的均值为 $\boldsymbol{\Phi}_+$, −1 类样本在特征空间中的均值为 $\boldsymbol{\Phi}_-$, 即

$$\boldsymbol{\Phi}_+ = \frac{1}{l_+}\sum_{y_i=+1}\varphi(\boldsymbol{x}_i) \tag{5-98}$$

$$\boldsymbol{\Phi}_- = \frac{1}{l_-}\sum_{y_i=-1}\varphi(\boldsymbol{x}_i) \tag{5-99}$$

其中 l_+ 为 $+1$ 类中的样本点数目, l_- 为 -1 中的样本点数目. 则 $+1$ 类在特征空间中的半径为

$$r_+ = \max_{\{\boldsymbol{x}_i:y_i=+1\}} \|\varphi(\boldsymbol{x}_i) - \boldsymbol{\Phi}_+\| \tag{5-100}$$

-1 类在特征空间中的半径为

$$r_- = \max_{\{\boldsymbol{x}_i:y_i=-1\}} \|\varphi(\boldsymbol{x}_i) - \boldsymbol{\Phi}_-\| \tag{5-101}$$

模糊隶属度 s_i 为

$$s_i = \begin{cases} 1 - \sqrt{\dfrac{d_{i+}^2}{r_+^2 + \delta}}, & y_i = +1 \\ 1 - \sqrt{\dfrac{d_{i-}^2}{r_-^2 + \delta}}, & y_i = -1 \end{cases} \tag{5-102}$$

其中

$$\begin{aligned} d_{i+}^2 &= \|\varphi(\boldsymbol{x}_i) - \boldsymbol{\Phi}_+\|^2 \\ &= \varphi(\boldsymbol{x}_i)\cdot\varphi(\boldsymbol{x}_i) - \frac{2}{l_+}\sum_{y_j=+1}\varphi(\boldsymbol{x}_i)\cdot\varphi(\boldsymbol{x}_j) + \frac{1}{l_+^2}\sum_{y_i=+1}\sum_{y_j=+1}\varphi(\boldsymbol{x}_i)\cdot\varphi(\boldsymbol{x}_j) \\ &= K(\boldsymbol{x}_i,\boldsymbol{x}_i) - \frac{2}{l_+}\sum_{y_j=+1}K(\boldsymbol{x}_i,\boldsymbol{x}_j) + \frac{1}{l_+^2}\sum_{y_i=+1}\sum_{y_j=+1}K(\boldsymbol{x}_i,\boldsymbol{x}_j) \end{aligned} \tag{5-103}$$

$$\begin{aligned} d_{i-}^2 &= \|\varphi(\boldsymbol{x}_i) - \boldsymbol{\Phi}_-\|^2 \\ &= \varphi(\boldsymbol{x}_i)\cdot\varphi(\boldsymbol{x}_i) - \frac{2}{l_-}\sum_{y_j=-1}\varphi(\boldsymbol{x}_i)\cdot\varphi(\boldsymbol{x}_j) + \frac{1}{l_-^2}\sum_{y_i=-1}\sum_{y_j=-1}\varphi(\boldsymbol{x}_i)\cdot\varphi(\boldsymbol{x}_j) \\ &= K(\boldsymbol{x}_i,\boldsymbol{x}_i) - \frac{2}{l_-}\sum_{y_j=-1}K(\boldsymbol{x}_i,\boldsymbol{x}_j) + \frac{1}{l_-^2}\sum_{y_i=-1}\sum_{y_j=-1}K(\boldsymbol{x}_i,\boldsymbol{x}_j) \end{aligned} \tag{5-104}$$

$$r_+^2 = \max_{\{\boldsymbol{x}_i:y_i=+1\}} d_{i+}^2 \tag{5-105}$$

$$r_-^2 = \max_{\{\boldsymbol{x}_i:y_i=-1\}} d_{i-}^2 \tag{5-106}$$

5.4.3 基于启发式函数的隶属度设置方法

2005 年, 通过引入置信因子和无用因子, Lin 和 Wang 提出了模糊隶属度的自动生成方法[17].

假设 $h(\boldsymbol{x})$ 为和概率密度函数 $p_{\boldsymbol{x}}(\boldsymbol{x})$ 高度相关的启发式函数 ($p_{\boldsymbol{x}}(\boldsymbol{x})$ 为 $\boldsymbol{x}$ 不是噪声点的概率密度函数), 在此假设下, 建立概率密度函数 $p_{\boldsymbol{x}}(\boldsymbol{x})$ 和启发式函数 $h(\boldsymbol{x})$ 之间的关系如下:

$$p_{\boldsymbol{x}}(\boldsymbol{x})=\begin{cases}1, & h(\boldsymbol{x})>h_C\\ \sigma, & h(\boldsymbol{x})<h_T\\ \sigma+(1-\sigma)\left(\dfrac{h(\boldsymbol{x})-h_T}{h_C-h_T}\right)^d, & \text{其他}\end{cases} \tag{5-107}$$

其中 h_C 为置信因子, h_T 为无用因子. 则样本的隶属度 $s_i=p_{\boldsymbol{x}}(\boldsymbol{x}_i)$.

至于启发式函数 $h(\boldsymbol{x})$, 一方面, 可以取下列函数

$$h(\boldsymbol{x})=\sum_{j=1}^{l}yy_jK(\boldsymbol{x},\boldsymbol{x}_j) \tag{5-108}$$

另一方面, 若设 n_i 是样本 $\boldsymbol{x}_i$ 在其 k 近邻中与其同类的样本个数, 则它也可取

$$h(\boldsymbol{x})=n_i \tag{5-109}$$

5.4.4 基于样本到超平面距离的隶属度设置方法

2010 年, Batuwita 和 Palade 根据样本到超平面的距离设置隶属度[15]. 其详细的步骤如下:

算法 5.1

(1) 用训练样本集解标准支持向量机模型, 得到初始超平面.

(2) 计算训练样本到初始超平面的距离

$$d_i=\left|\boldsymbol{w}^{\mathrm{T}}\varphi(\boldsymbol{x}_i)+b\right| \tag{5-110}$$

(3) 样本的模糊隶属度 s_i 表示为距离 d_i 的线性或非线性函数

$$s_i=1-\frac{d_i}{\max(d_i)+\delta} \tag{5-111}$$

$$s_i=\frac{2}{1+\exp(\beta d_i)} \tag{5-112}$$

其中 $\max(d_i)$ 是正类样本和负类样本分别到超平面的最远距离.

5.5 加权稳健支持向量回归方法

为了解决支持向量机对噪声敏感的问题, 张讲设和郭高 [10] 提出了一种噪声软剔除的加权稳健支持向量回归方法 (reweighted robust support vector regression, WRSVR). 其详细的过程如下:

算法 5.2

(1) 选择支持向量机中的超参数;

(2) 对于给定的学习集, 用 SVR 方法得到一个近似支持向量回归函数;

(3) 用 Shevade 等所提出的改进序列极小化方法[20] 求解加权支持向量回归问题

$$\min_{\boldsymbol{w},b} \frac{1}{2}\|\boldsymbol{w}\|^2 + C\sum_{i=1}^{l} s_i \left|y_i - \boldsymbol{w}\varphi(\boldsymbol{x}_i) - b\right|_\varepsilon \tag{5-113}$$

的对偶问题

$$\min_{\boldsymbol{\alpha},\boldsymbol{\beta}} \quad \frac{1}{2}\sum_{i=1}^{l}\sum_{j=1}^{l}(\alpha_i-\beta_i)(\alpha_j-\beta_j)K(\boldsymbol{x}_i,\boldsymbol{x}_j)+\varepsilon\sum_{i=1}^{l}(\alpha_i+\beta_i)-\sum_{i=1}^{l}y_i(\alpha_i-\beta_i) \tag{5-114}$$

$$\text{s.t.} \quad \sum_{i=1}^{l}(\alpha_i - \beta_i) = 0 \tag{5-115}$$

$$0 \leqslant \alpha_i \leqslant Cs_i \tag{5-116}$$

$$0 \leqslant \beta_i \leqslant Cs_i \tag{5-117}$$

(4) 如果相邻两次获得的回归函数

$$f(\boldsymbol{x}) = \sum_{i=1}^{l}(\alpha_i - \beta_i)K(\boldsymbol{x}_i, \boldsymbol{x}) - b \tag{5-118}$$

相同, 结束输出计算结果; 否则计算出每个训练样本的离差.

$$e_i = |y_i - \boldsymbol{w}\varphi(\boldsymbol{x}_i) - b| \tag{5-119}$$

(5) 计算

$$s_i = \frac{1}{1 + \left(\left|\dfrac{e_i}{\eta}\right|_s\right)^{\frac{1}{p-1}}} \tag{5-120}$$

转 (3). 其中 $p > 1$, $\eta > 0$,

$$\left|\frac{e_i}{\eta}\right|_s = \begin{cases} 0, & |e_i| < \eta \\ \left|\dfrac{e_i}{\eta}\right|, & |e_i| < \eta \end{cases} \tag{5-121}$$

从算法的执行过程可以看出, 该算法实际上是加权最小二乘支持向量机思想的推广. 最近, 基于同样的思想, 温雯等提出了两个鲁棒最小二乘支持向量机算法[18,19].

5.6 基于 ε-不敏感学习的模糊系统

2003 年, 为了解决带噪声的回归问题, Leski 提出了对一种基于 ε-不敏感学习和最大间隔的模糊系统[3~5]. 其详细的算法过程如下:

算法 5.3

(1) 用模糊 c-均值聚类把训练点集合聚为 c 类 $(A^{(i)}, i=1,2,\cdots,c)$, 设模糊分割矩阵为 $\boldsymbol{U}=(u_{ik})$, 由此得到 c 个模糊规则:

$$R^{(i)}: \text{如果 } \boldsymbol{x} \text{ 属于 } A^{(i)}, \text{则 } y=(\boldsymbol{w}^{(i)})^{\mathrm{T}}\boldsymbol{x}+b, \quad i=1,2,\cdots,c \tag{5-122}$$

其中 $\boldsymbol{x}\in R^n$ 为输入向量, y 为输出变量, $\boldsymbol{w}^{(i)}\in R^n$ 是第 i 个规则的后件参数向量, $A^{(i)}$ 是第 i 个规则的前件模糊集, 其隶属度函数为 $A^{(i)}(\boldsymbol{x}): R^n\to[0,1]$. 如果使用高斯函数作为隶属度函数, t-范作为代数乘积, 那么模糊前件可定义为

$$A^{(i)}(\boldsymbol{x}_k)=\prod_{j=1}^{t}\exp\left[-\frac{(x_{kj}-c_j^{(i)})^2}{2(s_j^{(i)})^2}\right]=\exp^{\left[-\frac{1}{2}\sum\limits_{j=1}^{t}\left(\frac{x_{kj}-c_j^{(i)}}{s_j^{(i)}}\right)^2\right]} \tag{5-123}$$

其中

$$c_j^{(i)}=\frac{\sum\limits_{k=1}^{l}u_{ik}x_{kj}}{\sum\limits_{k=1}^{l}u_{ik}} \tag{5-124}$$

$$(s_j^{(i)})^2=\frac{\sum\limits_{k=1}^{l}u_{ik}(x_{kj}-c_j^{(i)})^2}{\sum\limits_{k=1}^{l}u_{ik}} \tag{5-125}$$

(2) 求解第 i 个规则的后件参数向量 $\boldsymbol{w}^{(i)}$.

(3) 对于新的输入 $\boldsymbol{x}$, 模糊模型的总体输出可以通过对单个规则的加权平均得到

$$y=f(\boldsymbol{x},\boldsymbol{w}^{(i)})=\frac{\sum\limits_{i=1}^{c}A^{(i)}(\boldsymbol{x})(\boldsymbol{w}^{(i)})^{\mathrm{T}}\boldsymbol{x}}{\sum\limits_{i=1}^{c}A^{(i)}(\boldsymbol{x})}=\sum_{i=1}^{c}\overline{A^{(i)}(\boldsymbol{x})}(\boldsymbol{w}^{(i)})^{\mathrm{T}}\boldsymbol{x} \tag{5-126}$$

下面, 讨论第 i 个规则的后件参数向量 $\boldsymbol{w}^{(i)}$ 的求解. 记 $d_k^{(i)}=\overline{A^{(i)}(\boldsymbol{x}_k)}$, 基于 ε-不敏感学习和最大间隔规则, Leski 提出了下述无约束优化问题:

$$\min_{\boldsymbol{w}^{(i)}\in R^n} I(\boldsymbol{w}^{(i)})=\sum_{k=1}^{l}d_k^{(i)}\left|y_k-(\boldsymbol{w}^{(i)})^{\mathrm{T}}\boldsymbol{x}_k-b\right|_{\tau}+\tau(\boldsymbol{w}^{(i)})^{\mathrm{T}}\boldsymbol{w}^{(i)} \tag{5-127}$$

令 $\tau=\dfrac{1}{C}$, 则优化问题 (5-127) 等价于约束优化问题:

$$\min_{\boldsymbol{w}^{(i)}\in R^n} \quad I(\boldsymbol{w}^{(i)})=\frac{1}{2}(\boldsymbol{w}^{(i)})^{\mathrm{T}}\boldsymbol{w}^{(i)}+\frac{C}{2}\sum_{k=1}^{l}d_k^{(i)}(\xi_k+\xi_k^*) \tag{5-128}$$

$$\text{s.t.} \quad (\boldsymbol{w}^{(i)})^{\mathrm{T}}\boldsymbol{x}_k+b-y_k\leqslant\varepsilon+\xi_k, \quad k=1,2,\cdots,l \tag{5-129}$$

$$y_k-(\boldsymbol{w}^{(i)})^{\mathrm{T}}\boldsymbol{x}_k-b\leqslant\varepsilon+\xi_k^*, \quad k=1,2,\cdots,l \tag{5-130}$$

$$\xi_k\geqslant 0, \quad \xi_k^*=0, \quad k=1,2,\cdots,l \tag{5-131}$$

优化问题 (5-128)~(5-131) 的 Lagrange 函数为

$$\begin{aligned}&L(\boldsymbol{w}^{(i)},b,\boldsymbol{\xi},\boldsymbol{\xi}^*,\boldsymbol{\alpha},\boldsymbol{\beta})\\=&\frac{1}{2}(\boldsymbol{w}^{(i)})^{\mathrm{T}}\boldsymbol{w}^{(i)}+\frac{C}{2}\sum_{k=1}^{l}d_k^{(i)}(\xi_k+\xi_k^*)-\sum_{k=1}^{l}(\eta_k\xi_k+\eta_k^*\xi_k^*)\\&-\sum_{k=1}^{l}\beta_k(\varepsilon+\xi_k+y_k-(\boldsymbol{w}^{(i)})^{\mathrm{T}}\boldsymbol{x}_k-b)-\sum_{k=1}^{l}\alpha_k(\varepsilon+\xi_k^*-y_k+(\boldsymbol{w}^{(i)})^{\mathrm{T}}\boldsymbol{x}_k+b)\end{aligned} \tag{5-132}$$

相应的 KKT 条件为

$$\frac{\partial L(\boldsymbol{w}^{(i)},b,\boldsymbol{\xi},\boldsymbol{\xi}^*,\boldsymbol{\alpha},\boldsymbol{\beta})}{\partial \boldsymbol{w}}=\mathbf{0}\to\boldsymbol{w}^{(i)}=\sum_{k=1}^{l}(\alpha_k-\beta_k)\boldsymbol{x}_k \tag{5-133}$$

$$\frac{\partial L(\boldsymbol{w}^{(i)},b,\boldsymbol{\xi},\boldsymbol{\xi}^*,\boldsymbol{\alpha},\boldsymbol{\beta})}{\partial b}=0\to\sum_{k=1}^{l}(\alpha_k-\beta_k)=0 \tag{5-134}$$

$$\frac{\partial L(\boldsymbol{w}^{(i)},b,\boldsymbol{\xi},\boldsymbol{\xi}^*,\boldsymbol{\alpha},\boldsymbol{\beta})}{\partial \xi_k}=0\to\frac{Cd_k^{(i)}}{2}=\eta_k+\beta_k, \quad k=1,\cdots,l \tag{5-135}$$

$$\frac{\partial L(\boldsymbol{w}^{(i)},b,\boldsymbol{\xi},\boldsymbol{\xi}^*,\boldsymbol{\alpha},\boldsymbol{\beta})}{\partial \xi_k^*}=0\to\frac{Cd_k^{(i)}}{2}=\eta_k^*+\alpha_k, \quad k=1,\cdots,l \tag{5-136}$$

$$\beta_k(\varepsilon+\xi_k+y_k-(\boldsymbol{w}^{(i)})^{\mathrm{T}}\boldsymbol{x}_k-b)=0 \tag{5-137}$$

$$\alpha_k(\varepsilon+\xi_k^*-y_k+(\boldsymbol{w}^{(i)})^{\mathrm{T}}\boldsymbol{x}_k+b)=0, \quad k=1,2,\cdots,l \tag{5-138}$$

$$\eta_k\xi_k=0, \quad k=1,2,\cdots,l \tag{5-139}$$

$$\eta_k^*\xi_k^*=0, \quad k=1,2,\cdots,l \tag{5-140}$$

$$\alpha_k\geqslant 0, \quad \beta_k\geqslant 0, \quad \eta_k\geqslant 0, \quad \xi_k\geqslant 0, \quad \eta_k^*\geqslant 0, \quad \xi_k^*\geqslant 0, \quad k=1,2,\cdots,l \tag{5-141}$$

从而其对偶问题为

$$\min_{\boldsymbol{\alpha},\boldsymbol{\beta}} \quad \frac{1}{2}\sum_{k=1}^{l}\sum_{j=1}^{l}(\alpha_k-\beta_k)(\alpha_j-\beta_j)(\boldsymbol{x}_k\cdot\boldsymbol{x}_j)+\varepsilon\sum_{k=1}^{l}(\alpha_k+\beta_k)-\sum_{k=1}^{l}y_k(\alpha_k-\beta_k) \tag{5-142}$$

$$\text{s.t.} \quad \sum_{k=1}^{l}(\alpha_k - \beta_k) = 0 \tag{5-143}$$

$$0 \leqslant \alpha_k \leqslant \frac{Cd_k^{(i)}}{2}, \quad k = 1, 2, \cdots, l \tag{5-144}$$

$$0 \leqslant \beta_k \leqslant \frac{Cd_k^{(i)}}{2}, \quad k = 1, 2, \cdots, l \tag{5-145}$$

该对偶问题可以用 SMO 算法进行求解[20].

5.7 基于模糊 if-then 规则的 ε-间隔非线性分类器

2004 年, 基于模糊 if-then 规则, Leski 提出了 ε 间隔非线性分类器来解决带孤立点或噪声点的分类问题[6], 其详细的算法步骤如下:

算法 5.4

(1) 用模糊 c-均值聚类分别把正类 T_+ 中的数据和负类 T_- 中的数据聚为 c 类.

(2) T_+ 和 T_- 的模糊分割矩阵元素分别用 $u_{ik}^{(1)}$ 和 $u_{ik}^{(2)}$ 表示, 如果模糊隶属度函数服从高斯分布, 则每类的中心和散度可以用下式计算:

$$\boldsymbol{v}^{(i,j)} = \frac{\sum\limits_{k=1}^{l_j} u_{ik}^{(j)} \boldsymbol{x}_k}{\sum\limits_{k=1}^{l_j} u_{ik}^{(j)}} \tag{5-146}$$

$$\boldsymbol{s}^{(i,j)} = \frac{\sum\limits_{k=1}^{l_j} u_{ik}^{(j)} (\boldsymbol{x}_k - \boldsymbol{v}^{(i,j)})^{(\cdot 2)}}{\sum\limits_{k=1}^{l_j} u_{ik}^{(j)}} \tag{5-147}$$

其中 $i \in \{1, 2, \cdots, c\}, j \in \{1, 2\}, (\cdot 2)$ 表示相应分量的平方.

(3) 找最近的 c 对类 (每对中两个类分别属于 T_+ 和 T_-).

(3.1) $T = \varnothing$, $T^{(1)} \in \{1, 2, \cdots, c\}$, $T^{(2)} \in \{1, 2, \cdots, c\}$, 记重复指标 $t = 1$.

(3.2) $\left\|\boldsymbol{v}^{(\eta(t)_1,1)} - \boldsymbol{v}^{(\eta_2(t),2)}\right\|_1 = \min\limits_{i \in T^{(1)}, j \in T^{(2)}} \left\|\boldsymbol{v}^{(i,1)} - \boldsymbol{v}^{(i,2)}\right\|_1$

(3.3) $T = T \cup \{\eta_1(t), \eta_2(t)\}$, $T^{(1)} = T^{(1)} \backslash \{\eta_1(t)\}$, $T^{(2)} = T^{(2)} \backslash \{\eta_2(t)\}$, $t = t + 1$.

(3.4) 如果 $t \leqslant c$, 转 (3.2), 否则终止.

(4) 由 c 对类得到 c 个模糊规则

$$R^{(i)}: \text{如果 } \boldsymbol{x} \text{ 属于 } A^{(i)}, \text{ 则 } y=(\boldsymbol{w}^{(i)})^{\mathrm{T}}\boldsymbol{x}+b^{(i)}, \quad i=1,2,\cdots,c \tag{5-148}$$

(5) 求解第 i 个规则的后件参数向量 $\boldsymbol{w}^{(i)}$.

(6) 对于新的输入 $\boldsymbol{x}$, 模糊模型的总体输出可以通过对单个规则的加权平均得到

$$y=f(\boldsymbol{x},\boldsymbol{w}^{(i)})=\frac{\sum_{i=1}^{c}A^{(i)}((\boldsymbol{w}^{(i)})^{\mathrm{T}}\boldsymbol{x}+b^{(i)})}{\sum_{i=1}^{c}A^{(i)}}=\sum_{i=1}^{c}\overline{A^{(i)}(\boldsymbol{x})}((\boldsymbol{w}^{(i)})^{\mathrm{T}}\boldsymbol{x}+b^{(i)}) \tag{5-149}$$

下面, 讨论第 i 个规则的后件参数向量 $\boldsymbol{w}^{(i)}$ 的求解. 记 $d_k^{(i)}=\overline{A^{(i)}(\boldsymbol{x}_k)}$, 基于 ε-间隔, Leski 提出了下述无约束优化问题:

$$\min_{\boldsymbol{w}^{(i)}\in R^n} I(\boldsymbol{w}^{(i)})=\sum_{k=1}^{l}d_k^{(i)}(y_i((\boldsymbol{w}^{(i)})^{\mathrm{T}}\boldsymbol{x}_k-b^{(i)})-\varepsilon)^2+\tau(\boldsymbol{w}^{(i)})^{\mathrm{T}}\boldsymbol{w}^{(i)} \tag{5-150}$$

显然, 优化问题 (5-150) 与下述优化问题是等价的.

$$\min_{\boldsymbol{w}^{(i)},b^{(i)}} \quad I(\boldsymbol{w}^{(i)},b^{(i)})=\sum_{k=1}^{l}d_k^{(i)}e_k^2+\tau(\boldsymbol{w}^{(i)})^{\mathrm{T}}\boldsymbol{w}^{(i)} \tag{5-151}$$

$$\text{s.t.} \quad y_k((\boldsymbol{w}^{(i)})^{\mathrm{T}}\boldsymbol{x}_k+b^{(i)})=\varepsilon-e_k, \quad k=1,2,\cdots,l \tag{5-152}$$

令 $\tau=\dfrac{1}{C}$, 则优化问题 (5-151)~(5-152) 可转化为下列约束优化问题:

$$\min_{\boldsymbol{w}^{(i)},b^{(i)}} \quad I(\boldsymbol{w}^{(i)},b^{(i)})=\frac{1}{2}(\boldsymbol{w}^{(i)})^{\mathrm{T}}\boldsymbol{w}^{(i)}+\frac{C}{2}\sum_{k=1}^{l}d_k^{(i)}e_k^2 \tag{5-153}$$

$$\text{s.t.} \quad y_k((\boldsymbol{w}^{(i)})^{\mathrm{T}}\boldsymbol{x}_k+b^{(i)})=\varepsilon-e_k, \quad k=1,2,\cdots,l \tag{5-154}$$

上述优化问题的 Lagrange 函数为

$$L(\boldsymbol{w}^{(i)},b^{(i)},e_k)=\frac{1}{2}(\boldsymbol{w}^{(i)})^{\mathrm{T}}\boldsymbol{w}^{(i)}+\frac{C}{2}\sum_{k=1}^{l}d_k^{(i)}e_k^2-\sum_{k=1}^{l}\alpha_k(y_k((\boldsymbol{w}^{(i)})^{\mathrm{T}}\boldsymbol{x}_k+b^{(i)})-\varepsilon+e_k) \tag{5-155}$$

相应的 KKT 条件为

$$\frac{\partial L(\boldsymbol{w}^{(i)},b^{(i)},e_k)}{\partial \boldsymbol{w}^{(i)}}=0\Rightarrow \boldsymbol{w}^{(i)}=\sum_{k=1}^{l}\alpha_k y_k\boldsymbol{x}_k \tag{5-156}$$

$$\frac{\partial L(\boldsymbol{w}^{(i)}, b^{(i)}, e_k)}{\partial b^{(i)}} = 0 \Rightarrow \sum_{k=1}^{l} \alpha_k y_k = 0 \tag{5-157}$$

$$\frac{\partial L(\boldsymbol{w}^{(i)}, b^{(i)}, e_k)}{\partial e_k} = 0 \Rightarrow C d_k^{(i)} e_k = \alpha_k \tag{5-158}$$

$$\frac{\partial L(\boldsymbol{w}^{(i)}, b^{(i)}, e_k)}{\partial \alpha_k} = 0 \Rightarrow y_k((\boldsymbol{w}^{(i)})^{\mathrm{T}} \boldsymbol{x}_k + b^{(i)}) - \varepsilon + e_k = 0 \tag{5-159}$$

写成矩阵形式为

$$\begin{pmatrix} 0 & \boldsymbol{Y}^{\mathrm{T}} \\ \boldsymbol{Y} & \boldsymbol{\Omega} + \boldsymbol{D} \end{pmatrix} \begin{pmatrix} b^{(i)} \\ \boldsymbol{\alpha} \end{pmatrix} = \begin{pmatrix} 0 \\ \varepsilon \boldsymbol{1} \end{pmatrix} \tag{5-160}$$

其中 $\boldsymbol{Y} = (y_1, y_2, \cdots, y_l)^{\mathrm{T}}$, $\boldsymbol{\Omega} = (y_i y_j (\boldsymbol{x}_i, \boldsymbol{x}_j))$, $\boldsymbol{D} = \mathrm{diag}\left(\dfrac{1}{Cd_1^{(i)}}, \dfrac{1}{Cd_2^{(i)}}, \cdots, \dfrac{1}{Cd_l^{(i)}}\right)$, $\boldsymbol{1} = (1, 1, \cdots, 1)^{\mathrm{T}}$. 解方程组 (5-160) 之后, 可以利用 (5-156) 得到 $\boldsymbol{w}^{(i)}$.

5.8 基于核模糊 c-均值聚类和最远对策略的模糊支持向量机分类器

为了解决带噪声和孤立点的分类问题, 2011 年, 提出了基于核模糊 c-均值聚类和最远对策略的模糊支持向量机 (KFCM-FSVM)[21]. 详细的算法步骤如下:

算法 5.5

(1) 选择核函数 K 和相应的超参数 σ 和 C.

(2) 根据聚类有效性, 用模糊 c-均值聚类算法分别对正类 ω_+ 和负类 ω_- 在高维特征空间中聚类, 得到最优聚类, 设 ω_+ 和 ω_- 的最优聚类数分别为 C_+ 和 C_-.

(3) 在 ω_+ 和 ω_- 中分别寻找一个聚类, 使得这两个类中心的距离最远.

(4) 首先用 (3) 所得到的聚类对构成一个带样本隶属度的训练集, 然后用模糊支持向量机训练该数据集得到一个非线性分类器 $y(\boldsymbol{x}) = \mathrm{sgn}\left[\sum_{j=1}^{l} \alpha_j y_j K(\boldsymbol{x}, \boldsymbol{x}_j) + b\right]$.

(5) 对测试数据 $\boldsymbol{x}$, 可以用决策函数 $y(\boldsymbol{x}) = \mathrm{sgn}\left[\sum_{j=1}^{l} \alpha_j y_j K(\boldsymbol{x}, \boldsymbol{x}_j) + b\right]$ 对其进行判别.

聚类有效性是聚类分析中的一个重要问题. 模糊 c-均值聚类的一个可靠的有效性指标必须要综合考虑模糊 c-分割的紧密度和分离度. 最优分割应使类内紧密度达到最小, 类间分离度达到最大. 对于模糊 c-均值聚类, 一些有效性指标已经建立[22~27], 在 KFCM-FSVM 算法中, 用 Xie 和 Beni 提出的有效性指标[22]. 当 $q=2$ 时, 此有效性指标定义如下：

$$s=\frac{\sum_{j=1}^{c}\sum_{i=1}^{n}u_{ij}^2 d^2(\boldsymbol{x}_i,\boldsymbol{v}_j)}{n\min\limits_{i,j}\{d^2(\boldsymbol{v}_i,\boldsymbol{v}_j)\}} \tag{5-161}$$

我们的目标是找到使 s 达到最小的模糊 c-分割.

由于模糊 c-均值聚类的计算复杂度是 $O(t_+\cdot C_+\cdot l_+^2+t_-\cdot C_-\cdot l_-^2)$, 寻找最远对的计算复杂度是 $O(C_+\cdot C_-\cdot l_+\cdot l_-)$, 解模糊支持向量机的计算复杂度是 $O((l_++l_-)^{2.2})$, 因此 KFCM-FSVM 算法的计算复杂度为 $O(t_+\cdot C_+\cdot l_+^2+t_-\cdot C_-\cdot l_-^2+C_+\cdot C_-\cdot l_+\cdot l_-+(l_++l_-)^{2.2})$. 其中 t_+ 和 t_- 分别是寻找正、负类最优聚类的迭代次数.

为了验证 KFCM-FSVM 对噪声点和孤立点的健壮性, 用 6 个 UCI 数据集 (见 http://www.ics.uci.edu/~mlearn) 和 4 个人工数据集做实验, 并同 SVM 和 FSVM 算法的性能进行了比较. 在算法实现的过程中, 核函数采用径向基函数, 最优超参数通过网格剖分寻找, 剖分的网格为：$\sigma=[2^{-4},2^{-3},\cdots,2^5]$, $C=[2^0,2^1,\cdots,2^9]$, 分类器求解用 SMO 算法[28], FSVM 算法中的模糊隶属度设置采取文献 [16] 中的策略, 其中参数 $\delta=0.01$. 程序运行的硬件环境是双核 2.0GHz Intel Xeon CPU, 内存 4.0GB 的服务器, 软件环境是 CentOS Linux 5.3 M 系统/ GCC 4.2 编译器, 编程语言是 C++. 实验用的数据集的详细情况如下：

(1) Ripley[29]：此数据集为两类问题, 其中数据为 2 维, 每一类所含数据服从由两个正态分布混合而成的双峰分布. 训练集 250 个样本, 测试集 1000 个样本. 其数据分布见图 5.1.

(2) PIMA 数据集: 此数据集为真实数据, 总样本 768 个. 按照数据集文件中的说明, 随机选取 576 个样本训练, 剩余 192 个样本测试.

(3) Waveform 数据集: 此数据集是 21 维的两分类数据集, 总共有 400 个训练样本, 4600 个测试样本.

(4) Banana 数据集: 此数据集是二维两分类数据集, 总共有 400 个训练样本, 4900 个测试样本. 其数据分布见图 5.2.

(5) MONK:MONK 问题是国际上学习算法比较的基础, 比较结果总结见文献 [12], MONK 问题有三个, 本书采用第三个, 其中含有随机添加的噪声点, 数据为 6 维, 训练集 122 个样本, 测试集 432 个样本.

(6) The Statlog (Landsat Satellite) Data Set (Sat 数据集): 此数据集是 36 维的 6 分类问题, 总共有 4435 个训练样本, 2000 个测试样本. 我们把 $\{1,2,5\}$ 类指派给正类, $\{3,4,7\}$ 指派给负类, 从而得到一个二分类问题.

(7) 人工数据集 1: 此数据集是二维二分类问题, 总共有 279 个训练样本, 281

个测试样本. 数据的分布见图 5.3.

(8) 人工数据集 2: 此数据集是二维二分类问题, 总共有 630 个训练样本, 630 个测试样本. 数据的分布见图 5.4.

(9) 人工数据集 3: 此数据集是二维二分类问题, 总共有 344 个训练样本, 336 个测试样本. 数据的分布见图 5.5.

(10) 人工数据集 4: 此数据集是二维二分类问题, 总共有 221 个训练样本, 219 个测试样本. 数据的分布见图 5.6.

为了说明 KFCM-FSVM 算法从统计的角度给出了合理的隶属度, 我们采用 5-折交叉认证策略在 10 个数据集上运行三个算法. 测试精度和相应的最优超参数列在表 5.1 中. 考虑到聚类算法对初始点敏感, 运行 KFCM-FSVM 算法 10 次, 表 5.1 中的测试精度是 10 次中的最好测试精度.

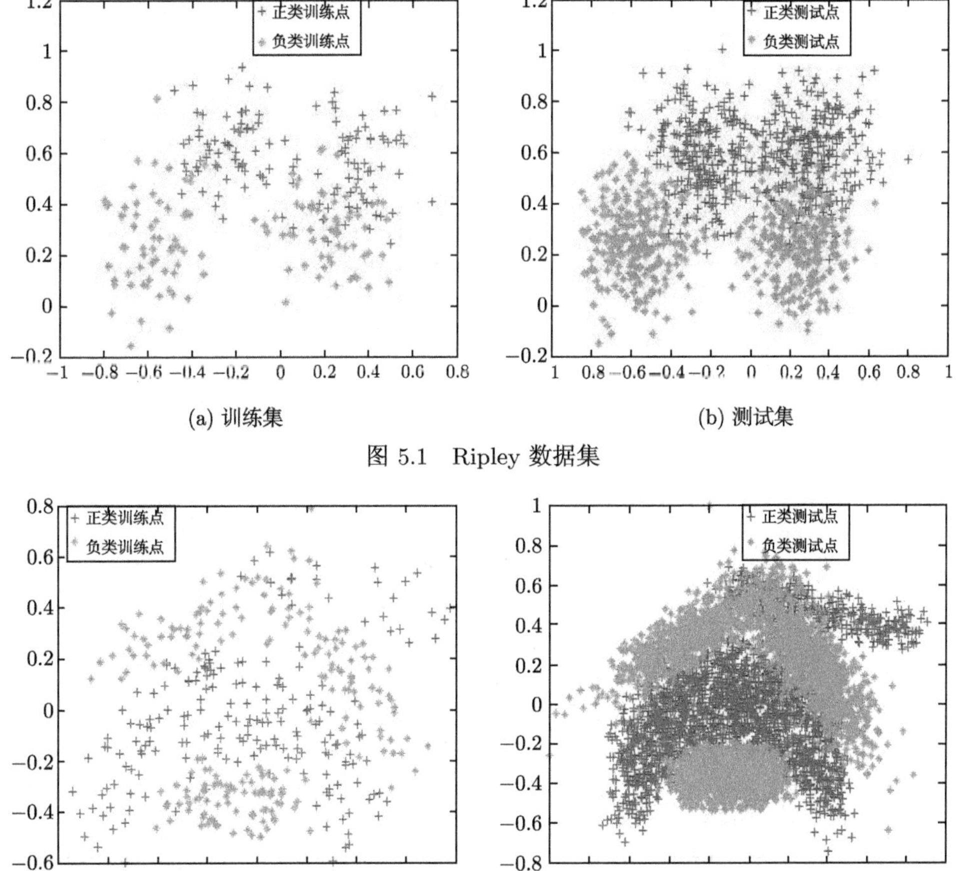

(a) 训练集　(b) 测试集

图 5.1　Ripley 数据集

(a) 训练集　(b) 测试集

图 5.2　Banana 数据集

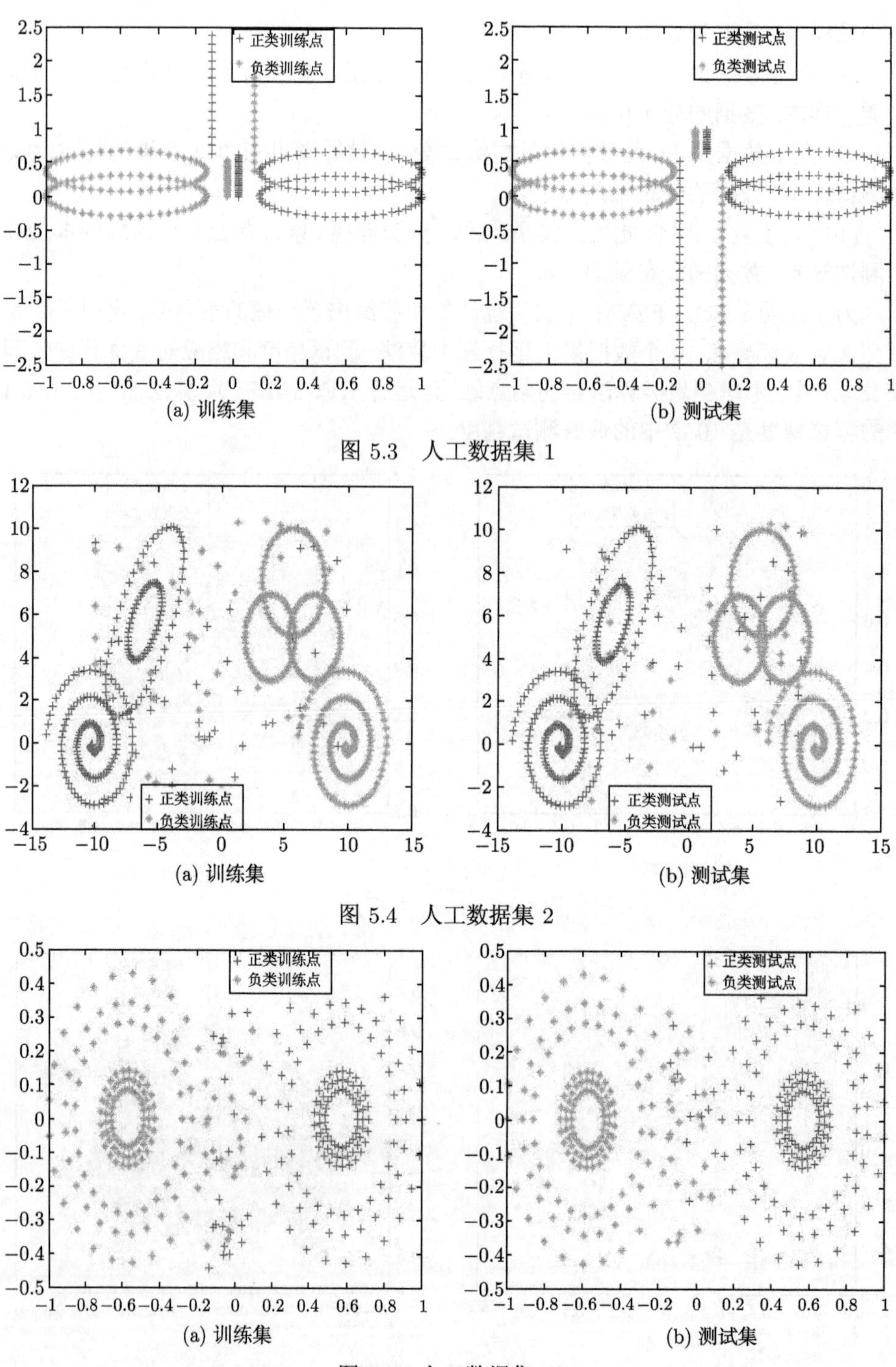

图 5.3　人工数据集 1

图 5.4　人工数据集 2

图 5.5　人工数据集 3

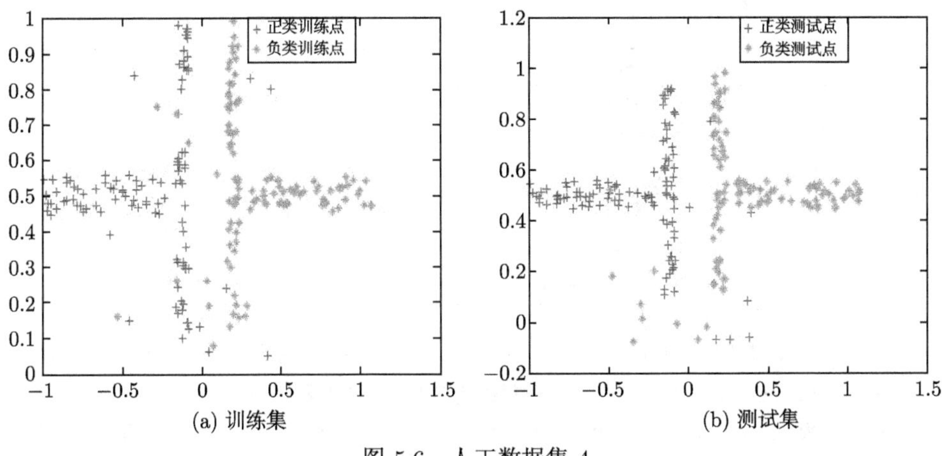

图 5.6 人工数据集 4

表 5.1 SVM, FSVM 和 KFCM-FSVM 在 10 个数据集上的测试精度比较

数据集	算法	σ	C	测试精度
Ripley	**SVM**	0.5	32	0.880
	FSVM	0.5	256	**0.892**
	KFCM-FSVM	0.125	1	**0.892**
PIMA	**SVM**	2	256	0.773913
	FSVM	0.5	8	0.761739
	KFCM-FSVM	2	64	**0.784348**
Waveform	**SVM**	1	8	0.920000
	FSVM	0.5	512	0.920000
	KFCM-FSVM	1	16	**0.925000**
Banana	**SVM**	0.25	4	0.905000
	FSVM	0.25	64	0.902500
	KFCM-FSVM	0.25	64	**0.930000**
MONK	**SVM**	4	256	**0.925000**
	FSVM	2	16	0.900000
	KFCM-FSVM	2	8	**0.925000**
Sat	**SVM**	32	32	0.980383
	FSVM	32	512	0.980383
	KFCM-FSVM	32	64	**0.980609**
人工数据集 1	**SVM**	0.25	512	**0.989091**
	FSVM	0.5	256	0.974545
	KFCM-FSVM	0.25	512	**0.989091**
人工数据集 2	**SVM**	2	4	0.944444
	FSVM	1	4	0.942857
	KFCM-FSVM	4	128	**0.947619**

续表

数据集	算法	σ	C	测试精度
人工数据集 3	**SVM**	1	128	0.961765
	FSVM	0.5	512	0.961765
	KFCM-FSVM	0.25	2	**0.964706**
人工数据集 4	**SVM**	4	512	0.968182
	FSVM	2	512	0.968182
	KFCM-FSVM	0.0625	1	**0.972727**

从表 5.1 可以看出, KFCM-FSVM 算法在所有的数据集上都给出了最好的结果, 这说明新算法给出的样本模糊隶属度是合理的, 能够有效提高带噪声和孤立点的二分类问题的预测精度. 产生这种结果的主要原因在于: 一方面, 高维特征空间中的模糊 c- 均值聚类降低了孤立点对决策函数的影响; 另一方面, 最远对策略降低了噪声点对决策函数的影响.

需要说明的是, 由于核模糊 c- 均值聚类需要利用有效性指标寻找最优的聚类数, 对于大的数据集, 它可能要花费大量的时间. 因此, KFCM-FSVM 算法不适合大规模的分类问题.

参 考 文 献

[1] Lin C F, Wang S D. Fuzzy support vector machines. IEEE Transactions on Neural Networks, 2002, 13(2): 464-471.

[2] Suykens J A K, De Barbanter J, Lukas L, Vandewalle J. Weighted least squares support vector machines: robustness and sparse approximation. Neurocomputing, 2002, 48(1-4): 85-105.

[3] Leski J K. Neuro-fuzzy system with learning tolerant to imprecision. Fuzzy Sets and Systems, 2003, 138(2): 427-439.

[4] Leski J K. TSK-fuzzy modeling based on ε-insensitive learning. IEEE Transactions on Fuzzy Systems, 2005, 13(2): 181-193.

[5] Leski J K. On support vector regression machines with linguistic interpretation of the kernel matrix. Fuzzy Sets and Systems, 2006, 157: 1092-1113.

[6] Leski J K. An ε-margin nonlinear classifier based on fuzzy if-then rules. IEEE Transactions on Systems, Man, and Cybernetics-Part B: Cybernetics, 2004, 34(1): 68-76.

[7] Tao Q, and Wang J. A new fuzzy support vector machine based on the weighted margin. Neural Processing Letters, 2004, 20: 139-150.

[8] Jayadeva K R, and Chandra S. Fuzzy proximal support vector classification via generalized eigenvalues. LNCS 3776, 2005: 360-363.

[9] Wang Y Q, Wang S Y, and Lai K K. A new fuzzy support vector machine to evaluate

credit risk. IEEE Transactions on Fuzzy Systems, 2005, 13(6): 820-831.

[10] 张讲社, 郭高. 加权稳健支撑向量回归方法. 计算机学报, 2005, 28(7): 1171-1177.

[11] Mangasarian O, Musicant D. Lagrangian support vector machines. Journal of Machine Learning Research, 2001, 1: 161-177.

[12] Fung G, Mangasarian O L. Proximal support vector machine classifiers//Lee D et al. Proceedings of the KDD-2001: Knowledge Discovery and Data Mining. San Francisco, California, New York: Association for Computing Machinery, 2001: 77–86.

[13] 李艳, 杨晓伟. 求解双边加权模糊支持向量机的 SMO 算法. 计算机应用研究, 2011, 31(12): 3297-3301.

[14] Keller J M, Hunt D J. Incorporating fuzzy membership functions into the perceptron algorithm. IEEE Transactions on Pattern Analysis and Machine Intelligence, 1985, 7: 693-699.

[15] Batuwita R, Palade V. FSVM-CIL: fuzzy support vector machines for class imbalance learning. IEEE Transactions on Fuzzy Systems, 2010, 18(3): 558-571.

[16] Jiang X F, Yi Z, and Lv J C. Fuzzy SVM with a new fuzzy membership function. Neural Computing and Application, 2006, 15(3-4): 268-276.

[17] Lin C F, Wang S D. Fuzzy support vector machines with automatic membership setting. StudFuzz, 2005, 177: 233-254.

[18] 温雯, 郝志峰, 杨晓伟, 战荫伟. 基于假设检验及异常点剔除的稳健 LS-SVM 回归. 模式识别与人工智能, 2010, 23(2): 241-249.

[19] Wen W, Hao Z F, Yang X W. Robust least squares support vector machine based on recursive outlier elimination. Soft Computing, 2010, 14(11): 1241-1251.

[20] Shevade S K, Keerthi S S, Bhattacharyya C, Murthy K R K. Improvements to SMO algorithm for SVM regression. IEEE Transactions on Neural Networks, 2000, 11(5): 1188-1193.

[21] Yang X W, Zhang G Q, Lu J, Ma J. A kernel fuzzy c-means clustering based fuzzy support vector machine algorithm for classification problems with outliers or noises. IEEE Transactions on Fuzzy Systems, 2011, 19(1): 105-115.

[22] Xie X L, Beni G. A validity measure for fuzzy clustering. IEEE Transactions on Pattern Analysis and Machine Intelligence, 1991, 13(8): 841-847.

[23] Rezaee M R, Lelieveldt B P F, Reiber J H C. A new cluster validity index for the fuzzy c-mean. Pattern Recognition Letters, 1998, 19: 237-246.

[24] Halkidi M, Batistakis Y, Vazirgiannis M. On clustering validation techniques. Journal of Intelligent Information Systems, 2001, 17(2/3): 107-145.

[25] Kim D W, Lee K Y, Lee D, Lee K H. Evaluation of the performance of clustering algorithm in kernel-induced feature space. Pattern Recognition, 2005, 38: 607-611.

[26] Maulik U, Bandyopadhyay S. Performance evaluation of some Clustering algorithms and validity indices. IEEE Transactions on Pattern Analysis and Machine Intelligence,

2002, 24(12): 1650-1654.

[27] Bezdek J C, Pal N R. Some new indexes of cluster validity. IEEE Transactions on Systems, 1998, 28(3): 301-315.

[28] Keerthi S S, Shevade S K, Bhattacharyya C, Murthy K R K. Improvements to Platt's SMO algorithm for SVM classifier design. Neural Computation, 2001, 13(3): 637-649.

[29] Ripley B D. Pattern recognition and neural networks. Cambridge, UK: Cambridge University Press, 1996.

第6章　支持向量机的在线学习算法

在线学习是模式识别领域中的重要研究方向, 在实时建模和分析中具有非常重要的应用. 2001 年, Cauwenberghs 和 Poggio[1] 基于增量学习和减量学习提出了用于分类的支持向量机在线学习算法. 2002 年, Martin[2] 和 Ma[3] 分别把文献 [1] 的思想推广到回归问题, 提出了回归支持向量机在线学习算法. 2006 年, Pavel Laskov[4] 对文献 [1] 的算法进行了更为深入的分析, 从理论上给出了计算最大增量的精确公式, 并证明了算法的收敛性. 2004 年, Kivinen 等[5] 提出了基于结构风险最小化的在线核方法; 2005 年, Engel 等[6] 基于近似线性相关的概念, 提出了核递归最小二乘算法; Bordes 等[10] 提出了基于增量和减量过程的快速在线核分类器. 本章将详细地介绍上述成果.

6.1　基于增量和减量学习的支持向量机算法

Cauwenberghs 和 Poggio 提出的支持向量机在线学习方法包括增量学习和减量学习两个部分[1]. 增量学习的过程如下: ① 根据 Lagrange 乘子的值将已经学习过的训练样本集划分为三个不同的集合; ② 对于新加入的样本 $\boldsymbol{x}_c$, 首先置 α_c 为零, 然后再逐步地增大 α_c, 这里有一个假设, 就是每一步的增量 $\Delta\alpha_c$ 都使得前面已经学习过的样本所属集合的变化是渐近式的, 从而可以得到每一步中增量 $\Delta\alpha_c$ 的最大值; ③ 当所有样本都满足 KKT 条件时, 增量学习结束. 减量学习是从训练集中剔除一个非支持向量或错分样本, 被剔除样本的 α_k 的改变同样会引起样本所属集合的变化, 所以同时也要更新其他样本的 Lagrange 乘子和样本所属集合. 接下来, 我们首先介绍一下样本集的划分原则, 然后再详细介绍增量学习和减量学习.

6.1.1　训练样本的划分

对偶优化问题

$$\min_{\boldsymbol{\alpha}} \quad \frac{1}{2}\sum_{i=1}^{l}\sum_{j=1}^{l}\alpha_i\alpha_j y_i y_j K(\boldsymbol{x}_i,\boldsymbol{x}_j)-\sum_{j=1}^{l}\alpha_j \tag{6-1}$$

$$\text{s.t.} \quad \sum_{i=1}^{l}\alpha_i y_i = 0 \tag{6-2}$$

$$0 \leqslant \alpha_i \leqslant C, \quad i=1,2\cdots,l \tag{6-3}$$

等价于下面的优化问题

$$\min_{0\leqslant\alpha_i\leqslant C} W=\frac{1}{2}\sum_{i=1}^{l}\sum_{j=1}^{l}\alpha_i\alpha_j Q_{ij}-\sum_{i=1}^{l}\alpha_i+b\sum_{i=1}^{l}y_i\alpha_i \tag{6-4}$$

其中 $Q_{ij}=y_iy_jK(\boldsymbol{x}_i,\boldsymbol{x}_j)$.

优化问题 (6-4) 的 KKT 条件为

$$g_i=\frac{\partial W}{\partial\alpha_i}=\begin{cases}\displaystyle\sum_{j=1}^{l}\alpha_jQ_{ij}+by_i-1\geqslant 0, & \alpha_i=0\\ \displaystyle\sum_{j=1}^{l}\alpha_jQ_{ij}+by_i-1=0, & 0<\alpha_i<C\\ \displaystyle\sum_{j=1}^{l}\alpha_jQ_{ij}+by_i-1\leqslant 0, & \alpha_i=C\end{cases} \tag{6-5}$$

$$\frac{\partial W}{\partial b}=\sum_{i=1}^{l}y_i\alpha_i=0 \tag{6-6}$$

根据上述 KKT 条件, 训练集 D 可以分成三个集合: ① 集合 $R=\{x_i\,|\alpha_i=0\}$; ② 集合 $S=\{x_i\,|0<\alpha_i<C\}$; ③ 集合 $E=\{x_i\,|\alpha_i=C\}$. 这三个集合中的样本特征可以形象地用图 6.1 表示出来, α_i 的变化对样本的梯度和目标函数值的变化的影响都可以通过图 6.1 看出[1].

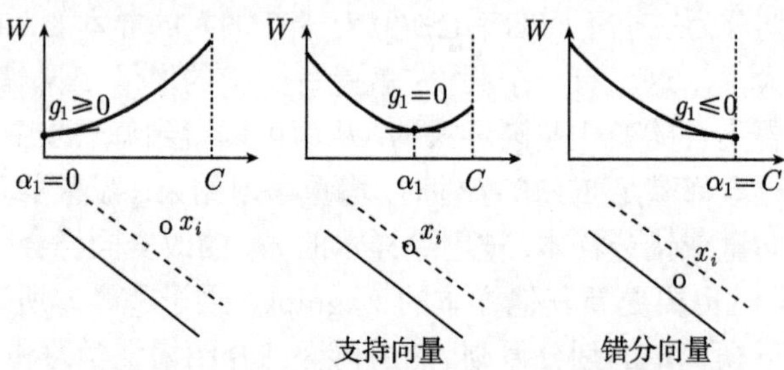

图 6.1　线性不可分情形下 SVM 的训练

6.1.2　增量学习与减量学习

首先介绍一下增量学习过程. 当加入一个新样本 $\boldsymbol{x}_c$ 时, α_c 初始化为 0, 若 $\boldsymbol{x}_c$ 违背 KKT 条件, 则应当逐步增加 α_c. 而随着 α_c 的增加, 样本点所属的集合将发生变化. 在这里, 我们约定: 样本在 R, S 和 E 三个集合之间的移动是渐近式的, 即集合 R 中元素的移动一定是先进入集合 S 再进入集合 E 中, 而不能跳跃式地直接进入集合 E 中 (图 6.2).

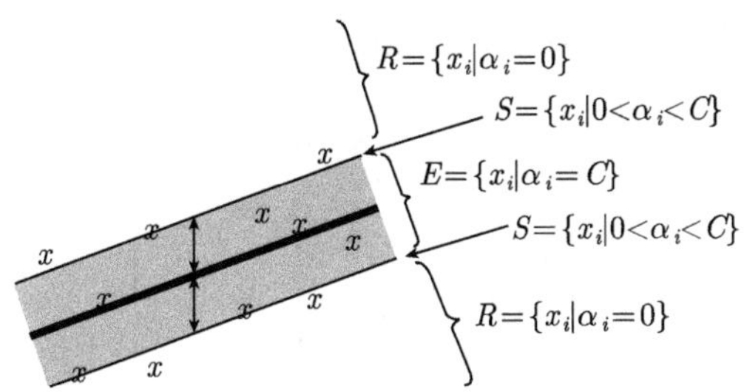

图 6.2 R, S 和 E 三个集合的几何位置关系

为了满足这一个要求, 下面先讨论如何确定 $\Delta\alpha_c$ 的最大取值.

首先, 考虑在 R, S 和 E 三个集合中的元素没有移动的情况下, 由于 α_c 的增加对样本点梯度的影响. 由式 (6-6) 和式 (6-5) 可得, 当加入一个新样本 $\boldsymbol{x}_c$ 时, 整个训练集中的样本梯度变化为

$$\Delta g_i = Q_{ic}\Delta\alpha_c + \sum_{j\in S}^{l} Q_{ij}\Delta\alpha_j + y_i\Delta b, \quad \forall i \in D \cup \{c\} \tag{6-7}$$

$$y_c\Delta\alpha_c + \sum_{i\in S}^{l} y_i\Delta\alpha_i = 0 \tag{6-8}$$

对于 S 集合中的样本点, 根据式 (6-5), 可以知道 $\Delta g_i = 0$, 即

$$\Delta g_i = Q_{ic}\Delta\alpha_c + \sum_{j\subset S}^{l} Q_{ij}\Delta\alpha_j + y_i\Delta b = 0 \tag{6-9}$$

设集合 $S = \{s_1, s_2, \cdots, s_{l_s}\}$, 则 S 集合中的元素对应的 α 值增量应当满足方程组:

$$\boldsymbol{\Omega}\begin{pmatrix} \Delta b \\ \Delta\alpha_{s_1} \\ \vdots \\ \Delta\alpha_{s_{l_s}} \end{pmatrix} = -\begin{pmatrix} y_c \\ Q_{s_1c} \\ \vdots \\ Q_{s_{l_s}c} \end{pmatrix}\Delta\alpha_c \tag{6-10}$$

其中

$$\boldsymbol{\Omega} = \begin{pmatrix} 0 & y_{s_1} & \cdots & y_{s_{l_s}} \\ y_{s_1} & Q_{s_1s_1} & \cdots & Q_{s_1s_{l_s}} \\ \vdots & \vdots & & \vdots \\ y_{s_{l_s}} & Q_{s_{l_s}s_1} & \cdots & Q_{s_{l_s}s_{l_s}} \end{pmatrix} \tag{6-11}$$

由式 (6-10) 可以得到

$$\Delta b = \beta\Delta\alpha_c \tag{6-12}$$

$$\Delta\alpha_j = \beta_j \Delta\alpha_c, \quad \forall j \in D \tag{6-13}$$

其中 β 和 β_j 由下式给出：

$$\begin{pmatrix} \beta \\ \beta_{s_1} \\ \vdots \\ \beta_{s_{l_s}} \end{pmatrix} = -\boldsymbol{\Omega}^{-1} \begin{pmatrix} y_c \\ Q_{s_1 c} \\ \vdots \\ Q_{s_{l_s} c} \end{pmatrix} \tag{6-14}$$

对于不在集合 S 中的样本, 有 $\beta_j = 0(\forall j \notin S)$.

针对集合 R 和 E 中的样本, 由式 (6-12)、式 (6-13) 和式 (6-7) 可知：它们的梯度变化为

$$\Delta g_i = \gamma_i \Delta\alpha_c, \quad \forall i \in D \cup \{c\} \tag{6-15}$$

其中 γ_i 由下式给出：

$$\gamma_i = Q_{ic} + \sum_{j \in S} Q_{ij}\beta_j + y_i\beta, \quad \forall i \notin S \tag{6-16}$$

为了保证 $\Delta\alpha_c$ 尽量小以使得集合 R, S 和 E 中的元素移动是渐近式的, 需要先应用下面的 Bookkeeping 程序得到每一步 $\Delta\alpha_c$ 的最大值, 然后再进行相应样本的移动.

1) Bookkeeping 程序

逐步地增大 $\Delta\alpha_c$, 当满足以下五个条件之一时, 进行一步移动元素的操作.

(1) $g_c \leqslant 0$, 取等号时将 $\boldsymbol{x}_c$ 加入集合 S;

(2) $\alpha_c \leqslant C$, 取等号时将 $\boldsymbol{x}_c$ 加入集合 E;

(3) $0 \leqslant \alpha_j \leqslant C, \forall j \in S$, 当等于 0 时, 将 $\boldsymbol{x}_j$ 从集合 S 中移出并加入集合 R 中, 当等于 C 时, 将 $\boldsymbol{x}_j$ 从集合 S 中移出并加入集合 E 中;

(4) $g_i \leqslant 0, \forall i \in E$, 取等号时将 $\boldsymbol{x}_i$ 从集合 E 中移出并加入集合 S;

(5) $g_i \geqslant 0, \forall i \in R$, 取等号时将 $\boldsymbol{x}_i$ 从集合 R 中移出并加入集合 S.

当一个新样本 $\boldsymbol{x}_c$ 被加入集合 S 中时, 应该更新矩阵 $\boldsymbol{\Psi} = \boldsymbol{\Omega}^{-1}$, 更新的式子应当满足：

$$\boldsymbol{\Psi} = \begin{pmatrix} & & & 0 \\ & \boldsymbol{\Psi} & & 0 \\ & & & \vdots \\ 0 & 0 & \cdots & 0 \end{pmatrix} + \frac{1}{\gamma_c} \begin{pmatrix} \beta \\ \beta_{s_1} \\ \vdots \\ \beta_{s_{l_s}} \\ 1 \end{pmatrix} (\beta \ \ \beta_{s_1} \ \ \cdots \ \ \beta s_{l_s} \ \ 1) \tag{6-17}$$

其中 β 和 β_j 由式 (6-14) 计算得到, 而 γ_c 由式 (6-16) 计算. 当一个样本 $\boldsymbol{x}_k$ 被移出集合 S 时, 矩阵 $\varPsi$ 的更新为

$$\varPsi_{ij} \leftarrow \varPsi_{ij} - \varPsi_{kk}^{-1}\varPsi_{ik}\varPsi_{kj} \quad \forall i,j \in S \cup \{0\}, \quad i,j \neq k \tag{6-18}$$

综合以上的分析, 得到增量学习算法的过程如下. 当一个新样本 $\boldsymbol{x}_c$ 被加入训练集时, $D^{l+1} = D^l + \{c\}$, 新的最优解 $\{\alpha_i^{l+1}, b^{l+1}\}, i = 1, \cdots, l+1$ 可以通过对 $\{\alpha_i^l, b^l\}$ 进行增量式的调整得到, 具体的增量学习算法流程如下.

2) 增量学习算法

算法 6.1 $(l \to l+1)$.

(1) 初始化, 令 $\alpha_c = 0$.

(2) 若 $g_c > 0$, 则终止程序 ($\boldsymbol{x}_c$ 不违背 KKT 条件); 否则, 继续.

(3) 根据 Bookkeeping 对 α_c 进行更新, 并执行下列操作:

(3-1) 若 $g_c = 0$, 则将 $\boldsymbol{x}_c$ 加入集合 S, 同时根据 (6-17) 更新 $\varPsi$, 终止程序;

(3-2) 若 $\alpha_c = C$, 则将 $\boldsymbol{x}_c$ 加入集合 E, 终止程序;

(3-3) D^l 中的元素在 R, S 和 E 之间的移动 (根据 Bookkeeping 程序). 若集合 S 发生变化, 则根据式 (6-17) 更新 $\varPsi$, 转 (3).

增量学习的过程可以用图 6.3 描述, 当一个新样本加入训练集时, 算法将在迭代有限次数后得到最优解.

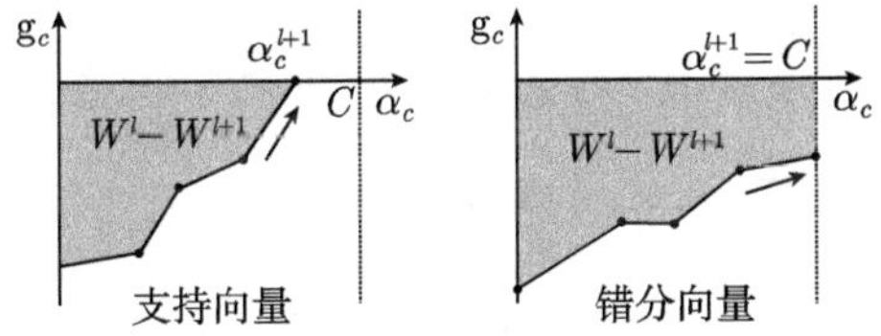

图 6.3 增量学习, 一个新样本 x_c, 初始化 $\alpha_c = 0$, 逐步增大 α_c

从训练集中移除样本是有必要的, 这有利于控制训练集的大小, 提高训练速度. 具体的减量学习过程如下.

3) 减量学习算法

算法 6.2 $(l \to l-1)$.

(1) 若 $\boldsymbol{x}_k$ 不是支持向量, 则将其移出训练集, 程序终止;

(2) 若 $\boldsymbol{x}_k$ 是支持向量, 且 $g_k < -1$, 将其作为一个训练错误点移出训练集, 终止程序;

(3) 若 $\boldsymbol{x}_k$ 是支持向量, 且 $g_k \geqslant -1$, 逐步地减少 α_k 的值, 直到以下条件之一满足:

(3-1) $g_k < -1$, 将其作为一个训练错误点移出训练集, 终止;

(3-2) $\alpha_k=0$, 将其移出训练集, 程序终止;

(3-3) D^l 中的元素根据 Bookkeeping 程序在 R, S 和 E 之间的移动. 若集合 S 发生变化, 则根据式 (6-18) 更新 $\boldsymbol{\Psi}$.

6.2 增量支持向量机分类算法

2006 年, Pavel Laskov 在文献 [4] 中对增量学习算法[1] 进行了详细的分析, 证明了算法的收敛性, 并实现了该算法. 文献 [4] 的主要贡献在于, 作者精确地给出了每一步迭代中 $\Delta\alpha_c$ 最大值的计算公式, 代替了文献 [1] 中的 Bookkeeping 程序. 下面, 详细地介绍 $\Delta\alpha_c$ 最大值的计算过程.

为了减少计算量, 根据渐近式移动的原则, 可以分以下几种情况计算 $\Delta\alpha_c$ 的最大值.

(1) 对于 S 集合中的样本点, 有一些样本点的 α_i 值趋于 0 或者 C. 给定一个很小的正数 ε, 定义两个集合: $I_+^S=\{i\in S:\beta_i>\varepsilon\}$ 和 $I_-^S=\{i\in S:\beta_i<-\varepsilon\}$. 对于不在集合 I_+^S 和集合 I_-^S 中的样本, 这些点对满足 $-\varepsilon\leqslant\beta_i\leqslant\varepsilon$, 由式 (6-13) 可知, 这些样本点对 $\Delta\alpha_c$ 不敏感. 所以在计算过程中可以直接忽略这些样本. 由集合 I_+^S 和集合 I_-^S 中的 Lagrange 乘子最大增量

$$\Delta\alpha_i^{\max}=\begin{cases}C-\alpha_i, & 若\ i\in I_+^S\\ -\alpha_i, & 若\ i\in I_-^S\end{cases} \tag{6-19}$$

可知: 对于 S 集合中的样本, $\Delta\alpha_c^S$ 的最大值为

$$\Delta\alpha_c^S=\underset{i\in I_+^S\cup I_-^S}{\operatorname{abs\,min}}\frac{\Delta\alpha_i^{\max}}{\beta_i} \tag{6-20}$$

其中

$$\operatorname{abs}\min_i(p)=\min_i|p_i|\cdot\operatorname{sgn}(p_{(\arg\min\limits_i|p_i|)}) \tag{6-21}$$

(2) 对于 R 集合和 E 集合 (假设这两个集合的并集为集合 O) 中的样本点, 有一些样本点的 g_i 值趋于 0. 给定一个很小的正数 ε, 定义两个集合: $I_+^O=\{i\in E:\gamma_i>\varepsilon\}$ 和 $I_-^O=\{i\in R:\gamma_i<-\varepsilon\}$. 根据渐近式移动的原则, 可以知道 R 集合和 E 集合的 g_i 的最大变化为 $\Delta g_i^{\max}=0-g_i=-g_i$, 从而根据式 (6-15) 可以得到: R 集合和 E 集合中的样本的 $\Delta\alpha_c^O$ 最大值为

$$\Delta\alpha_c^O=\min_{i\in I_+^O\cup I_-^O}\frac{-g_i}{\gamma_i} \tag{6-22}$$

(3) 对于新样本 $\boldsymbol{x}_c$, 若 g_c 值趋于 0, 这与情形 (2) 类似, 先计算 γ_c, 若 $\gamma_c > \varepsilon$, 则 $\boldsymbol{x}_c$ 在所属集合间很可能发生移动, 则可以得到允许的最大 $\Delta\alpha_c^g$ 为

$$\Delta\alpha_c^g = \frac{-g_c}{\gamma_c} \tag{6-23}$$

(4) 对于新样本 $\boldsymbol{x}_c$, 若 α_c 值趋于 C, 这得到允许的最大 $\Delta\alpha_c^\alpha$ 为

$$\Delta\alpha_c^\alpha = C - \alpha_c \tag{6-24}$$

综合上面的分析, 可以得到在每一步 (将出现一次样本的所属集合的变化)$\Delta\alpha_c$ 的最大值为

$$\Delta\alpha_c^{\max} = \min(\Delta\alpha_c^S, \Delta\alpha_c^O, \Delta\alpha_c^g, \Delta\alpha_c^\alpha) \tag{6-25}$$

从而增量支持向量机分类算法的详细流程如下：

算法 6.3

(1) 读入新样本 $\boldsymbol{x}_c$, 计算 g_c.

(2) 如果 $g_c < 0$ & $\alpha_c < C$, 那么继续下一步; 否则终止算法.

(3) 根据式 (6-14) 和式 (6-16) 计算 β 和 γ.

(4) 根据式 (6-20)~ 式 (6-24) 计算 $\Delta\alpha_c^S, \Delta\alpha_c^O, \Delta\alpha_c^g$ 和 $\Delta\alpha_c^\alpha$.

(5) 根据式 (6-25) 计算 $\Delta\alpha_c^{\max}$.

(6) 更新 $\alpha_c \leftarrow \alpha_c + \Delta\alpha_c^{\max}$.

(7) 更新集合 S 中的样本 $\alpha_s \leftarrow \beta\Delta\alpha_c^{\max}$.

(8) 更新集合 R 和集合 E 中的样本 $g_{e,r} \leftarrow \gamma\Delta\alpha_c^{\max}$.

(9) 假设 k 是根据式 (6-25) 决定 $\Delta\alpha_c^{\max}$ 的样本下标,

如果 $\boldsymbol{x}_k \in S$, 那么把 $\boldsymbol{x}_k$ 从集合 S 移动到集合 E 或者集合 R 中.

如果 $\boldsymbol{x}_k \in E \cup R$, 那么把 $\boldsymbol{x}_k$ 从集合 E 或者集合 R 移动到集合 S 中.

如果 $\boldsymbol{x}_k = \boldsymbol{x}_c$, 那么终止算法.

(10) 根据式 (6-17) 更新 $\boldsymbol{\Psi}$, 转 (2).

6.3 增量支持向量机回归算法

Martin[2] 和 Ma 等[3] 分别推广了 Cauwenberghs 和 Poggio 的增量学习结果, 得到了用于函数回归问题的 SVM 在线学习算法. 在这一节中, 首先回顾一下支持向量机的回归模型, 然后描述一下训练集的划分原则, 最后给出文献 [3] 中的增量学习算法步骤.

6.3.1 训练集的划分

对偶优化问题 (1-215)~(1-217) 的 Lagrange 函数为

$$
\begin{aligned}
L_D =& \frac{1}{2}\sum_{i,j=1}^{l}(\alpha_i-\beta_i)(\alpha_j-\beta_j)K(\boldsymbol{x}_i\cdot\boldsymbol{x}_j)+\varepsilon\sum_{i=1}^{l}(\alpha_i+\beta_i)-\sum_{i=1}^{l}y_i(\alpha_i-\beta_i)\\
&-\sum_{i=1}^{l}(\delta_i\alpha_i+\delta_i^*\beta_i)+\sum_{i=1}^{l}[\mu_i(\alpha_i-C)+\mu_i^*(\beta_i-C)]+\zeta\sum_{i=1}^{l}(\alpha_i-\beta_i)
\end{aligned} \tag{6-26}
$$

令 Lagrange 函数对对偶变量 α_i 和 β_i 的偏导数等于零, 则可得优化问题 (1-215)~(1-217) 的 KKT 条件为

$$\frac{\partial L_D}{\partial \alpha_i}=\sum_{j=1}^{l}K_{ij}(\alpha_j-\beta_j)+\varepsilon-y_i-\delta_i+\mu_i+\zeta=0 \tag{6-27}$$

$$\frac{\partial L_D}{\partial \beta_i}=-\sum_{j=1}^{l}K_{ij}(\alpha_j-\beta_j)+\varepsilon+y_i-\delta_i^*+\mu_i^*-\zeta=0 \tag{6-28}$$

$$\delta_i\alpha_i=0,\quad \delta_i\geqslant 0,\quad i=1,2,\cdots,l \tag{6-29}$$

$$\delta_i^*\beta_i=0,\quad \delta_i^*\geqslant 0,\quad i=1,2,\cdots,l \tag{6-30}$$

$$\mu_i(\alpha_i-C)=0,\quad \mu_i\geqslant 0,\quad i=1,2,\cdots,l \tag{6-31}$$

$$\mu_i^*(\beta_i-C)=0,\quad \mu_i^*\geqslant 0,\quad i=1,2,\cdots,l \tag{6-32}$$

令

$$\nu_i=\alpha_i-\beta_i \tag{6-33}$$

$$h(\boldsymbol{x}_i)=f(\boldsymbol{x}_i)-y_i=\sum_{j=1}^{l}K_{ij}\nu_j-y_i+b \tag{6-34}$$

注意到在最优解的情况下, $b=\zeta$, 而且对偶变量 α_i 和 β_i 不能同时不为零. 则由 KKT 条件 (6-27)~(6-32) 可得

$$
\begin{cases}
h(\boldsymbol{x}_i)\geqslant\varepsilon, & \nu_i=-C\\
h(\boldsymbol{x}_i)=\varepsilon, & -C<\nu_i<0\\
-\varepsilon\leqslant h(\boldsymbol{x}_i)\leqslant\varepsilon, & \nu_i=0\\
h(\boldsymbol{x}_i)=-\varepsilon, & 0<\nu_i<C\\
h(\boldsymbol{x}_i)\leqslant-\varepsilon, & \nu_i=C
\end{cases} \tag{6-35}
$$

根据 ν_i 的取值, 可以把训练集 D 划分为集合 $S=\{\boldsymbol{x}_i\,|0<|\nu_i|<C\}$, 集合 $E=\{\boldsymbol{x}_i\,||\nu_i|=C\}$ 和集合 $R=\{\boldsymbol{x}_i\,|\nu_i=0\}$.

6.3.2 $\Delta\nu_c$ 最大值的计算公式

设样本 $\boldsymbol{x}_c$ 是新加入训练集的样本. 由于集合 S 中的元素满足 $\Delta h(\boldsymbol{x}_i)=0$, 所以根据式 (1-216)、式 (6-33) 和式 (6-34) 可以得到

$$\Delta h(\boldsymbol{x}_i)=K_{ic}\Delta\nu_c+\sum_{j\in S}^{l}K_{ij}\Delta\nu_j+\Delta b=0,\quad \forall i\in S \tag{6-36}$$

$$\Delta\nu_c+\sum_{j\in S}^{l}\Delta\nu_j=0 \tag{6-37}$$

设集合 $S=\{s_1,s_2,\cdots,s_{l_s}\}$, 则 S 集合中的元素对应的 ν 值增量应当满足方程组

$$\boldsymbol{\Omega}\begin{pmatrix}\Delta b\\ \Delta\nu_{s_1}\\ \vdots\\ \Delta\nu_{s_{l_s}}\end{pmatrix}=-\begin{pmatrix}1\\ K_{s_1c}\\ \vdots\\ K_{s_{l_s}c}\end{pmatrix}\Delta\nu_c \tag{6-38}$$

其中

$$\boldsymbol{\Omega}=\begin{pmatrix}0 & 1 & \cdots & 1\\ 1 & K_{s_1s_1} & \cdots & K_{s_1s_{l_s}}\\ \vdots & \vdots & & \vdots\\ 1 & K_{s_{l_s}s_1} & \cdots & K_{s_{l_s}s_{l_s}}\end{pmatrix} \tag{6-39}$$

由式 (6-38) 可以得到

$$\Delta b=\eta\Delta\nu_c \tag{6-40}$$

$$\Delta\nu_j=\eta_j\Delta\nu_c,\quad \forall j\in S \tag{6-41}$$

其中 η 和 η_j 由下式给出:

$$\begin{pmatrix}\eta\\ \eta_{s_1}\\ \vdots\\ \eta_{s_{l_s}}\end{pmatrix}=-\boldsymbol{\Omega}^{-1}\begin{pmatrix}1\\ Q_{s_1c}\\ \vdots\\ Q_{s_{l_s}c}\end{pmatrix} \tag{6-42}$$

对于不在集合 S 中的样本, 有 $\eta_j=0$ $(\forall j\notin S)$.

针对集合 R 和 E 中的样本, $\Delta h(\boldsymbol{x}_i)$ 由下式给出:

$$\Delta h(\boldsymbol{x}_i)=K_{ic}\Delta\nu_c+\sum_{j\in S}^{l}K_{ij}\Delta\nu_j+\Delta b=\left(K_{ic}+\sum_{j\in S}^{l}K_{ij}\Delta\eta_j+\eta\right)\Delta\nu_c=\gamma_i\Delta\nu_c \tag{6-43}$$

为了减少计算量, 根据渐近式移动的原则, 可以分以下几种情况计算最后得到 Δv_c 的最大值.

(1) 对于集合 S 中的样本点, 有一些样本点的 ν_i 值趋于 $|C|$ 或者 0. 给定一个很小的正数 ε, 定义四个集合: $I_{1+}^S=\{i\in S:\eta_i>\varepsilon,0<\nu_i<C\}$, $I_{2+}^S=\{i\in S:\eta_i>\varepsilon,-C<\nu_i<0\}$, $I_{1-}^S=\{i\in S:\eta_i<-\varepsilon,0<\nu_i<C\}$ 和 $I_{2-}^S=\{i\in S:\eta_i<-\varepsilon,-C<\nu_i<0\}$, 对于不在这四个集合中的样本, 由于 $-\varepsilon\leqslant\eta_i\leqslant\varepsilon$, 由式 (6-41) 可知, 这些样本点对 $\Delta\nu_c$ 不敏感. 所以在计算过程中可以直接忽略这些样本. 由

$$\Delta\nu_i^{\max}=\begin{cases}C-\nu_i, & i\in I_{1+}^S\\ -\nu_i, & i\in I_{2+}^S\\ -\nu_i, & i\in I_{1-}^S\\ -C-\nu_i, & i\in I_{2-}^S\end{cases}\tag{6-44}$$

可知: 对于集合 S 中的样本, $\Delta\nu_c^S$ 的最大值为

$$\Delta\nu_c^S=\operatorname*{abs\,min}_{i\in I_{1+}^S\cup I_{2+}^S\cup I_{1-}^S\cup I_{2-}^S}\frac{\Delta\nu_i^{\max}}{\eta_i}\tag{6-45}$$

其中

$$\operatorname*{abs\,min}_i(p)=\min_i|p_i|\cdot\operatorname{sgn}(p_{(\arg\min_i|p_i|)})\tag{6-46}$$

(2) 对于集合 R 和集合 E (假设这两个集合的并集为集合 O) 中的样本点, 有一些样本点的 $h(\boldsymbol{x}_i)$ 值趋于 0. 给定一个很小的正数 ε, 定义四个集合: $I_{1+}^O=\{i\in E:\nu_i=-C,\gamma_i>\varepsilon\}$, $I_{2+}^O=\{i\in R:\gamma_i>\varepsilon\}$, $I_{1-}^O=\{i\in E:\nu_i=C,\gamma_i<-\varepsilon\}$ 和 $I_{2-}^O=\{i\in R:\gamma_i<-\varepsilon\}$. 根据渐近式移动的原则, 可以知道集合 I_{1+}^O 和 I_{2-}^O 中的 $h(\boldsymbol{x}_i)$ 的最大变化为 $\Delta h_i^{\max}=\varepsilon-h(\boldsymbol{x}_i)$, 集合 I_{2+}^O 和 I_{1-}^O 中的 $h(\boldsymbol{x}_i)$ 的最大变化为 $\Delta h_i^{\max}=-\varepsilon-h(\boldsymbol{x}_i)$, 从而根据式 (6-43) 可以得到: R 集合和 E 集合中样本的 Δv_c^O 最大值为

$$\Delta\nu_c^O=\min\left(\min_{i\in I_{1+}^O\cup I_{2-}^O}\frac{\varepsilon-h(\boldsymbol{x}_i)}{K_{ic}+\sum\limits_{j\in S}^{l}K_{ij}\eta_j+\eta},\min_{i\in I_{2+}^O\cup I_{1-}^O}\frac{-\varepsilon-h(\boldsymbol{x}_i)}{K_{ic}+\sum\limits_{j\in S}^{l}K_{ij}\eta_j+\eta}\right)\tag{6-47}$$

(3) 对于新样本 $\boldsymbol{x}_c$, 若 $h(\boldsymbol{x}_c)$ 值趋于 0, 这与情形 (2) 类似, 先计算 γ_c, 若 $\gamma_c>\varepsilon$ 或 $\gamma_c<-\varepsilon$, 则 $\boldsymbol{x}_c$ 在所属集合间很可能发生移动, 则可以得到允许的最大 $\Delta\nu_c^h$ 为

$$\Delta\nu_c^h = \begin{cases} \dfrac{-\varepsilon - h(\boldsymbol{x}_c)}{K_{cc} + \sum\limits_{j\in S}^{l} K_{cj}\eta_j + \eta}, & \gamma_c > \varepsilon \\ \dfrac{\varepsilon - h(\boldsymbol{x}_c)}{K_{cc} + \sum\limits_{j\in S}^{l} K_{cj}\eta_j + \eta}, & \gamma_c < -\varepsilon \end{cases} \tag{6-48}$$

(4) 对于新样本 $\boldsymbol{x}_c$, 若 ν_c 值趋于 C, 则得到允许的最大 $\Delta\nu_c^\gamma$ 为

$$\Delta\nu_c^\gamma = C - \nu_c \tag{6-49}$$

若 ν_c 值趋于 $-C$, 则得到允许的最大 $\Delta\nu_c^\gamma$ 为

$$\Delta\nu_c^\gamma = -C - \nu_c \tag{6-50}$$

综合上面的分析, 可以得到在每一步 (将出现一次样本的所属集合的变化) $\Delta\nu_c$ 的最大值为

$$\Delta\nu_c^{\max} = \min\left(\Delta\nu_c^S, \Delta\nu_c^O, \Delta\nu_c^h, \Delta\nu_c^\gamma\right) \tag{6-51}$$

从而, 基于增量学习的支持向量机回归算法流程如下:

算法 6.4

(1) 读入新样本 $\boldsymbol{x}_c$, 计算 $h_c = h(\boldsymbol{x}_c)$.

(2) 如果 $|h_c| > \varepsilon \& |\nu_c| < C$, 那么继续下一步; 否则终止算法.

(3) 根据式 (6-42) 和式 (6-43) 计算 η 和 γ.

(4) 根据式 (6-45)~ 式 (6-50) 计算 $\Delta\nu_c^S, \Delta\nu_c^O, \Delta\nu_c^h$ 和 $\Delta\nu_c^\gamma$.

(5) 根据式 (6-51) 计算 $\Delta\nu_c^{\max}$.

(6) 更新 $\nu_c \leftarrow \nu_c + \Delta\nu_c^{\max}$.

(7) 更新集合 S 中的样本 $\nu_s \leftarrow \nu_s + \eta\Delta\nu_c^{\max}$.

(8) 更新集合 E 和 R 中的样本 $h_{c,r} \leftarrow h_{c,r} + \gamma\Delta\nu_c^{\max}$.

(9) 假设 k 是根据式 (6-51) 决定 $\Delta\nu_c^{\max}$ 的样本下标,

如果 $\boldsymbol{x}_k \in S$, 那么把 $\boldsymbol{x}_k$ 从集合 S 移动到集合 E 或者集合 R 中.

如果 $\boldsymbol{x}_k \in E \cup R$, 那么把 $\boldsymbol{x}_k$ 从集合 E 或者集合 R 移动到集合 S 中.

如果 $\boldsymbol{x}_k = \boldsymbol{x}_c$, 那么终止算法.

(10) 根据式 (6-17) 更新 $\boldsymbol{\Psi} = \boldsymbol{\Omega}^{-1}$, 转 (2).

6.4 核递归最小二乘算法

基于最小二乘思想, 文献 [6] 提出了在线核最小二乘回归算法. 算法首先根据近似线性相关条件构造样本字典集, 然后用样本字典集里面的样本来近似表示所有的样本, 最后利用最小二乘误差最小化的思想来更新组合系数 α.

6.4.1 样本字典 —— 在线稀疏化

首先, 给出近似线性相关条件的定义, 然后给出在线稀疏化的思想.

定义 6.1(近似线性相关条件 (ALD 条件))　若存在实系数 $a=(a_1,a_2\cdots a_{m_t-1})$ 满足条件 $\delta_t=\min\limits_{\boldsymbol{a}}\left\|\sum\limits_{j=1}^{m_{t-1}}a_j\phi(\tilde{\boldsymbol{x}}_j)-\phi(\boldsymbol{x}_t)\right\|^2\leqslant\delta$, δ 是稀疏化控制参数, 则称 $\phi(\boldsymbol{x}_t)$ 与 $\{\phi(\tilde{\boldsymbol{x}}_j)\}_{j=1}^{m_{t-1}}$ 近似线性相关.

给定系列学习样本集 $\{(\boldsymbol{x}_1,y_1),(\boldsymbol{x}_2,y_2),\cdots\}$, $\boldsymbol{x}_i\in R^n,y_i\in R$, 在学习的第 t 步, 已经学习过了 $t-1$ 个样本 $\{\boldsymbol{x}_i\}_{i=1}^{t-1}$. 假设从这 $t-1$ 个样本中已经提取出了一个集合 $D_{t-1}=\{\tilde{\boldsymbol{x}}_j\}_{j=1}^{m_{t-1}}$, 称这个集合为样本字典. 其中含有 m_{t-1} 个样本, 而且 $\{\phi(\tilde{\boldsymbol{x}}_j)\}_{j=1}^{m_{t-1}}$ 是线性不相关的. 在第 t 步, 对于新样本 $\boldsymbol{x}_t$, 若 $\phi(\boldsymbol{x}_t)$ 与 $\{\phi(\tilde{\boldsymbol{x}}_j)\}_{j=1}^{m_{t-1}}$ 近似线性相关, 则 $\boldsymbol{x}_t$ 不加入字典中, $D_t=D_{t-1}$; 否则将 $\boldsymbol{x}_t$ 加入字典中, $D_t=D_{t-1}\cup\{\boldsymbol{x}_t\}$, $m_t=m_{t-1}+1$, 这就是在线稀疏化的基本思想.

将 $\delta_t=\min\limits_{\boldsymbol{a}}\left\|\sum\limits_{j=1}^{m_{t-1}}a_j\phi(\tilde{\boldsymbol{x}}_j)-\phi(\boldsymbol{x}_t)\right\|^2$ 展开可得

$$\delta_t=\min_{\boldsymbol{a}}\left\{\sum_{i,j=1}^{m_{t-1}}a_ia_jK(\tilde{\boldsymbol{x}}_i,\tilde{\boldsymbol{x}}_j)-2\sum_{j=1}^{m_{t-1}}a_jK(\tilde{\boldsymbol{x}}_j,\boldsymbol{x}_t)+K(\boldsymbol{x}_t,\boldsymbol{x}_t)\right\}\tag{6-52}$$

其矩阵形式为

$$\delta_t=\min_{\boldsymbol{a}}\left\{\boldsymbol{a}^{\mathrm{T}}\tilde{\boldsymbol{K}}_{t-1}\boldsymbol{a}-2\boldsymbol{a}^{\mathrm{T}}\tilde{\boldsymbol{k}}_{t-1}(\boldsymbol{x}_t)+k_{tt}\right\}\tag{6-53}$$

其中 $\left(\tilde{\boldsymbol{K}}_{t-1}\right)_{i,j}=K(\tilde{\boldsymbol{x}}_i,\tilde{\boldsymbol{x}}_j)$, $\left(\tilde{\boldsymbol{k}}_{t-1}(\boldsymbol{x}_t)\right)_j=K(\tilde{\boldsymbol{x}}_j,\boldsymbol{x}_t)$, $K_{tt}=k(\boldsymbol{x}_t,\boldsymbol{x}_t)$.

优化问题 (6-53) 的最优解为

$$\boldsymbol{a}_t=\tilde{\boldsymbol{K}}_{t-1}^{-1}\tilde{\boldsymbol{k}}_{t-1}(\boldsymbol{x}_t)\tag{6-54}$$

则近似线性相关条件为

$$\delta_t=k_{tt}-\boldsymbol{a}^{\mathrm{T}}\tilde{\boldsymbol{k}}_{t-1}(\boldsymbol{x}_t)\leqslant\delta\tag{6-55}$$

6.4.2 核递归最小二乘算法

在核递归最小二乘回归算法中, 第 t 步的最小二乘误差为

$$L(\boldsymbol{w})=\sum_{i=1}^{t}\left(f(\boldsymbol{x}_i)-y_i\right)^2=\sum_{i=1}^{t}\left(\boldsymbol{w}_t^{\mathrm{T}}\phi(\boldsymbol{x}_i)-y_i\right)^2=\left\|\boldsymbol{\Phi}_t^{\mathrm{T}}\boldsymbol{w}_t-\boldsymbol{Y}_t\right\|^2=\|\boldsymbol{K}_t\boldsymbol{\alpha}-\boldsymbol{Y}_t\|^2\tag{6-56}$$

其中 $\boldsymbol{Y}_t=(y_1,y_2,\cdots,y_t)^{\mathrm{T}}$, $\boldsymbol{w}_t=\sum\limits_{i=1}^{t}\alpha_i\phi(\boldsymbol{x}_i)=\boldsymbol{\Phi}_t\boldsymbol{\alpha}$, $\boldsymbol{\alpha}=(\alpha_1,\alpha_2,\cdots,\alpha_t)^{\mathrm{T}}$.

令 $\tilde{\boldsymbol{\Phi}}_i=(\phi(\tilde{\boldsymbol{x}}_1),\phi(\tilde{\boldsymbol{x}}_2),\cdots,\phi(\tilde{\boldsymbol{x}}_{m_i}))$, 则可得到以下的近似代替：

$$\phi(\boldsymbol{x}_i)=\sum_{j=1}^{m_i}a_{i,j}\phi(\tilde{\boldsymbol{x}}_j)=\tilde{\boldsymbol{\Phi}}_i\boldsymbol{A}_i^{\mathrm{T}} \tag{6-57}$$

$$\boldsymbol{w}_t=\sum_{i=1}^{t}\alpha_i\phi(\boldsymbol{x}_i)=\sum_{i=1}^{t}\sum_{j=1}^{m_i}\alpha_i a_{i,j}\phi(\tilde{\boldsymbol{x}}_j)=\tilde{\boldsymbol{\Phi}}_t\boldsymbol{A}_t^{\mathrm{T}}\boldsymbol{\alpha}_t=\tilde{\boldsymbol{\Phi}}_t\tilde{\boldsymbol{\alpha}}_t \tag{6-58}$$

从而, 二次损失可写为

$$L(\tilde{\boldsymbol{\alpha}}_t)=\left\|\boldsymbol{\Phi}_t^{\mathrm{T}}\tilde{\boldsymbol{\Phi}}_t\tilde{\boldsymbol{\alpha}}_t-\boldsymbol{Y}_t\right\|^2=\left\|\boldsymbol{A}_t\tilde{\boldsymbol{\Phi}}_t^{\mathrm{T}}\tilde{\boldsymbol{\Phi}}_t\tilde{\boldsymbol{\alpha}}_t-\boldsymbol{Y}_t\right\|^2=\left\|\boldsymbol{A}_t\tilde{\boldsymbol{K}}_t\tilde{\boldsymbol{\alpha}}_t-\boldsymbol{Y}_t\right\|^2 \tag{6-59}$$

最优解为

$$\tilde{\boldsymbol{\alpha}}_t=\tilde{\boldsymbol{K}}_t^{-1}\boldsymbol{A}_t^{-1}\boldsymbol{Y}_t=\tilde{\boldsymbol{K}}_t^{-1}\left(\boldsymbol{A}_t^{\mathrm{T}}\boldsymbol{A}_t\right)^{-1}\boldsymbol{A}_t^{\mathrm{T}}\boldsymbol{Y}_t \tag{6-60}$$

在稀疏化的过程中, 有以下两种情况出现:

(1) $\phi(\boldsymbol{x}_t)$ 关于 D_{t-1} 近似线性相关, 即 $\delta_t\leqslant\delta$, 则 $\boldsymbol{a}_t=\tilde{\boldsymbol{K}}_{t-1}^{-1}\tilde{\boldsymbol{k}}_{t-1}(\boldsymbol{x}_t)$, 而且 $D_t=D_{t-1},m_t=m_{t-1}$, $\tilde{\boldsymbol{K}}_t=\tilde{\boldsymbol{K}}_{t-1}$.

此时只有矩阵 $\boldsymbol{A}_t$ 发生了变化, 由 $\boldsymbol{A}_t=\left(\boldsymbol{A}_{t-1}^{\mathrm{T}},\boldsymbol{a}_t\right)^{\mathrm{T}}$ 可得

$$\boldsymbol{A}_t^{\mathrm{T}}\boldsymbol{A}_t=\boldsymbol{A}_{t-1}^{\mathrm{T}}\boldsymbol{A}_{t-1}+\boldsymbol{a}_t\boldsymbol{a}_t^{\mathrm{T}} \tag{6-61}$$

记 $\boldsymbol{P}_t=\left(\boldsymbol{A}_t^{\mathrm{T}}\boldsymbol{A}_t\right)^{-1}$, 则有

$$\boldsymbol{P}_t=\boldsymbol{P}_{t-1}-\frac{\boldsymbol{P}_{t-1}\boldsymbol{a}_t\boldsymbol{a}_t^{\mathrm{T}}\boldsymbol{P}_{t-1}}{1+\boldsymbol{a}_t^{\mathrm{T}}\boldsymbol{P}_{t-1}\boldsymbol{a}_t} \tag{6-62}$$

记 $\boldsymbol{q}_t=\dfrac{\boldsymbol{P}_{t-1}\boldsymbol{a}_t}{1+\boldsymbol{a}_t^{\mathrm{T}}\boldsymbol{P}_{t-1}\boldsymbol{a}_t}$, 注意到 $\boldsymbol{A}_t^{\mathrm{T}}\boldsymbol{Y}_t=\boldsymbol{A}_{t-1}^{\mathrm{T}}\boldsymbol{Y}_{t-1}+\boldsymbol{a}_t\boldsymbol{Y}_t$, $\boldsymbol{q}_t=\boldsymbol{P}_t\boldsymbol{a}_t$, $\tilde{\boldsymbol{k}}_{t-1}(\boldsymbol{x}_t)=\tilde{\boldsymbol{K}}_t\boldsymbol{a}_t$, 从而可以得到 $\tilde{\boldsymbol{\alpha}}_t$ 的更新公式为

$$\begin{aligned}\tilde{\boldsymbol{\alpha}}_t&=\tilde{\boldsymbol{K}}_t^{-1}\left(\boldsymbol{A}_t^{\mathrm{T}}\boldsymbol{A}_t\right)^{-1}\boldsymbol{A}_t^{\mathrm{T}}\boldsymbol{Y}_t=\tilde{\boldsymbol{K}}_t^{-1}\boldsymbol{P}_t\boldsymbol{A}_t^{\mathrm{T}}\boldsymbol{Y}_t\\&=\tilde{\boldsymbol{K}}_t^{-1}\left(\boldsymbol{P}_{t-1}-\boldsymbol{q}_t\boldsymbol{a}_t^{\mathrm{T}}\boldsymbol{P}_{t-1}\right)\left(\boldsymbol{A}_{t-1}^{\mathrm{T}}\boldsymbol{Y}_{t-1}+\boldsymbol{a}_t\boldsymbol{Y}_t\right)\\&=\tilde{\boldsymbol{\alpha}}_{t-1}+\tilde{\boldsymbol{K}}_t^{-1}\left(\boldsymbol{P}_t\boldsymbol{a}_t\boldsymbol{Y}_t-\boldsymbol{q}_t\boldsymbol{a}_t^{\mathrm{T}}\tilde{\boldsymbol{K}}_t\tilde{\boldsymbol{\alpha}}_{t-1}\right)\\&=\tilde{\boldsymbol{\alpha}}_{t-1}+\tilde{\boldsymbol{K}}_t^{-1}\boldsymbol{q}_t\left(\boldsymbol{Y}_t-\tilde{\boldsymbol{k}}_{t-1}^{\mathrm{T}}(\boldsymbol{x}_t)\tilde{\boldsymbol{\alpha}}_{t-1}\right)\end{aligned} \tag{6-63}$$

(2) 若 $\delta_t>\delta$, 则 $D_t=D_{t-1}\cup\{x_t\},m_t=m_{t-1}+1$, $\tilde{\boldsymbol{K}}_t$ 的更新公式为

$$\tilde{\boldsymbol{K}}_t=\begin{pmatrix}\tilde{\boldsymbol{K}}_{t-1} & \tilde{\boldsymbol{k}}_t(\boldsymbol{x}_t)\\ \tilde{\boldsymbol{k}}_t^{\mathrm{T}}(\boldsymbol{x}_t) & k_{tt}\end{pmatrix} \tag{6-64}$$

相应的逆矩阵为

$$\tilde{\boldsymbol{K}}_t^{-1}=\frac{1}{\delta_t}\begin{pmatrix}\delta_t\tilde{\boldsymbol{K}}_{t-1}^{-1}+\boldsymbol{a}_t\boldsymbol{a}_t^{\mathrm{T}} & -\boldsymbol{a}_t\\ -\boldsymbol{a}_t^{\mathrm{T}} & 1\end{pmatrix} \tag{6-65}$$

其中 δ_t 和 a_t 由式 (6-55) 和式 (6-54) 给出.

由 $\boldsymbol{A}_t=\begin{pmatrix}\boldsymbol{A}_{t-1} & 0\\ 0^{\mathrm{T}} & 1\end{pmatrix}$ 可得

$$\boldsymbol{A}_t^{\mathrm{T}}\boldsymbol{A}_t=\begin{pmatrix}\boldsymbol{A}_{t-1}^{\mathrm{T}}\boldsymbol{A}_{t-1} & 0\\ \boldsymbol{0}^{\mathrm{T}} & 1\end{pmatrix},\quad \boldsymbol{P}_t=\left(\boldsymbol{A}_t^{\mathrm{T}}\boldsymbol{A}_t\right)^{-1}=\begin{pmatrix}\boldsymbol{P}_{t-1} & 0\\ \boldsymbol{0}^{\mathrm{T}} & 1\end{pmatrix} \tag{6-66}$$

则对应的 $\tilde{\boldsymbol{\alpha}}_t$ 更新规则为

$$\begin{aligned}\tilde{\boldsymbol{\alpha}}_t&=\tilde{\boldsymbol{K}}_t^{-1}\left(\boldsymbol{A}_t^{\mathrm{T}}\boldsymbol{A}_t\right)^{-1}\boldsymbol{A}_t^{\mathrm{T}}\boldsymbol{Y}_t=\tilde{\boldsymbol{K}}_t^{-1}\begin{pmatrix}\left(\boldsymbol{A}_{t-1}^{\mathrm{T}}\boldsymbol{A}_{t-1}\right)^{-1}\boldsymbol{A}_{t-1}^{\mathrm{T}}\boldsymbol{Y}_{t-1}\\ y_t\end{pmatrix}\\ &=\begin{pmatrix}\tilde{\boldsymbol{\alpha}}_{t-1}-\left(\dfrac{\boldsymbol{a}_t}{\delta_t}\left(y_t-\tilde{\boldsymbol{k}}_{t-1}^{\mathrm{T}}(\boldsymbol{x}_t)\tilde{\boldsymbol{\alpha}}_{t-1}\right)\right)\\ \dfrac{1}{\delta_t}\left(y_t-\tilde{\boldsymbol{k}}_{t-1}^{\mathrm{T}}(\boldsymbol{x}_t)\tilde{\boldsymbol{\alpha}}_{t-1}\right)\end{pmatrix}\end{aligned} \tag{6-67}$$

基于上述的分析, 在给定稀疏化控制参数 δ 的情况下, 核递归最小二乘回归算法流程如下.

算法 6.5

(1) 初始化: $\tilde{\boldsymbol{K}}_1=(k_{11})$, $\tilde{\boldsymbol{K}}_1^{-1}=\left(\dfrac{1}{k_{11}}\right)$, $\tilde{\boldsymbol{\alpha}}_1=\dfrac{y_1}{k_{11}}$, $\boldsymbol{P}_1=(1)$, $m=1$.

(2) 对 $t=2,3,\cdots$ 进行下列循环操作:

(2-1) 读入新样本 $(\boldsymbol{x}_t,y_t)$;

(2-2) 计算 $\tilde{\boldsymbol{k}}_{t-1}(\boldsymbol{x}_t)$;

(2-3) 计算 $\boldsymbol{a}_t=\tilde{\boldsymbol{K}}_{t-1}^{-1}\tilde{\boldsymbol{k}}_{t-1}(\boldsymbol{x}_t)$, $\delta_t=k_{tt}-\boldsymbol{a}^{\mathrm{T}}\tilde{\boldsymbol{k}}_{t-1}(\boldsymbol{x}_t)$. 如果 $\delta_t>\delta$, 则令 $\tilde{\boldsymbol{x}}_m=\boldsymbol{x}_t$, $D_t=D_{t-1}\cup\{\tilde{\boldsymbol{x}}_m\}$. 根据式 (6-65)~式 (6-67) 分别计算 $\tilde{\boldsymbol{K}}_t^{-1}$, $\boldsymbol{P}_t$ 和 $\tilde{\boldsymbol{\alpha}}_t$, 同时设置 $m=m+1$. 否则 $D_t=D_{t-1}$, $\boldsymbol{q}_t=\dfrac{\boldsymbol{P}_{t-1}\boldsymbol{a}_t}{1+\boldsymbol{a}_t^{\mathrm{T}}\boldsymbol{P}_{t-1}\boldsymbol{a}_t}$, 然后根据式 (6-62) 和式 (6-63) 分别计算 $\boldsymbol{P}_t$ 和 $\tilde{\boldsymbol{\alpha}}_t$.

(3) 输出 D_t 和 $\tilde{\boldsymbol{\alpha}}_t$.

6.5　基于结构风险最小化的在线核方法

基于结构风险最小化和最速下降法, Kivinen 等[5] 提出了在线核学习算法, 即朴素的结构风险最小化算法. 该算法直接根据结构风险最小化的思想来构造目标函数, 然后根据最速下降法来寻优. 本节将详细介绍该算法.

结构风险的表达式如下:

$$R_{\text{reg}}[f,S]=R_{\text{reg},\lambda}[f,S]=\frac{\lambda}{2}\|f\|_H^2+R_{\text{emp}}[f,S] \tag{6-68}$$

其中 $\|f\|_H^2$ 用于衡量 f 的复杂程度, $\lambda>0$ 是待定的惩罚因子参数, $R_{\text{emp}}[f,S]$ 是经验风险.

针对在线学习每一步只处理一个样本的特点, 基于单样本 $(\boldsymbol{x},y)$, 定义瞬时结构风险:

$$R_{\text{inst}}[f,(\boldsymbol{x},y)]=R_{\text{inst},\lambda}[f,(\boldsymbol{x},y)]=R_{\text{reg},\lambda}[f,(\boldsymbol{x},y)] \tag{6-69}$$

另外, 为了更好地描述在线学习的效果, 用累积损失函数

$$L_{\text{cum}}[f,S]=\sum_{t=1}^{m}l(f(\boldsymbol{x}_{\text{t}}),y_{\text{t}}) \tag{6-70}$$

表示经验风险.

为了使式 (6-68) 中的结构风险最小, 基于经典的最速下降法, 可以得到 f 在第 $t+1$ 步的更新公式:

$$f_{t+1}=f_t-\eta_t\left.\frac{\partial R_{\text{inst},\lambda}[f,(\boldsymbol{x}_t,y_t)]}{\partial f}\right|_{f=f_t} \tag{6-71}$$

其中 $f_i\in H$, $\eta_t<1/\lambda$ 是学习率, 通常可以取 $\eta_t=\eta$ 为一个固定的常数.

由 $\dfrac{\partial l[f(\boldsymbol{x}_t),y_t]}{\partial f}=\dfrac{\partial l[f(\boldsymbol{x}_t),y_t]}{\partial f(\boldsymbol{x}_t)}\cdot\dfrac{\partial f(\boldsymbol{x}_t)}{\partial f}=\dfrac{\partial l[f(\boldsymbol{x}_t),y_t]}{\partial f(\boldsymbol{x}_t)}K(\boldsymbol{x}_t,\cdot)$, $\dfrac{\partial\|f\|_H^2}{\partial f}=2f$ 可知

$$f_{t+1}=(1-\eta_t\lambda)f_t-\eta_t\frac{\partial l[f(\boldsymbol{x}_t),y_t]}{\partial f(\boldsymbol{x}_t)}K(\boldsymbol{x}_t,\cdot) \tag{6-72}$$

由 $f_t(\boldsymbol{x})=\sum\limits_{i=1}^{t-1}\alpha_iK(\boldsymbol{x}_i,\boldsymbol{x})$ 可以得到系数 α_i 在第 t 步的更新公式如下:

$$\alpha_i=\begin{cases}-\eta_t\dfrac{\partial l[f(\boldsymbol{x}_t),y_t]}{\partial f(\boldsymbol{x}_t)}, & i=t\\(1-\eta_t\lambda)\alpha_i, & i<t\end{cases} \tag{6-73}$$

在软间隔的二分类问题中, 取损失函数为 $l_\rho(f(\boldsymbol{x}),y)=\max\{0,\rho-yf(\boldsymbol{x})\}$, 令

$$\sigma_t=\begin{cases}1, & y_tf(\boldsymbol{x}_t)\leqslant\rho\\0, & y_tf(\boldsymbol{x}_t)>\rho\end{cases} \tag{6-74}$$

由 $\dfrac{\partial l_\rho[f(\boldsymbol{x}_t),y_t]}{\partial f(\boldsymbol{x}_t)}=-\sigma_ty_t$ 可得更新公式为

$$f_{t+1}=(1-\eta_t\lambda)f_t+\eta_t\sigma_ty_tK(\boldsymbol{x}_t,\cdot) \tag{6-75}$$

$$\alpha_i = \begin{cases} \eta_t \sigma_t y_t, & i = t \\ (1 - \eta_t \lambda)\alpha_i, & i < t \end{cases} \tag{6-76}$$

在回归问题中, 如果取损失函数为 $l(f(\boldsymbol{x}), y) = \dfrac{1}{2}(y - f(\boldsymbol{x}))^2$, 则更新公式为

$$f_{t+1} = (1 - \eta_t \lambda) f_t + \eta_t (y_t - f(\boldsymbol{x}_t)) K(\boldsymbol{x}_t, \cdot) \tag{6-77}$$

$$\alpha_i = \begin{cases} \eta_t (y_t - f(\boldsymbol{x}_t)), & i = t \\ (1 - \eta_t \lambda)\alpha_i, & i < t \end{cases} \tag{6-78}$$

如果损失函数为 ε 敏感损失函数 $l(f(x), y) = \max(0, |y - f(x)| - \varepsilon)$, 其中 ε 为敏感因子, 令 $\sigma_t = y_t - f(\boldsymbol{x}_t)$, 则更新公式为

$$f_{t+1} = \begin{cases} (1 - \eta_t \lambda) f_t + \eta_t \mathrm{sgn}(\sigma_t) K(\boldsymbol{x}_t, \cdot), & |\sigma_t| > \varepsilon \\ (1 - \eta_t \lambda) f_t, & |\sigma_t| \leqslant \varepsilon \end{cases} \tag{6-79}$$

$$\alpha_i = \begin{cases} \eta_t \mathrm{sgn}(\sigma_t), & i = t, |\sigma_t| > \varepsilon \\ 0, & i = t, |\sigma_t| \leqslant \varepsilon \\ (1 - \eta_t \lambda)\alpha_i, & i < t \end{cases} \tag{6-80}$$

如果损失函数是 Huber 损失函数

$$l(f(\boldsymbol{x}), y) = \begin{cases} |y - f(\boldsymbol{x})| - \dfrac{1}{2}\sigma, & |y - f(\boldsymbol{x})| \geqslant \sigma \\ \dfrac{(y - f(\boldsymbol{x}))^2}{2\sigma}, & |y - f(\boldsymbol{x})| < \sigma \end{cases} \tag{6-81}$$

令 $\delta_t = y_t - f(\boldsymbol{x}_t)$, 则更新公式为

$$f_{t+1} = \begin{cases} (1 - \eta_t \lambda) f_t + \eta_t \mathrm{sgn}(\delta_t) K(\boldsymbol{x}_t, \cdot), & |\delta_t| \geqslant \sigma \\ (1 - \eta_t \lambda) f_t + \eta_t \dfrac{\delta_t}{\sigma} K(\boldsymbol{x}_t, \cdot), & |\delta_t| < \sigma \end{cases} \tag{6-82}$$

$$\alpha_i = \begin{cases} \eta_t \mathrm{sgn}(\delta_t), & i = t, |\delta_t| \geqslant \sigma \\ \dfrac{\eta_t \delta_t}{\sigma}, & i = t, |\delta_t| < \sigma \\ (1 - \eta_t \lambda)\alpha_i, & i < t \end{cases} \tag{6-83}$$

为了加快在线学习的速度, 文献 [5] 基于截断和系数指数衰减的思想提出了朴素的结构风险最小化算法, 其详细的步骤如下.

算法 6.6

给定: 样本序列 $S = \{(\boldsymbol{x}_i, y_i)\}_{i \in N} \in (X \times Y)^\infty$; 惩罚参数 λ; 截断参数 $\tau \in N$, 学习率 $\eta \in (0, 1/\lambda)$; 损失函数 $l(f(\boldsymbol{x}), y)$; 再生核希尔伯特空间 H 和核函数 K, 则算法 NORMA(S, l, k, η, τ) 将输出序列 $f = (f_1, f_2, \cdots) \in H^\infty$.

初始化：$t=1;\beta_i=(1-\lambda\eta)^i\ i=0,1,\cdots,\tau;$

Loop

$f_t(\cdot)=\sum\limits_{i=\max\{1,t-\tau\}}^{t-1}\alpha_i\beta_{t-i-1}K(\boldsymbol{x}_i,\cdot)$

$\alpha_t=-\eta_t\dfrac{\partial l[f(\boldsymbol{x}_t),y_t]}{\partial f(\boldsymbol{x}_t)}$

$t=t+1$

End Loop

下面分析一下朴素的结构风险最小化算法的截断误差. 假设损失函数 $l(z,y)$ 满足 $|\partial_z l(z,y)|\leqslant M$, 其中 $z\in R,y\in Y$. 核函数满足 $\|K(x,\cdot)\|\leqslant X$, 其中 $\|\cdot\|$ 可以是 $\|\cdot\|_{L_\infty}$ 或者 $\|\cdot\|_H$, 记 $f_{\text{trunc}}=\sum\limits_{i=\max(1,t-\tau)}^{t-1}\alpha_iK(x_i,\cdot)$. 如果最后的核方法表达式截取后面的 τ 项, 则可得到截断误差满足下式:

$$\|f-f_{\text{trunc}}\|\leqslant\sum_{i=1}^{t-\tau}\eta(1-\lambda\eta)^{t-i}MX<(1-\lambda\eta)^{\tau}\frac{MX}{\lambda}\tag{6-84}$$

显然, $(1-\lambda\eta)^{\tau}\dfrac{MX}{\lambda}$ 随着项数 τ 成指数级增长. 当 τ 足够大时, 截断误差趋于零.

6.6 快速的在线核分类器

在再生核理论中, 核分类器的通用表达式是

$$f(\boldsymbol{x})=\sum_{i=1}^{l}\alpha_iK(\boldsymbol{x}_i,\boldsymbol{x})+b\tag{6-85}$$

考虑支持向量机分类模型:

$$\min_{\boldsymbol{w},b,\boldsymbol{\xi}}\quad\frac{1}{2}\|\boldsymbol{w}\|^2+C\sum_{i=1}^{l}\xi_i\tag{6-86}$$

$$\text{s.t.}\quad y_if(\boldsymbol{x}_i)\geqslant1-\xi_i,\quad i=1,2,\cdots,l\tag{6-87}$$

$$\xi_i\geqslant0,\quad i=1,2,\cdots,l\tag{6-88}$$

其对偶问题为

$$\max_{\boldsymbol{\alpha}}\quad W(\boldsymbol{\alpha})=-\frac{1}{2}\sum_{i=1}^{l}\sum_{j=1}^{l}\alpha_i\alpha_jK(\boldsymbol{x}_i,\boldsymbol{x}_j)+\sum_{i=1}^{l}\alpha_iy_i\tag{6-89}$$

$$\text{s.t.}\quad\sum_{i=1}^{l}\alpha_i=0\tag{6-90}$$

$$A_i \leqslant \alpha_i \leqslant B_i, \quad i=1,2,\cdots,l \tag{6-91}$$

$$A_i = \min(0, Cy_i), \quad i=1,2,\cdots,l \tag{6-92}$$

$$B_i = \max(0, Cy_i), \quad i=1,2,\cdots,l \tag{6-93}$$

其中, 对于正类样本点, 它对应的 α_i 值是正数, 对于负类样本点, 它对应的 α_i 值是负数.

1964 年, Aizerman 等给出了最早的在线核分类器算法, 称为核感知机模型 (kernel perceptrons)[7]. 这个模型的工作集定义为集合 S, 随机选择一个样本对集合 S 进行初始化, 对于后续学习的样本, 若当前分类器对其分类错误的话, 则将其加入集合 S 中, 否则不加入.

算法 6.7(核感知机算法)

(1) 初始化 $S \leftarrow \varnothing, b \leftarrow 0$.

(2) 随机选取一个样本 $(\boldsymbol{x}_t, y_t)$.

(3) 计算 $f(\boldsymbol{x}_t) = \sum\limits_{i \in S} \alpha_i K(\boldsymbol{x}_i, \boldsymbol{x}_t) + b$.

(4) 若 $y_t f(\boldsymbol{x}_t) \leqslant 0$, 则 $\alpha_t = y_t, S = S \cup \{\boldsymbol{x}_t\}$.

(5) 转 (2).

上述的核感知机算法只有增量学习的过程, 当支持向量较多时, 那么工作集 S 的规模将逐渐增大, 为了克服这一缺点, 2003 年, Crammer 等提出了带有减量学习的核感知机算法[8], 该算法规定若集合 S 的规模增大到 N 时, 则从 S 集合中剔除一些分类正确的样本.

算法 6.8(带减量学习的核感知机算法)

(1) 初始化 $S \leftarrow \varnothing, b \leftarrow 0$.

(2) 随机选取一个样本 $(\boldsymbol{x}_t, y_t)$.

(3) 计算 $f(\boldsymbol{x}_t) = \sum\limits_{i \in S} \alpha_i K(\boldsymbol{x}_i, \boldsymbol{x}_t) + b$.

(4) 如果 $y_t f(\boldsymbol{x}_t) \leqslant 0$, 那么

　(4-1) $\alpha_t = y_t, S = S \cup \{\boldsymbol{x}_t\}$;

　(4-2) 如果 $|S| > N$, 那么 $S = S \Big\backslash \left\{ \arg\max\limits_{i \in S} y_i \left(f(\boldsymbol{x}_i) - \alpha_i K(\boldsymbol{x}_i, \boldsymbol{x}_i) \right) \right\}$.

(5) 转 (2).

可行方向法是求解二次规划问题的一种经典算法, 假设给定 α 的一个具体的变化方向 $\boldsymbol{u}$, 优化问题 (6-89)~(6-93) 可转化为

$$\lambda^* = \arg\max \quad W(\boldsymbol{\alpha} + \lambda \boldsymbol{u}) \tag{6-94}$$

$$\text{s.t.} \quad 0 \leqslant \lambda \leqslant \phi(\boldsymbol{\alpha}, \boldsymbol{u}) \tag{6-95}$$

其中 λ 的上界 $\phi(\boldsymbol{\alpha},\boldsymbol{u})$ 的取值如下:

$$\phi(\boldsymbol{\alpha},\boldsymbol{u})=\min\begin{cases}0, & \sum\limits_k u_k\neq 0\\ (B_i-\alpha_i)/u_i, & i\in\{i|u_i>0\}\\ (A_j-\alpha_j)/u_j, & j\in\{j|u_j<0\}\end{cases}\tag{6-96}$$

最优的 λ 可以由下式给出:

$$\lambda^*=\min\left\{\phi(\boldsymbol{\alpha},\boldsymbol{u}),\frac{\sum\limits_i g_iu_i}{\sum\limits_{i,j}u_iu_jK(\boldsymbol{x}_i,\boldsymbol{x}_j)}\right\}\tag{6-97}$$

其中,

$$g_i=\frac{\partial W(\boldsymbol{\alpha})}{\partial\alpha_i}=y_i-\sum_j\alpha_jK(\boldsymbol{x}_i,\boldsymbol{x}_j)\tag{6-98}$$

根据 Chang 和 Lin 在 SMO 算法的策略[9], 定义 τ-冲突对:

$$\tau\text{-冲突对 }(i,j)\Leftrightarrow\begin{cases}\alpha_i<B_i\\ \alpha_j>A_j\\ g_i-g_j>\tau\end{cases}\tag{6-99}$$

则得到解优化问题 (6-94)~(6-95) 的 SMO 算法如下.

算法 6.9

(1) 初始化 $\alpha\leftarrow 0$; 根据公式 (6-98) 计算样本的梯度 g_i.

(2) 选择一个 τ-冲突对, 若不存在则程序终止.

(3) 令 $\lambda\leftarrow\min\left\{\dfrac{g_i-g_j}{K_{ii}+K_{jj}-2K_{ij}},B_i-\alpha_i,\alpha_j-A_j\right\}$, $\alpha_i\leftarrow\alpha_i+\lambda,\alpha_j\leftarrow\alpha_j-\lambda$. 对于集合 S 中的所有元素, 令 $g_s\leftarrow g_s-\lambda(K_{is}-K_{js})$.

(4) 转 (2).

基于核感知机算法, Bordes 等给出了快速在线核分类器算法[10], 其详细过程如下.

算法 6.10

(1) 初始化集合 S: 从正类和负类分别选取一些样本加入集合 S 中.

初始化 $\alpha\leftarrow 0$;

根据式 (6-98) 计算样本的梯度 g_i.

(2) 把样本 $\boldsymbol{x}_k$ 加入集合 S 中;

运行过程 PROCESS(k);

运行过程 REPROCESS.

在上述算法中, PROCESS(k) 过程利用 SMO 算法进行增量学习. 在每一步的迭代中, 从集合 S 中找到一个样本点, 与新加入的样本形成矛盾对, 若找到了这样的矛盾对, 就利用 SMO 算法求解, 给出一个 α 的更新, 若找不到这样的矛盾对, 则算法终止. PROCESS(k) 的详细过程如下:

算法 6.11

(1) 首先将 k 加入集合 S 中, 若 $k \in S$, 则跳出.

(2) $\alpha_k \leftarrow 0, g_k \leftarrow y_k - \sum\limits_{s\in S} \alpha_s K_{ks}, S \leftarrow S \cup \{k\}$.

(3) 如果 $y_k = +1$, 那么

$$i \leftarrow k, j \leftarrow \arg\min_{s\in S} g_s \text{ 且 } \alpha_s > A_s$$

否则

$$j \leftarrow k, i \leftarrow \arg\max_{s\in S} g_s \text{ 且 } \alpha_s < B_s$$

(4) 若 (i, j) 不是 τ-冲突对, 则跳出.

(5) $\lambda \leftarrow \min\left\{\dfrac{g_i - g_j}{K_{ii} + K_{jj} - 2K_{ij}}, B_i - \alpha_i, \alpha_j - A_j\right\}$,

$$\alpha_i \leftarrow \alpha_i + \lambda, \alpha_j \leftarrow \alpha_j - \lambda$$

$$g_s \leftarrow g_s - \lambda(K_{is} - K_{js}), \quad \forall s \in S$$

REPROCESS 过程旨在从工作集 S 中剔除样本. 首先在集合 S 中选择一个 τ-冲突对, 然后给出 α 的更新方向, 并剔除集合 S 中的非支持向量, 最后计算决策函数中的偏移量 b 和集合 S 中的最大 τ-冲突对的梯度之差 δ. REPROCESS 的详细过程如下.

算法 6.12

(1) $i \leftarrow \arg\max\limits_{s\in S} g_s$ 且 $\alpha_s < B_s$,

$$j \leftarrow \arg\min_{s\in S} g_s \text{ 且 } \alpha_s > A_s$$

(2) 若 (i, j) 不是 τ-冲突对, 则跳出.

(3) $\lambda \leftarrow \min\left\{\dfrac{g_i - g_j}{K_{ii} + K_{jj} - 2K_{ij}}, B_i - \alpha_i, \alpha_j - A_j\right\}$,

$$\alpha_i \leftarrow \alpha_i + \lambda, \alpha_j \leftarrow \alpha_j - \lambda$$

$$g_s \leftarrow g_s - \lambda(K_{is} - K_{js}), \quad \forall s \in S$$

(4) $i \leftarrow \arg\max\limits_{s\in S} g_s$ 且 $\alpha_s < B_s$,

$$j \leftarrow \arg\min_{s\in S} g_s \text{ 且 } \alpha_s > A_s$$

对于 $\alpha_s = 0$ 的样本点 x_s:

(4-1) 若 $y_s = -1$ 且 $g_s \geqslant g_i$ 则 $S = S - \{s\}$,

(4-2) 若 $y_s = +1$ 且 $g_s \leqslant g_j$ 则 $S = S - \{s\}$.

(5) 更新 $b \leftarrow (g_i + g_j)/2, \delta = g_i - g_j$.

最近, 利用快速在线核分类器算法, Ertekin 等基于 Ramp 损失函数提出了非凸在线支持向量机, 并把新的算法应用于带孤立点的分类问题[11].

参 考 文 献

[1] Cauwenberghs G, Poggio T. Incremental and decremental support vector machine learning//The Fourteenth conference on Advances in Neural Information Processing Systems, 2000: 409-415.

[2] Martin M. On-Line support vector machines for function approximation//Technical Report, LSI-02-11-R. Catalunya: Department of Software, Universitat Politecnica de Catalunya, 2002.

[3] Ma J S, Theiler J, Perkins S. Accurate on-line support vector regression. Neural Computation, 2003, 15(11): 2683-2703.

[4] Laskov P, Gehl C, Kruger S, Muller K R. Incremental support vector machine learning: analysis, implementation and application. Journal of Machine Learning Research, 2006, 7: 1909-1936.

[5] Kivinen J, Smola A J, Williamson R C. Online Learning with kernels. IEEE Transactions on Signal Processing, 2004, 52(8): 2165-2176.

[6] Engel Y, Mannor S, Meir R. The kernel recursive least-squares algorithm. IEEE Transactions on Signal Processing, 2004, 52(8): 2275-2285.

[7] Aizerman M A, Braverman E M, Rozono'er L I. Theoretical foundations of the potential function method in pattern recognition learning. Automation and Remote Control, 1964, 25: 821-837.

[8] Crammer K, Kandola J, Singer Y. Online classification on a budget//Thrun S, Saul L, Schölkopf B. Advances in Neural Information Processing Systems 16. Cambridge, MA: MIT Press, 2003.

[9] Chang C C, Lin C J. LIBSVM: a library for support vector machines//Technical Report, Computer Science and Information Engineering, National Taiwan University, 2001-2004. http://www.csie.ntu.edu.tw/_cjlin/libsvm.

[10] Bordes A, Ertekin S, Weston J. Fast kernel classifiers with online and active learning. Journal of Machine Learning Research, 2005, 6: 1579-1619.

[11] Ertekin S, Bottou L, Giles C L. Nonconvex online support vector machines. IEEE Transactions on Pattern Aanlysis and Machine Intelligence, 2011, 33(2): 368-381.

第 7 章　大规模分类

大规模分类问题是支持向量机研究领域中的一个重要问题，在网叶分类、文本分类、脱机手写体汉字识别、生物信息处理等领域具有非常广泛的应用. 在早期的研究中, 分解算法是解决大规模分类的主流算法之一[1]. 近几年来, 随着对支持向量机研究的深入, 一些新的大规模计算方法不断涌现. 例如, 针对大规模线性分类问题, 基于 L_1-范支持向量机, Zhang[2], Shalev-Shwartz[3], Bottou[4] 提出了随机梯度下降算法, Joachims 提出了割平面算法[6], Smola 等提出了捆集法[7,8]; 基于 L_2-范支持向量机, Mangasarian 和 Musicant 提出了 Lagrange 支持向量机算法[9], Keerthi 和 DeCoste 提出了修正的牛顿方法[10], Chang 等提出了坐标下降方法解原始优化问题[11], Hsieh 等把该方法推广到对偶问题[12]. 针对大规模非线性分类问题, Fine 和 Scheinberg 提出了基于矩阵低秩近似的内点算法[13], Lee 和 Mangasarian 提出了缩减支持向量机算法[19], Tsang 等提出了核向量机算法[25], Sonnenburg 等提出了多核学习算法[33], Rakotomamonjy 等提出了加权多核学习算法[35], Cheng 等提出了局部支持向量机算法[37]. 在本章中, 将详细地介绍这方面的成果.

7.1　大规模线性支持向量机算法

在第 2 章中, 介绍了 Lagrange 支持向量机算法. 该算法适合大规模的低维线性分类问题, 但不适合大规模的非线性分类问题. 在这一节中, 将介绍解决大规模线性分类的其他算法, 如随机梯度下降算法[2~4]、割平面算法[6]、捆集法[7,8]、修正牛顿方法[10] 和坐标下降算法[11].

7.1.1　随机梯度下降算法

近似线性可分问题的支持向量机模型

$$\min_{\boldsymbol{w},\boldsymbol{\xi}} \quad \frac{1}{2}\|\boldsymbol{w}\|^2 + C\sum_{i=1}^{l}\xi_i \tag{7-1}$$

$$\text{s.t.} \quad y_i(\boldsymbol{w}\cdot\boldsymbol{x}_i) + \xi_i \geqslant 1 \tag{7-2}$$

$$\xi_i \geqslant 0, \quad i = 1, 2, \cdots, l \tag{7-3}$$

可以表示为下述优化问题

$$\min_{\boldsymbol{w}} \frac{1}{2}||\boldsymbol{w}||^2 + C\sum_{i=1}^{l} L(\boldsymbol{w}; (\boldsymbol{x}_i, y_i)) \tag{7-4}$$

其中

$$L(\boldsymbol{w};(\boldsymbol{x}_i,y_i))=\max(0,1-y_i\boldsymbol{w}^{\mathrm{T}}\boldsymbol{x}_i) \tag{7-5}$$

令 $Q(\boldsymbol{w})=\dfrac{1}{2}||\boldsymbol{w}||^2+CL(\boldsymbol{w};(\boldsymbol{x}_i,y_i))$, 则

$$\frac{\partial Q(\boldsymbol{w})}{\partial \boldsymbol{w}}=\boldsymbol{w}+C\frac{\partial L(\boldsymbol{w};(\boldsymbol{x}_i,y_i))}{\partial \boldsymbol{w}}=\begin{cases}\boldsymbol{w}, & y_i\boldsymbol{w}^{\mathrm{T}}\boldsymbol{x}_i\geqslant 1\\ \boldsymbol{w}-Cy_i\boldsymbol{x}_i, & y_i\boldsymbol{w}^{\mathrm{T}}\boldsymbol{x}_i<1\end{cases} \tag{7-6}$$

基于上述梯度信息, 文献 [2~4] 给出了在线随机梯度下降算法:

算法 7.1

(1) 置 $\boldsymbol{w}_1=\boldsymbol{0}$, $t=1$, 最大迭代次数 looptimes.

(2) 从训练集 T 中随机选择一个样本, 设其下标为 i_t, $\eta_t=\dfrac{1}{t}$.

(3) 如果 $y_{i_t}\boldsymbol{w}_t^{\mathrm{T}}\boldsymbol{x}_{i_t}\geqslant 1$, 则 $\boldsymbol{w}_{t+1}=\boldsymbol{w}_t-\eta_t\boldsymbol{w}_t$.

(4) 如果 $y_{i_t}\boldsymbol{w}_t^{\mathrm{T}}\boldsymbol{x}_{i_t}<1$, 则 $\boldsymbol{w}_{t+1}=\boldsymbol{w}_t-\eta_t(\boldsymbol{w}_t-Cy_{i_t}\boldsymbol{x}_{i_t})$.

(5) 置 $t=t+1$. 如果 $t<$ looptimes, 则转 (2); 否则终止算法.

该算法的随机性主要体现在样本的选择上. 为了加快学习速度, 该算法也可以扩充为批处理的模式, 其详细的计算步骤如下:

算法 7.2

(1) 置 $\boldsymbol{w}_1=\boldsymbol{0}$, $t=1$, 最大迭代次数 looptimes.

(2) 从训练集 T 中随机选择 k 个样本, 设其下标组成的集合为 A_t, $\eta_t=\dfrac{1}{t}$.

(3) 令 $A_t^+=\left\{i\in A_t:y_{i_t}\boldsymbol{w}_t^{\mathrm{T}}\boldsymbol{x}_{i_t}<1\right\}$.

(4) 计算 $\boldsymbol{w}_{t+1}=(1-\eta_t)\boldsymbol{w}_t+C\eta_t\sum\limits_{i\in A_t^+}y_{i_t}\boldsymbol{x}_{i_t}$.

(5) 置 $t=t+1$. 如果 $t<$ looptimes, 则转 (2); 否则终止算法.

理论分析表明: 上述两种算法均收敛. 为了控制算法的收敛速度, 可以给定一个阈值 $\varepsilon>0$, 当 $\|\boldsymbol{w}_{t+1}-\boldsymbol{w}_t\|<\varepsilon$ 时, 终止算法.

7.1.2 割平面算法

对于优化问题

$$\min_{\boldsymbol{w},\boldsymbol{\xi}}\quad \frac{1}{2}\boldsymbol{w}^{\mathrm{T}}\boldsymbol{w}+\frac{C}{l}\sum_{i=1}^{l}\xi_i \tag{7-7}$$

$$\text{s.t.}\quad y_i\boldsymbol{w}^{\mathrm{T}}\boldsymbol{x}_i\geqslant 1-\xi_i,\quad i=1,2,\cdots,l \tag{7-8}$$

$$\xi_i\geqslant 0,\quad i=1,2,\cdots,l \tag{7-9}$$

和

$$\min_{\boldsymbol{w},\xi}\quad \frac{1}{2}\boldsymbol{w}^{\mathrm{T}}\boldsymbol{w}+C\xi \tag{7-10}$$

$$\text{s.t.} \quad \forall \boldsymbol{c} \in \{0,1\}^l : \frac{1}{l}\boldsymbol{w}^{\mathrm{T}} \sum_{i=1}^{l} c_i y_i \boldsymbol{x}_i \geqslant \frac{1}{l}\sum_{i=1}^{l} c_i - \xi \tag{7-11}$$

下面的定理成立.

定理 7.1 优化问题 (7-10)~(7-11) 的任意解 $\boldsymbol{w}^*$ 也是优化问题 (7-7)~(7-9) 的解, 并且相应的松弛变量 ξ^* 和 ξ_i^* 之间存在下列关系

$$\xi^* = \frac{1}{l}\sum_{i=1}^{l} \xi_i^* \tag{7-12}$$

证明 优化问题 (7-7)~(7-9) 等价于优化问题

$$\min_{\boldsymbol{w}} \quad \frac{1}{2}\boldsymbol{w}^{\mathrm{T}}\boldsymbol{w} + \frac{C}{l}\sum_{i=1}^{l} \max\left\{0, 1 - y_i \boldsymbol{w}^{\mathrm{T}} \boldsymbol{x}_i\right\} \tag{7-13}$$

优化问题 (7-10)~(7-11) 等价于优化问题

$$\min_{\boldsymbol{w}} \quad \frac{1}{2}\boldsymbol{w}^{\mathrm{T}}\boldsymbol{w} + C \max_{\boldsymbol{c}\in\{0,1\}^l} \left\{\frac{1}{l}\sum_{i=1}^{l} c_i - \frac{1}{l}\boldsymbol{w}^{\mathrm{T}}\sum_{i=1}^{l} c_i y_i \boldsymbol{x}_i\right\} \tag{7-14}$$

由于

$$\begin{aligned} C\xi &= C \max_{\boldsymbol{c}\in\{0,1\}^l} \left\{\frac{1}{l}\sum_{i=1}^{l} c_i - \frac{1}{l}\boldsymbol{w}^{\mathrm{T}}\sum_{i=1}^{l} c_i y_i \boldsymbol{x}_i\right\} \\ &= \frac{C}{l} \max_{\boldsymbol{c}\in\{0,1\}^l} \left\{\sum_{i=1}^{l} c_i - \boldsymbol{w}^{\mathrm{T}}\sum_{i=1}^{l} c_i y_i \boldsymbol{x}_i\right\} \\ &= \frac{C}{l}\sum_{i=1}^{l} \max_{c_i\in\{0,1\}} \left\{c_i - c_i y_i \boldsymbol{w}^{\mathrm{T}}\boldsymbol{x}_i\right\} = \frac{C}{l}\sum_{i=1}^{l} \max\left\{0, 1 - y_i \boldsymbol{w}^{\mathrm{T}}\boldsymbol{x}_i\right\} = \frac{C}{l}\sum_{i=1}^{l} \xi_i \end{aligned} \tag{7-15}$$

所以对于任意给定的 $\boldsymbol{w}$, 优化问题 (7-7)~(7-9) 和 (7-10)~(7-11) 的目标函数是相等的, 从而定理的结论成立.

根据定理 7.1, 我们可以通过解优化问题 (7-10)~(7-11) 达到解优化问题 (7-7)~(7-9) 的目的, 利用文献 [5] 中的割平面算法解优化问题 (7-10)~(7-11), 文献 [6] 给出了解大规模线性分类的割平面算法:

算法 7.3

(1) 设置参数 C 和 ε, 并置 $W = \{(0, 0, \cdots, 0)\}$.

(2) 用 SVM-Light 或 SMO 解优化问题 (7-16)~(7-17), 得到 $(\boldsymbol{w}, \xi)$.

$$(\boldsymbol{w}, \xi) = \arg\min_{\boldsymbol{w},\xi} \quad \frac{1}{2}\boldsymbol{w}^{\mathrm{T}}\boldsymbol{w} + C\xi \tag{7-16}$$

$$\text{s.t.} \quad \forall \boldsymbol{c} \in W: \frac{1}{l}\boldsymbol{w}^{\mathrm{T}}\sum_{i=1}^{l} c_i y_i \boldsymbol{x}_i \geqslant \frac{1}{l}\sum_{i=1}^{l} c_i - \xi \tag{7-17}$$

(3) 如果 $y_i\boldsymbol{w}^{\mathrm{T}}\boldsymbol{x}_i < 1$, 则 $c_i = 1$; 否则, $c_i = 0$.

(4) 如果 $\frac{1}{l}\sum_{i=1}^{l} c_i - \frac{1}{l}\boldsymbol{w}^{\mathrm{T}}\sum_{i=1}^{l} c_i y_i \boldsymbol{x}_i \leqslant \xi + \varepsilon$, 则输出 $(\boldsymbol{w}, \xi)$; 否则, 置 $W = W \cup \{\boldsymbol{c}\}$, 转步骤 (2).

7.1.3 捆集法

考虑正则化风险最小问题

$$\min_{\boldsymbol{w}} \quad J(\boldsymbol{w}) = \lambda\Omega(\boldsymbol{w}) + R_{\mathrm{emp}}(\boldsymbol{w}) \tag{7-18}$$

其中 $R_{\mathrm{emp}}(\boldsymbol{w}) = \frac{1}{l}\sum_{i=1}^{l} L(\boldsymbol{x}_i, y_i, \boldsymbol{w})$.

令

$$a_t = \partial_{\boldsymbol{w}} R_{\mathrm{emp}}(\boldsymbol{w}_{t-1}) \tag{7-19}$$

$$b_t = R_{\mathrm{emp}}(\boldsymbol{w}_{t-1}) - \langle \boldsymbol{w}_{t-1}, a_t \rangle \tag{7-20}$$

$$R_t^{\mathrm{CP}}(\boldsymbol{w}) = \max_{1 \leqslant i \leqslant t} \{\langle \boldsymbol{w}, a_i \rangle + b_i\} \tag{7-21}$$

$$J_t(\boldsymbol{w}) = \lambda\Omega(\boldsymbol{w}) + R_t^{\mathrm{CP}}(\boldsymbol{w}) \tag{7-22}$$

$$\boldsymbol{w}_t = \min_{\boldsymbol{w}} \quad J_t(\boldsymbol{w}) \tag{7-23}$$

$$\varepsilon_t = \min_{1 \leqslant i \leqslant t} \quad J(\boldsymbol{w}_i) - J_t(\boldsymbol{w}_t) \tag{7-24}$$

文献 [7] 给出了解优化问题 (7-18) 的捆集法:

算法 7.4

(1) 设置 $\varepsilon > 0$, $\boldsymbol{w}_0 = 0$, $t = 0$.

(2) $t = t + 1$.

(3) 根据公式 (7-19) 和 (7-20) 分别计算 a_t 和 b_t.

(4) 解优化问题 $\min\limits_{\boldsymbol{w}} \ J_t(\boldsymbol{w}) = \lambda\Omega(\boldsymbol{w}) + R_t^{\mathrm{CP}}(\boldsymbol{w})$.

(5) 根据公式 (7-24) 计算 ε_t.

(6) 如果 $\varepsilon_t \leqslant \varepsilon$, 则输出 $\boldsymbol{w}_t$, 终止算法; 否则, 转 (2).

从捆集法的流程可以看出, 第 4 步是算法是否高效的关键. 下面介绍解优化问题 $\min\limits_{\boldsymbol{w}} \ J_t(\boldsymbol{w}) = \lambda\Omega(\boldsymbol{w}) + R_t^{\mathrm{CP}}(\boldsymbol{w})$ 的高效算法. 首先给出下面的定义和定理[8].

定义 7.1(Fenchel 对偶) 设 Ω 是定义在凸集 W 上的凸函数, 则其对偶为 $\Omega^*(\mu) = \sup\limits_{\boldsymbol{w}\in W} \langle \boldsymbol{w}, \mu\rangle - \Omega(\boldsymbol{w})$.

定理 7.2 设矩阵 $A = (a_1, a_2, \cdots, a_t)$, 向量 $b = (b_1, b_2, \cdots, b_t)$, 则优化问题 $\boldsymbol{w}_t = \min\limits_{\boldsymbol{w}} \left\{ J_t(\boldsymbol{w}) = \lambda\Omega(\boldsymbol{w}) + \max\limits_{1\leqslant i\leqslant t} \{\langle \boldsymbol{w}, a_i\rangle + b_i\} \right\}$的对偶为 $\boldsymbol{\alpha}_t = \min\limits_{\boldsymbol{\alpha}}\{J_t^*(\boldsymbol{\alpha}) = -\lambda\Omega^*(-\lambda^{-1}\boldsymbol{A}\boldsymbol{\alpha}) + \boldsymbol{\alpha}^{\mathrm{T}}\mathbf{b} | \boldsymbol{\alpha} \geqslant 0, \|\boldsymbol{\alpha}\|_1 = 1\}$, 并且 $\boldsymbol{w}_t = \partial\Omega^*(-\lambda^{-1}\boldsymbol{A}\boldsymbol{\alpha})$.

当 $\Omega(\boldsymbol{w}) = \dfrac{1}{2}\boldsymbol{w}^{\mathrm{T}}\boldsymbol{w}$ 时, $\boldsymbol{\alpha}_t = \min\limits_{\boldsymbol{\alpha}}\{J_t^*(\boldsymbol{\alpha}) = -\lambda\Omega^*(-\lambda^{-1}\boldsymbol{A}\boldsymbol{\alpha}) + \boldsymbol{\alpha}^{\mathrm{T}}\boldsymbol{b} | \boldsymbol{\alpha} \geqslant 0, \|\boldsymbol{\alpha}\|_1 = 1\}$ 成为 $\boldsymbol{\alpha}_t = \min\limits_{\boldsymbol{\alpha}} \left\{ J_t^*(\boldsymbol{\alpha}) = -\dfrac{1}{2\lambda}\boldsymbol{\alpha}^{\mathrm{T}}\boldsymbol{A}^{\mathrm{T}}\boldsymbol{A}\boldsymbol{\alpha} + \boldsymbol{\alpha}^{\mathrm{T}}\boldsymbol{b} | \boldsymbol{\alpha} \geqslant 0, \|\boldsymbol{\alpha}\|_1 = 1 \right\}$. 这是一个二次规划问题.

由于二次规划问题的变量个数等于次梯度的个数, 因此可以快速地求解它.

7.1.4 修正的牛顿算法

优化问题

$$\min_{\boldsymbol{w},\boldsymbol{\xi}} \quad \frac{1}{2}(\boldsymbol{w}^{\mathrm{T}}\boldsymbol{w} + b^2) + \frac{C}{2}\sum_{i=1}^{l} \xi_i^2 \tag{7-25}$$

$$\text{s.t.} \quad y_i(\boldsymbol{w}^{\mathrm{T}}\boldsymbol{x}_i + b) \geqslant 1 - \xi_i, \quad i = 1, 2, \cdots, l \tag{7-26}$$

$$\xi_i \geqslant 0, \quad i = 1, 2, \cdots, l \tag{7-27}$$

可以转化为下列优化问题

$$\min_{\boldsymbol{\beta}} \quad f(\boldsymbol{\beta}) = \frac{\lambda}{2}\boldsymbol{\beta}^{\mathrm{T}}\boldsymbol{\beta} + \frac{1}{2}\sum_{i\in I(\boldsymbol{\beta})} d_i^2(\boldsymbol{\beta}) \tag{7-28}$$

其中

$$\boldsymbol{\beta} = (\boldsymbol{w}, b), \quad \lambda = \frac{1}{C}, \quad d_i(\boldsymbol{\beta}) = \boldsymbol{w}^{\mathrm{T}}\boldsymbol{x}_i + b - y_i, \quad I(\boldsymbol{\beta}) = \left\{ i | y_i(\boldsymbol{w}^{\mathrm{T}}\boldsymbol{x}_i + b) < 1 \right\} \tag{7-29}$$

函数 $f(\boldsymbol{\beta})$ 的梯度为

$$\nabla f(\boldsymbol{\beta}) = \lambda\boldsymbol{\beta} + \sum_{i\in I(\boldsymbol{\beta})} d_i(\boldsymbol{\beta}) \begin{pmatrix} \boldsymbol{x}_i \\ 1 \end{pmatrix} \tag{7-30}$$

对于集合 $I \subset \{1, 2, \cdots, l\}$, 定义 $f_I(\boldsymbol{\beta}) = \dfrac{\lambda}{2}\boldsymbol{\beta}^{\mathrm{T}}\boldsymbol{\beta} + \dfrac{1}{2}\sum\limits_{i\in I} d_i^2(\boldsymbol{\beta})$. 文献 [10] 给出了修正的牛顿算法:

算法 7.5

(1) 给定合适的初值 $\boldsymbol{\beta}_0$, 置 $k = 0$.

(2) 如果 $\boldsymbol{\beta}_k$ 是优化问题的最优解, 则终止算法; 否则, 继续.

(3) 令 $I_k = I(\boldsymbol{\beta}_k)$, 用共轭梯度法解二次优化问题 $\bar{\beta} = \min\limits_{\boldsymbol{\beta}} f_{I_k}(\boldsymbol{\beta}) = \dfrac{\lambda}{2}\boldsymbol{\beta}^{\mathrm{T}}\boldsymbol{\beta} + \dfrac{1}{2}\sum\limits_{i\in I_k} d_i^2(\boldsymbol{\beta})$.

(4) 进行一维搜索, 使得 $f(\boldsymbol{\beta}) = \dfrac{\lambda}{2}\boldsymbol{\beta}^{\mathrm{T}}\boldsymbol{\beta} + \dfrac{1}{2}\sum\limits_{i\in I(\boldsymbol{\beta})} d_i^2(\boldsymbol{\beta})$ 在 $\boldsymbol{\beta} \in L = \{\boldsymbol{\beta} = \boldsymbol{\beta}_k + \delta(\bar{\boldsymbol{\beta}} - \boldsymbol{\beta}_k) | \delta \geqslant 0\}$ 的情况下最小. 设对应的最优步长为 δ^*.

(5) 令 $\boldsymbol{\beta}_{k+1} = \boldsymbol{\beta}_k + \delta^*(\bar{\boldsymbol{\beta}} - \boldsymbol{\beta}_k)$, $k = k+1$, 转 (2).

7.1.5 坐标下降算法

考虑不带偏量的 L2- 范支持向量机模型:

$$\min_{\boldsymbol{w}} \quad \frac{1}{2}\boldsymbol{w}^{\mathrm{T}}\boldsymbol{w} + C\sum_{i=1}^{l}\max(1 - y_i\boldsymbol{w}^{\mathrm{T}}\boldsymbol{x}_i, 0)^2 \tag{7-31}$$

为了解上述优化问题, 坐标下降算法[11] 从初值 $\boldsymbol{w}^0$, 产生一个向量序列 $\{\boldsymbol{w}^k\}_0^{\infty}$. 向量 $\boldsymbol{w}^{k,i} \in R^n, i = 1, 2, \cdots, n$ 的产生过程为: $\boldsymbol{w}^{k,1} = \boldsymbol{w}^k$, $\boldsymbol{w}^{k,n+1} = \boldsymbol{w}^{k+1}$, $\boldsymbol{w}^{k,i} = \left(w_1^{k+1}, w_2^{k+1}, \cdots, w_{i-1}^{k+1}, w_i^k, \cdots, w_n^k\right)^{\mathrm{T}}$. 为了从 $\boldsymbol{w}^{k,i}$ 得到 $\boldsymbol{w}^{k,i+1}$, 可以解下边的一维优化问题:

$$\min_z f\left(w_1^{k+1}, w_2^{k+1}, \cdots, w_{i-1}^{k+1}, w_i^k + z, w_{i+1}^k, \cdots, w_n^k\right) = \min_z f\left(\boldsymbol{w}^{k,i} + z\boldsymbol{e}_i\right) \tag{7-32}$$

其中 $\boldsymbol{e}_i = (0, 0, \cdots, 0, 1, 0, \cdots, 0)$.

定义

$$D_i(z) = f\left(\boldsymbol{w}^{k,i} + z\boldsymbol{e}_i\right) = \frac{1}{2}\left(\boldsymbol{w}^{k,i} + z\boldsymbol{e}_i\right)^{\mathrm{T}}\left(\boldsymbol{w}^{k,i} + z\boldsymbol{e}_i\right) + C\sum_{j\in I\left(\boldsymbol{w}_i^k + z\boldsymbol{e}_i\right)}\left(b_j(\boldsymbol{w}^{k,i} + z\boldsymbol{e}_i)\right)^2 \tag{7-33}$$

其中 $b_j(\boldsymbol{w}) = 1 - y_j\boldsymbol{w}^{\mathrm{T}}\boldsymbol{x}_j$, $I(\boldsymbol{w}) = \{j | b_j(\boldsymbol{w}) > 0\}$. 则

$$D_i'(z) = w_i^{k,i} + z - 2C\sum_{j\in I(\boldsymbol{w}^{k,i} + z\boldsymbol{e}_i)} y_j x_{ji}\left(b_j(\boldsymbol{w}^{k,i} + z\boldsymbol{e}_i)\right) \tag{7-34}$$

$$D_i''(z) = 1 + 2C\sum_{j\in I(\boldsymbol{w}^{k,i} + z\boldsymbol{e}_i)} x_{ji}^2 \tag{7-35}$$

从而解优化问题 (7-32) 的牛顿法迭代公式为

$$z^{t+1} = z^t - \frac{D_i'(z^{\mathrm{t}})}{D_i''(z^{\mathrm{t}})} \tag{7-36}$$

基于上述想法, 详细的坐标下降算法如下[11]:

算法 7.6

(1) 给定初值 $\boldsymbol{w}^0$, $k=0$.

(2) 对 $i=1,2,\cdots n$, 在固定 $w_1^{k+1},w_2^{k+1},\cdots,w_{i-1}^{k+1},w_{i+1}^{k},\cdots,w_n^{k}$ 的情况下, 用牛顿迭代公式 (7-36) 解优化问题 (7-32) 得到 w_i^{k+1}.

(3) 如果 $\|\boldsymbol{w}^{k+1}-\boldsymbol{w}^k\|\leqslant\varepsilon$, 则终止算法; 否则令 $k=k+1$, 转 (2).

最近, Hsieh 等[12] 把该方法推广到解对偶优化问题.

7.2 基于低秩核矩阵表示的支持向量机算法

在大规模分类问题中, 常常需要存储核矩阵. 当数据规模大时, 这通常是不实际的. 如果核矩阵是低秩的, 那么设计快速的内点算法是可能的. 如果核矩阵是满秩的, 那么可以用一个低秩的半正定核矩阵对它进行近似表示. 利用近似矩阵, 可以得到一个扰动的优化问题. 一般来说, 扰动优化问题的目标函数最优值和原始问题是不一样的, 但可以通过近似误差进行控制.

在这一节中, 考虑基于低秩核矩阵表示的支持向量机算法. 对于凸二次规划问题

$$\min_{\boldsymbol{x}} \quad \frac{1}{2}\boldsymbol{x}^{\mathrm{T}}\boldsymbol{Q}\boldsymbol{x}-\boldsymbol{e}^{\mathrm{T}}\boldsymbol{x} \tag{7-37}$$

$$\text{s.t.} \quad \boldsymbol{a}^{\mathrm{T}}\boldsymbol{x}=0 \tag{7-38}$$

$$\boldsymbol{0}\leqslant\boldsymbol{x}\leqslant c\boldsymbol{e} \tag{7-39}$$

我们知道, 它的对偶问题为

$$\max_{y,\boldsymbol{s},\boldsymbol{\xi}} \quad -\frac{1}{2}\boldsymbol{x}^{\mathrm{T}}\boldsymbol{Q}\boldsymbol{x}-c\sum_{i=1}^{l}\xi_i \tag{7-40}$$

$$\text{s.t.} \quad -\boldsymbol{Q}\boldsymbol{x}+\boldsymbol{a}y+\boldsymbol{s}-\boldsymbol{\xi}=-\boldsymbol{e} \tag{7-41}$$

$$\boldsymbol{s}\geqslant\boldsymbol{0} \tag{7-42}$$

$$\boldsymbol{\xi}\geqslant\boldsymbol{0} \tag{7-43}$$

如果记 $\boldsymbol{X}=\mathrm{diag}(x_1,x_2,\cdots,x_l)$, $\boldsymbol{C}-\boldsymbol{X}=\mathrm{diag}(c-x_1,c-x_2,\cdots,c-x_l)$, 则优化问题 (7-37)~(7-39) 和对偶问题 (7-40)~(7-43) 的最优解满足下列 KKT 条件[13]

$$\boldsymbol{X}\boldsymbol{s}=0 \tag{7-44}$$

$$(\boldsymbol{C}-\boldsymbol{X})\boldsymbol{\xi}=0 \tag{7-45}$$

$$-\boldsymbol{Q}\boldsymbol{x} + \boldsymbol{a}y + \boldsymbol{s} - \boldsymbol{\xi} = -\boldsymbol{e} \tag{7-46}$$

$$\boldsymbol{a}^{\mathrm{T}}\boldsymbol{x} = 0 \tag{7-47}$$

$$0 \leqslant \boldsymbol{x} \leqslant c\boldsymbol{e} \tag{7-48}$$

$$\boldsymbol{s} \geqslant \boldsymbol{0} \tag{7-49}$$

$$\boldsymbol{\xi} \geqslant \boldsymbol{0} \tag{7-50}$$

摄动 KKT 条件为

$$\boldsymbol{X}\boldsymbol{s} = \sigma\mu\boldsymbol{e} \tag{7-51}$$

$$(\boldsymbol{C} - \boldsymbol{X})\boldsymbol{\xi} = \sigma\mu\boldsymbol{e} \tag{7-52}$$

$$-\boldsymbol{Q}\boldsymbol{x} + \boldsymbol{a}y + \boldsymbol{s} - \boldsymbol{\xi} = -\boldsymbol{e} \tag{7-53}$$

$$\boldsymbol{a}^{\mathrm{T}}\boldsymbol{x} = 0 \tag{7-54}$$

$$0 \leqslant \boldsymbol{x} \leqslant c\boldsymbol{e} \tag{7-55}$$

$$\boldsymbol{s} \geqslant \boldsymbol{0} \tag{7-56}$$

$$\boldsymbol{\xi} \geqslant \boldsymbol{0} \tag{7-57}$$

7.2.1 预测–校正内点算法

Mehrotra 预测–校正内点算法是解非线性方程组的高效算法之一[14]. 针对 KKT 条件 (7-44)~(7-50) 和摄动 KKT 条件 (7-51)~(7-57) 所对应的非线性方程组, Mehrotra 预测 - 校正内点算法分两个步骤: 预测步和校正步. 在预测步, 计算变量的增量需要解下面的线性代数方程组[13]

$$\begin{pmatrix} -\boldsymbol{Q} & \boldsymbol{a} & \boldsymbol{I} & -\boldsymbol{I} \\ \boldsymbol{a}^{\mathrm{T}} & \boldsymbol{0} & \boldsymbol{0} & \boldsymbol{0} \\ \boldsymbol{S} & \boldsymbol{0} & \boldsymbol{X} & \boldsymbol{0} \\ -\boldsymbol{\Xi} & \boldsymbol{0} & \boldsymbol{0} & (\boldsymbol{C} - \boldsymbol{X}) \end{pmatrix} \begin{pmatrix} \Delta\boldsymbol{x} \\ \Delta y \\ \Delta\boldsymbol{s} \\ \Delta\boldsymbol{\xi} \end{pmatrix} = \begin{pmatrix} \boldsymbol{r}_a \\ \boldsymbol{r}_b \\ -\boldsymbol{X}\boldsymbol{s} \\ -(\boldsymbol{C} - \boldsymbol{X})\boldsymbol{\xi} \end{pmatrix} \tag{7-58}$$

式中

$$\boldsymbol{S} = \mathrm{diag}(s_1, s_2, \cdots, s_l) \tag{7-59}$$

$$\boldsymbol{\Xi} = \mathrm{diag}(\xi_1, \xi_2, \cdots, \xi_l) \tag{7-60}$$

$$\boldsymbol{r}_a = -\boldsymbol{e} + \boldsymbol{Q}\boldsymbol{x} - \boldsymbol{a}y - \boldsymbol{s} + \boldsymbol{\xi} \tag{7-61}$$

$$\boldsymbol{r}_b = -\boldsymbol{a}^{\mathrm{T}}\boldsymbol{x} \tag{7-62}$$

从 (7-58) 中先消去 $\Delta \boldsymbol{s}$ 和 $\Delta \boldsymbol{\xi}$, 然后再消去 $\Delta \boldsymbol{x}$, 就可以得到关于 Δy 的表达式

$$\boldsymbol{a}^{\mathrm{T}}(\boldsymbol{Q}+\boldsymbol{D})^{-1}\boldsymbol{a}\Delta y=\boldsymbol{r} \tag{7-63}$$

其中

$$\boldsymbol{D}=\boldsymbol{S}\boldsymbol{X}^{-1}+\Xi(C-\boldsymbol{X})^{-1} \tag{7-64}$$

$$\boldsymbol{r}=\boldsymbol{a}^{\mathrm{T}}(\boldsymbol{Q}+\boldsymbol{D})^{-1}(\boldsymbol{r}_a+\boldsymbol{s}-\boldsymbol{\xi})+\boldsymbol{r}_b \tag{7-65}$$

在校正步中, 利用和预测步同样的方法解下面的线性代数方程组

$$\begin{pmatrix} -\boldsymbol{Q} & \boldsymbol{a} & \boldsymbol{I} & -\boldsymbol{I} \\ \boldsymbol{a}^{\mathrm{T}} & \boldsymbol{0} & \boldsymbol{0} & \boldsymbol{0} \\ \boldsymbol{S} & \boldsymbol{0} & \boldsymbol{X} & \boldsymbol{0} \\ -\boldsymbol{\Xi} & \boldsymbol{0} & \boldsymbol{0} & (\boldsymbol{C}-\boldsymbol{X}) \end{pmatrix}\begin{pmatrix} \Delta \boldsymbol{x} \\ \Delta y \\ \Delta \boldsymbol{s} \\ \Delta \boldsymbol{\xi} \end{pmatrix}=\begin{pmatrix} \boldsymbol{r}_a \\ \boldsymbol{r}_b \\ \sigma\mu\boldsymbol{e}-\mathrm{d}\boldsymbol{X}\mathrm{d}\boldsymbol{s}-\boldsymbol{X}\boldsymbol{s} \\ \sigma\mu\boldsymbol{e}+\mathrm{d}\boldsymbol{X}\mathrm{d}\boldsymbol{\xi}-(\boldsymbol{C}-\boldsymbol{X})\boldsymbol{\xi} \end{pmatrix} \tag{7-66}$$

式中

$$\mathrm{d}\boldsymbol{x}=\Delta \boldsymbol{x},\quad \mathrm{d}\boldsymbol{s}=\Delta \boldsymbol{s},\quad \mathrm{d}\boldsymbol{\xi}=\Delta \boldsymbol{\xi},\quad \mathrm{d}\boldsymbol{X}=\mathrm{diag}(\mathrm{d}x_1,\mathrm{d}x_2,\cdots,\mathrm{d}x_l) \tag{7-67}$$

$$\mu=\boldsymbol{x}^{\mathrm{T}}\boldsymbol{s}+(\boldsymbol{c}-\boldsymbol{x})^{\mathrm{T}}\boldsymbol{\xi} \tag{7-68}$$

$$\sigma=\left(\frac{(\boldsymbol{x}+\mathrm{d}\boldsymbol{x})^{\mathrm{T}}(\boldsymbol{s}+\mathrm{d}\boldsymbol{s})+(\boldsymbol{c}-\boldsymbol{x}-\mathrm{d}\boldsymbol{x})^{\mathrm{T}}(\boldsymbol{\xi}+\mathrm{d}\boldsymbol{\xi})}{\mu}\right)^3 \tag{7-69}$$

从 (7-66) 中先消去 $\Delta \boldsymbol{s}$ 和 $\Delta \boldsymbol{\xi}$, 然后再消去 $\Delta \boldsymbol{x}$, 同样可以得到关于 Δy 的表达式 (7-63), 不同之处在于 $\boldsymbol{r}=\boldsymbol{a}^{\mathrm{T}}(\boldsymbol{Q}+\boldsymbol{D})^{-1}(\boldsymbol{r}_a+\boldsymbol{s}-\boldsymbol{X}^{-1}(\sigma\mu\boldsymbol{e}-\mathrm{d}\boldsymbol{X}\mathrm{d}\boldsymbol{s})+(\boldsymbol{C}-\boldsymbol{X})^{-1}(\sigma\mu\boldsymbol{e}+\mathrm{d}\boldsymbol{X}\mathrm{d}\boldsymbol{\xi})-\boldsymbol{\xi})+\boldsymbol{r}_b$.

由 (7-37) 和 (7-40) 可知：原始优化问题和对偶优化问题的目标差为

$$\mathrm{Dualgap}=\boldsymbol{x}^{\mathrm{T}}\boldsymbol{Q}\boldsymbol{x}-\boldsymbol{e}^{\mathrm{T}}\boldsymbol{x}+c\sum_{i=1}^{l}\xi_i \tag{7-70}$$

基于上述公式, 可以给出预测–校正内点算法:

算法 7.7

(1) 设置初始内点 $(\boldsymbol{x}_0,y_0,\boldsymbol{s}_0,\boldsymbol{\xi}_0)$, 循环变量 $t=1$, 阈值 $\varepsilon>0$.

(2) 如果终止条件 $|Dua\lg ap|<\varepsilon$ 成立, 则停止计算; 否则, 继续.

(3) 解线性代数方程组 (7-58), 得到 $(\Delta \boldsymbol{x}_t^p,\Delta y_t^p,\Delta \boldsymbol{s}_t^p,\Delta \boldsymbol{\xi}_t^p)$.

(4) 解线性代数方程组 (7-66), 得到 $(\Delta \boldsymbol{x}_t^c,\Delta y_t^c,\Delta \boldsymbol{s}_t^c,\Delta \boldsymbol{\xi}_t^c)$.

(5) 求使得点

$$(\boldsymbol{x}_t+\alpha(\Delta \boldsymbol{x}_t^p+\Delta \boldsymbol{x}_t^c),y_t+\alpha(\Delta y_t^p+\Delta y_t^c),\boldsymbol{s}_t+\alpha(\Delta \boldsymbol{s}_t^p+\Delta \boldsymbol{s}_t^c),\boldsymbol{\xi}_t+\alpha(\Delta \boldsymbol{\xi}_t^p+\Delta \boldsymbol{\xi}_t^c))$$

在可行域中的最大步长 α, 其中 $\alpha \in [0,1]$.

(6) 令 $\boldsymbol{x}_{t+1} = \boldsymbol{x}_t + \alpha(\Delta\boldsymbol{x}_t^p + \Delta\boldsymbol{x}_t^c)$, $y_{t+1} = y_t + \alpha(\Delta y_t^p + \Delta y_t^c)$, $\boldsymbol{s}_{t+1} = \boldsymbol{s}_t + \alpha(\Delta\boldsymbol{s}_t^p + \Delta\boldsymbol{s}_t^c)$, $\boldsymbol{\xi}_{t+1} = \boldsymbol{\xi}_t + \alpha(\Delta\boldsymbol{\xi}_t^p + \Delta\boldsymbol{\xi}_t^c)$.

(7) 置 $t = t+1$, 转步骤 (2).

在上述的预测–校正内点算法中, 计算矩阵 $(\boldsymbol{Q}+\boldsymbol{D})^{-1}$ 是最费时的. 当矩阵 $\boldsymbol{Q}$ 的秩 $k \ll l$ 时, 就可以用矩阵的低秩表示快速地计算 $(\boldsymbol{Q}+\boldsymbol{D})^{-1}$.

7.2.2 Sherman-Morrison-Woodbury 修正

假如 $\boldsymbol{Q} = \boldsymbol{V}\boldsymbol{V}^{\mathrm{T}}$, 其中 $\boldsymbol{V}$ 是一个 $l \times k$ 的矩阵, 那么, 把 Sherman-Morrison-Woodbury(SMW) 公式

$$(\boldsymbol{D}+\boldsymbol{V}\boldsymbol{V}^{\mathrm{T}})^{-1} = \boldsymbol{D}^{-1} - \boldsymbol{D}^{-1}\boldsymbol{V}(\boldsymbol{I}+\boldsymbol{V}^{\mathrm{T}}\boldsymbol{D}^{-1}\boldsymbol{V})^{-1}\boldsymbol{V}^{\mathrm{T}}\boldsymbol{D}^{-1} \tag{7-71}$$

应用到线性代数方程组

$$(\boldsymbol{D}+\boldsymbol{V}\boldsymbol{V}^{\mathrm{T}})\boldsymbol{u} = \boldsymbol{w} \tag{7-72}$$

就可以得到

$$\boldsymbol{u} = \boldsymbol{D}^{-1}\boldsymbol{w} - \boldsymbol{D}^{-1}\boldsymbol{V}(\boldsymbol{I}+\boldsymbol{V}^{\mathrm{T}}\boldsymbol{D}^{-1}\boldsymbol{V})^{-1}\boldsymbol{V}^{\mathrm{T}}\boldsymbol{D}^{-1}\boldsymbol{w} \tag{7-73}$$

令

$$\boldsymbol{z} = \boldsymbol{D}^{-1}\boldsymbol{w} \tag{7-74}$$

$$(\boldsymbol{I}+\boldsymbol{V}^{\mathrm{T}}\boldsymbol{D}^{-1}\boldsymbol{V})\boldsymbol{t} = \boldsymbol{V}^{\mathrm{T}}\boldsymbol{z} \tag{7-75}$$

$$\boldsymbol{u} = \boldsymbol{z} - \boldsymbol{D}^{-1}\boldsymbol{V}\boldsymbol{t} \tag{7-76}$$

则计算 $\boldsymbol{u}$ 的时间复杂度为 $O(l^2k)$.

在文献 [15] 中, 作者利用 SMW 恒等式讨论了针对线性支持向量机的内点法.

7.2.3 乘积形式的 Cholesky 分解

假如 $\boldsymbol{M}$ 的乘积形式的 Cholesky 分解为 $\boldsymbol{M} = \tilde{\boldsymbol{L}}^1\tilde{\boldsymbol{L}}^2\cdots\tilde{\boldsymbol{L}}^k\boldsymbol{\Lambda}^k(\tilde{\boldsymbol{L}}^k)^{\mathrm{T}}\cdots(\tilde{\boldsymbol{L}}^2)^{\mathrm{T}}(\tilde{\boldsymbol{L}}^1)^{\mathrm{T}}$, 其中 $\tilde{\boldsymbol{L}}^k$ 为下三角矩阵, $\boldsymbol{\Lambda}^k$ 为非负对角矩阵. 为了解线性代数方程组 $\boldsymbol{M}\boldsymbol{u} = \boldsymbol{w}$, 可以解下列一系列的线性代数方程组[13]:

$$\tilde{\boldsymbol{L}}^1\boldsymbol{u}^1 = \boldsymbol{w}, \tilde{\boldsymbol{L}}^2\boldsymbol{u}^2 = \boldsymbol{u}^1, \cdots, \tilde{\boldsymbol{L}}^k\boldsymbol{u}^k = \boldsymbol{u}^{k-1}$$

$$(\tilde{\boldsymbol{L}}^k)^{\mathrm{T}}\boldsymbol{u}^{k+1} = (\boldsymbol{\Lambda}^k)^{-1}\boldsymbol{u}^k, \cdots, (\tilde{\boldsymbol{L}}^1)^{\mathrm{T}}\boldsymbol{u} = \boldsymbol{u}^{2k-1}$$

如果 $\boldsymbol{M} = \boldsymbol{L}\boldsymbol{\Lambda}\boldsymbol{L}^{\mathrm{T}}$ 已经存在, 如何得到 $\boldsymbol{M}+\boldsymbol{v}\boldsymbol{v}^{\mathrm{T}}$ 的乘积形式的 Cholesky 分解呢? 这里 $\boldsymbol{v}$ 是一个向量. 假设

$$\boldsymbol{M}+\boldsymbol{v}\boldsymbol{v}^{\mathrm{T}} = \boldsymbol{L}\boldsymbol{\Lambda}\boldsymbol{L}^{\mathrm{T}}+\boldsymbol{v}\boldsymbol{v}^{\mathrm{T}} = \boldsymbol{L}(\boldsymbol{\Lambda}+\boldsymbol{p}\boldsymbol{p}^{\mathrm{T}})\boldsymbol{L}^{\mathrm{T}} = \boldsymbol{L}\tilde{\boldsymbol{L}}\tilde{\boldsymbol{\Lambda}}(\tilde{\boldsymbol{L}})^{\mathrm{T}}\boldsymbol{L}^{\mathrm{T}} \tag{7-77}$$

设 $\boldsymbol{Lp}=\boldsymbol{v}$, 则 $\tilde{\boldsymbol{L}}\tilde{\boldsymbol{\Lambda}}\tilde{\boldsymbol{L}}^{\mathrm{T}}$ 就是 $\boldsymbol{\Lambda}+\boldsymbol{pp}^{\mathrm{T}}$Cholesky 分解, 其中

$$\tilde{\boldsymbol{L}}=\begin{pmatrix} 1 & & & & \\ p_2\beta_1 & 1 & & & \\ p_3\beta_1 & p_3\beta_2 & \cdots & 1 & \\ p_n\beta_1 & p_n\beta_2 & \cdots & p_n\beta_{n-1} & 1 \end{pmatrix} \tag{7-78}$$

$\boldsymbol{\beta}$ 和 $\tilde{\boldsymbol{\Lambda}}=\mathrm{diag}(\tilde{\lambda}_1,\tilde{\lambda}_2,\cdots,\tilde{\lambda}_n)$ 从下面的递推公式中得到

$$t_0=1,\quad t_j=t_{j-1}+p_j^2/\lambda_j,\quad j=1,2,\cdots,n \tag{7-79}$$

$$\tilde{\lambda}_j=\lambda_j t_j/t_{j-1},\quad j=1,2,\cdots,n \tag{7-80}$$

$$\beta_j=p_j/(\lambda_j t_j),\quad j=1,2,\cdots,n \tag{7-81}$$

如何得到 $\boldsymbol{L\Lambda L}^{\mathrm{T}}+\boldsymbol{v}_1\boldsymbol{v}_1^{\mathrm{T}}+\boldsymbol{v}_2\boldsymbol{v}_2^{\mathrm{T}}+\cdots+\boldsymbol{v}_k\boldsymbol{v}_k^{\mathrm{T}}$ 乘积形式的 Cholesky 分解呢? 对于每一项 $\boldsymbol{v}_i\boldsymbol{v}_i^{\mathrm{T}}$, 重复利用上边的过程就可以得到其乘积形式的 Cholesky 分解 $\boldsymbol{L}\tilde{\boldsymbol{L}}^1\tilde{\boldsymbol{L}}^2\cdots\tilde{\boldsymbol{L}}^k\tilde{\boldsymbol{\Lambda}}^k(\tilde{\boldsymbol{L}}^k)^{\mathrm{T}}\cdots(\tilde{\boldsymbol{L}}^2)^{\mathrm{T}}(\tilde{\boldsymbol{L}}^1)^{\mathrm{T}}\boldsymbol{L}^{\mathrm{T}}$.

为了解线性代数方程组 $(\boldsymbol{Q}+\boldsymbol{D})\boldsymbol{u}=\boldsymbol{w}$, 需要 $\boldsymbol{Q}+\boldsymbol{D}$ 的乘积形式的 Cholesky 分解. 由于 $\boldsymbol{Q}=\boldsymbol{VV}^{\mathrm{T}}=\sum\limits_{i=1}^{k}\boldsymbol{v}^{(i)}(\boldsymbol{v}^{(i)})^{\mathrm{T}}$, $\boldsymbol{D}$ 是一个对角矩阵, 所以只要令初始的 $\boldsymbol{L}=\boldsymbol{I}$, $\boldsymbol{\Lambda}=\boldsymbol{D}$, 就可以利用上边的算法得到 $\boldsymbol{Q}+\boldsymbol{D}$ 的乘积形式的 Cholesky 分解.

7.2.4 核矩阵的 Nyström 近似

设 N 是特征空间的维数, 核函数 $K(\boldsymbol{x},\boldsymbol{z})$ 的特征展开为

$$K(\boldsymbol{x},\boldsymbol{z})=\sum_{j=1}^{N}\lambda_j\phi_j(\boldsymbol{x})\phi_j(\boldsymbol{z}) \tag{7-82}$$

其中 $\lambda_1\geqslant\lambda_2\geqslant\cdots\geqslant 0$ 是特征值, $\phi_1(\boldsymbol{x}),\phi_2(\boldsymbol{x}),\cdots$ 是特征函数.

由特征函数 p-正交, 即 $\int\phi_i(\boldsymbol{x})\phi_j(\boldsymbol{x})p(\boldsymbol{x})\mathrm{d}\boldsymbol{x}=\delta_{ij}$ 可得

$$\int K(\boldsymbol{x},\boldsymbol{z})\phi_j(\boldsymbol{x})p(\boldsymbol{x})\mathrm{d}\boldsymbol{x}=\lambda_j\phi_j(\boldsymbol{z}) \tag{7-83}$$

式中 $p(\boldsymbol{x})$ 是输入向量 $\boldsymbol{x}$ 的概率密度.

对于概率密度分布服从 $p(\boldsymbol{x})$ 的独立样本集 $\{\boldsymbol{x}_1,\boldsymbol{x}_2,\cdots,\boldsymbol{x}_l\}$, 为了近似特征函数方程和正交条件, 用经验平均代替积分可得

$$\frac{1}{l}\sum_{i=1}^{l}K(\boldsymbol{x}_i,\boldsymbol{z})\phi_j(\boldsymbol{x}_i)\approx\lambda_j\phi_j(\boldsymbol{z}) \tag{7-84}$$

$$\frac{1}{l}\sum_{i=1}^{l}\phi_k(\boldsymbol{x}_i)\phi_j(\boldsymbol{x}_i)\approx\delta_{kj} \tag{7-85}$$

假设 Gram 矩阵 $\boldsymbol{K}^{(l)}=(K(\boldsymbol{x}_i,\boldsymbol{x}_j))$ 的特征值矩阵和特征向量矩阵分别为 $\boldsymbol{\Lambda}^{(l)}$ 和 $\boldsymbol{U}^{(l)}$, 则由式 (7-84) 和 (7-85) 可得[16]

$$\phi_j(\boldsymbol{x}_i)\approx\sqrt{l}U_{i,j}^{(l)},\quad \lambda_j\approx\frac{\lambda_j^{(l)}}{l} \tag{7-86}$$

把式 (7-85) 和 (7-86) 代入式 (7-84) 可得

$$\phi_j(\boldsymbol{z})\approx\frac{\sqrt{l}}{\lambda_j^{(l)}}\sum_{i=1}^{l}K(\boldsymbol{x}_i,\boldsymbol{z})\phi_j(\boldsymbol{x}_i) \tag{7-87}$$

在实际的计算中, 为了防止数值不稳定, 常常用矩阵 $\boldsymbol{K}+\sigma\boldsymbol{I}$ 代替 Gram 矩阵 $\boldsymbol{K}$, 其中 $\sigma>0$ 是一个小数.

如果想用训练集的子集近似计算 Gram 矩阵 $\boldsymbol{K}$, 设子集的样本个数为 m, 近似矩阵为 $\boldsymbol{K}^{(m)}=\sum\limits_{i=1}^{q}\lambda_i^{(m)}\boldsymbol{U}_i^{(m)}(\boldsymbol{U}_i^{(m)})^{\mathrm{T}}$, 则由公式 (7-86) 和 (7-87), 可以得到下列关系:

$$\lambda_j^{(l)}\approx\frac{l}{m}\lambda_j^{(m)},\quad j=1,2,\cdots,q \tag{7-88}$$

$$\boldsymbol{U}_j^{(l)}\approx\sqrt{\frac{m}{l}}\frac{1}{\lambda_j^{(m)}}\boldsymbol{K}_{l,m}\boldsymbol{U}_j^{(m)},\quad j=1,2,\cdots,q \tag{7-89}$$

其中 $\boldsymbol{K}_{l,m}\in R^{l\times m}$ 是核矩阵 $\boldsymbol{K}\in R^{l\times l}$ 的子矩阵. 这样, 就可以用 $\boldsymbol{U\Lambda U}^{\mathrm{T}}+\sigma\boldsymbol{I}$ 代替 $\boldsymbol{K}+\sigma\boldsymbol{I}$ 并利用 SMW 等式近似计算 $\left(\boldsymbol{U\Lambda U}^{\mathrm{T}}+\sigma\boldsymbol{I}\right)^{-1}$.

7.2.5 矩阵的稀疏贪婪近似

在稀疏贪婪近似算法中[17], 用矩阵 $\tilde{\boldsymbol{K}}\in R^{l\times l}$ 近似核矩阵 $\boldsymbol{K}\in R^{l\times l}$ 的问题相当于寻求一个矩阵 $\boldsymbol{T}\in R^{m\times l}$, 使得

$$\min_{\boldsymbol{T}}\quad\left\|\boldsymbol{K}-\tilde{\boldsymbol{K}}\right\|_{\mathrm{Frob}}^2=\sum_{i=1}^{l}\sum_{j=1}^{l}\left(\boldsymbol{K}-\tilde{\boldsymbol{K}}\right)_{ij}^2 \tag{7-90}$$

其中 $\tilde{\boldsymbol{K}}_i=\sum\limits_{j=1}^{m}\boldsymbol{K}_{i_j}T_{ji}$.

下面给出两个选择子集的准则: Frobenius 范数准则和函数空间准则.

(1) Frobenius 范数准则

在算法的第一次迭代中, $m=1$, $\tilde{\boldsymbol{K}}_i=T_{1i}\boldsymbol{K}_{i_1}$, $i=1,2,\cdots,l$. 由

$$\underset{T_{11},T_{12},T_{1l}}{\arg\min}\sum_{i=1}^{l}\left\|\boldsymbol{K}_i-\tilde{\boldsymbol{K}}_i\right\|^2=\sum_{i=1}^{l}\left\|\boldsymbol{K}_i-\boldsymbol{K}_{i_j}T_{1i}\right\|^2 \tag{7-91}$$

可得

$$T_{1i}=\|\boldsymbol{K}_{i_1}\|^{-2}\langle\boldsymbol{K}_{i_1},\boldsymbol{K}_i\rangle \tag{7-92}$$

从而

$$\left\langle\boldsymbol{K}_{i_1},\boldsymbol{K}_i-\tilde{\boldsymbol{K}}_i\right\rangle=0 \tag{7-93}$$

设第 j 次迭代得到的近似矩阵为 $\tilde{\boldsymbol{K}}^{\text{old}}$，第 $j+1$ 次迭代得到的近似矩阵为 $\tilde{\boldsymbol{K}}^{\text{new}}$，在公式 (7-90) 和 (7-91) 中，用 $\boldsymbol{K}_i-\tilde{\boldsymbol{K}}_i^{\text{old}}$ 和 $\boldsymbol{K}_{i_j}-\tilde{\boldsymbol{K}}_{i_j}^{\text{old}}$ 分别代替 $\boldsymbol{K}_i$ 和 $\boldsymbol{K}_{i_j}$，可以得到

$$\begin{aligned}\underset{T_{j+1,1},T_{j+1,2},\cdots,T_{j+1,l}}{\arg\min}\left\|\boldsymbol{K}-\tilde{\boldsymbol{K}}^{\text{new}}\right\|_{\text{Frob}}^2&=\sum_{i=1}^{l}\left\|\boldsymbol{K}_i-\tilde{\boldsymbol{K}}_i^{\text{new}}\right\|^2\\&=\sum_{i=1}^{l}\left\|(\boldsymbol{K}_i-\tilde{\boldsymbol{K}}_i^{\text{old}})-(\boldsymbol{K}_{i_j}-\tilde{\boldsymbol{K}}_{i_j}^{\text{old}})T_{j+1,i}\right\|^2\end{aligned} \tag{7-94}$$

$$T_{j+1,i}=\left\|\boldsymbol{K}_{i_j}-\tilde{\boldsymbol{K}}_{i_j}^{\text{old}}\right\|^{-2}\left\langle\boldsymbol{K}_{i_j}-\tilde{\boldsymbol{K}}_{i_j}^{\text{old}},\boldsymbol{K}_i-\tilde{\boldsymbol{K}}_i^{\text{old}}\right\rangle \tag{7-95}$$

从而在 Frobenius 范数准则下，残差的下降量为

$$\left\|\boldsymbol{K}-\tilde{\boldsymbol{K}}^{\text{new}}\right\|_{\text{Frob}}^2-\left\|\boldsymbol{K}-\tilde{\boldsymbol{K}}^{\text{new}}\right\|_{\text{Frob}}^2=\left\|\boldsymbol{K}_{i_j}-\tilde{\boldsymbol{K}}_{i_j}^{\text{old}}\right\|^{-2}\sum_{i=1}^{l}\left\langle\boldsymbol{K}_i-\tilde{\boldsymbol{K}}_i^{\text{old}},\boldsymbol{K}_{i_j}-\tilde{\boldsymbol{K}}_{i_j}^{\text{old}}\right\rangle^2 \tag{7-96}$$

(2) 函数空间准则

令 $k_i(\cdot)=K(\boldsymbol{x}_i,\cdot)$，可以得到与 (7-91)~(7-95) 相似的公式：

$$\underset{T_{11},T_{12},\cdots,T_{1l}}{\arg\min}\sum_{i=1}^{l}\left\|k_i(\cdot)-\tilde{k}_i(\cdot)\right\|_H^2=\sum_{i=1}^{l}\left\|k_i(\cdot)-k_{i_j}(\cdot)T_{1i}\right\|_H^2 \tag{7-97}$$

$$T_{1i}=\|k_{i_1}(\cdot)\|_H^{-2}\langle k_{i_1}(\cdot),k_i(\cdot)\rangle \tag{7-98}$$

$$\left\langle\tilde{k}_i(\cdot)-k_i(\cdot),k_{i_1}(\cdot)\right\rangle=0 \tag{7-99}$$

$$\begin{aligned}&\underset{T_{j+1,1},T_{j+1,2},\cdots,T_{j+1,l}}{\arg\min}\sum_{i=1}^{l}\left\|k_i(\cdot)-\tilde{k}_i^{\text{new}}(\cdot)\right\|_H^2\\&=\sum_{i=1}^{l}\left\|(k_i(\cdot)-\tilde{k}_i^{\text{old}}(\cdot))-(k_{i_j}(\cdot)-\tilde{k}_{i_j}^{\text{old}}(\cdot))T_{j+1,i}\right\|_H^2\end{aligned} \tag{7-100}$$

$$\begin{aligned}T_{j+1,i} &= \left\|k_{i_j}(\cdot) - \tilde{k}_{i_j}^{\text{old}}(\cdot)\right\|_H^{-2} \left\langle k_i(\cdot) - \tilde{k}_i^{\text{old}}(\cdot), k_{i_j}(\cdot) - \tilde{k}_{i_j}^{\text{old}}(\cdot)\right\rangle \\ &= \left(k_{i_j}(\cdot), k_{i_j}(\cdot) - \tilde{k}_{i_j}^{\text{old}}(\cdot)\right)^{-1} \left\langle k_i(\cdot), k_{i_j}(\cdot) - \tilde{k}_{i_j}^{\text{old}}(\cdot)\right\rangle\end{aligned} \tag{7-101}$$

在函数空间准则下, 由正交性可知：残差的下降量为

$$\begin{aligned}&\sum_{i=1}^{l}\left\|k_i(\cdot) - \tilde{k}_i^{\text{old}}(\cdot)\right\|_H^2 - \sum_{i=1}^{l}\left\|k_i(\cdot) - \tilde{k}_i^{\text{new}}(\cdot)\right\|_H^2 \\ =&\left\|k_{i_j}(\cdot) - \tilde{k}_{i_j}^{\text{old}}(\cdot)\right\|_H^{-2} \sum_{i=1}^{l}\left\langle k_i(\cdot) - \tilde{k}_i^{\text{old}}(\cdot), k_{i_j}(\cdot) - \tilde{k}_{i_j}^{\text{old}}(\cdot)\right\rangle \\ =&\left\langle k_{i_j}(\cdot), k_i(\cdot) - \tilde{k}_{i_j}^{\text{old}}(\cdot)\right\rangle^{-1} \sum_{i=1}^{l}\left\langle k_i(\cdot), k_{i_j}(\cdot) - \tilde{k}_{i_j}^{\text{old}}(\cdot)\right\rangle^2\end{aligned} \tag{7-102}$$

从而, 基于函数空间的矩阵近似算法如下：

算法 7.8

(1) 给定 $\varepsilon > 0, m = 0, I = \phi, \boldsymbol{T} = 0, \boldsymbol{K}^{\text{cache}} = 0$, 其中 $\boldsymbol{K}^{\text{cache}}$ 是存储元素 K_{ii_j} 的矩阵.

(2) $m = m + 1$.

(3) 从集合 $\{1, 2, \cdots, l\} \backslash I$ 中随机选择子集 M.

(4) 计算 $K_{ij} = \langle k_i(\cdot), k_j(\cdot)\rangle$, $\left\langle k_i(\cdot), \tilde{k}_j(\cdot)\right\rangle = \boldsymbol{K}^{\text{cache}}\boldsymbol{T}^M$, 其中 $\boldsymbol{T}^M$ 是 $\boldsymbol{T}$ 的 $m \times |M|$ 子矩阵.

(5) 计算 $i_m = \arg\max\limits_{i \in M} \dfrac{\sum\limits_{j=1}^{l}\left(K_{ji} - (\boldsymbol{K}^{\text{cache}}\boldsymbol{T}^M)_{ji}\right)^2}{K_{ii} - (\boldsymbol{K}^{\text{cache}}\boldsymbol{T}^M)_{ii}}$(残差的下降量最大).

(6) 计算向量 $\boldsymbol{t} = \left(K_{i_m i_m} - (\boldsymbol{K}^{\text{cache}}\boldsymbol{T}^M)_{i_m i_m}\right)^{-1}(-T_{i_m 1}, -T_{i_m 2}, \cdots, -T_{i_m l}, 1)$.

(7) 利用矩阵 $\boldsymbol{K}^{\text{cache}}$ 和 $\boldsymbol{K}^{\text{cache}}\boldsymbol{T}^M$ 计算向量 $\boldsymbol{dot} = \left(\left\langle k_i(\cdot), k_{i_m}(\cdot) - \tilde{k}_{i_m}(\cdot)\right\rangle\right)$.

(8) 修正矩阵 $\boldsymbol{T} = \boldsymbol{T} + \text{dot}^{\text{T}}\boldsymbol{t}$ 和 $\boldsymbol{K}^{\text{cache}} = \left(\boldsymbol{K}^{\text{cache}}, \boldsymbol{K}_i\right)$.

(9) 计算近似残差 $\varepsilon_m = \sum\limits_{i=1}^{l} K_{ii} - \sum\limits_{i=1}^{l}\sum\limits_{j=1}^{m} K_{ij}^{\text{cache}} T_{ji}$.

(10) 如果 $\varepsilon_m < \varepsilon$, 则终止算法; 否则, $I = I \cup \{i_m\}$, 转 (2).

对于优化问题

$$\min_{f \in H} \quad \frac{1}{l}\sum_{i=1}^{l}(y_i - f(\boldsymbol{x}_i))^2 + \frac{\lambda}{2}\|f\|_H^2 \tag{7-103}$$

其中 $f(\boldsymbol{x}) = \sum\limits_{i=1}^{l}\alpha_i K(\boldsymbol{x}_i, \boldsymbol{x})$. 当利用前边的稀疏贪婪近似算法已经从训练集中选择

了一个子集 $I=\{i_1,i_2,\cdots,i_m\}\subset\{1,2,\cdots,l\}$ 后, 优化问题可以表示为

$$\min_{\boldsymbol{\alpha}} \quad \frac{1}{l}\sum_{i=1}^{l}\left(y_i-\sum_{j=1}^{m}K_{ij}^{lm}\alpha_j\right)^2+\frac{\lambda}{2}\boldsymbol{\alpha}^{\mathrm{T}}\boldsymbol{K}^{mm}\boldsymbol{\alpha} \tag{7-104}$$

显然, 优化问题的最优解为

$$\boldsymbol{\alpha}=\left(\left(\boldsymbol{K}^{lm}\right)^{\mathrm{T}}\boldsymbol{K}^{lm}+l\lambda\boldsymbol{K}^{mm}\right)^{-1}\left(\boldsymbol{K}^{lm}\right)^{\mathrm{T}}\boldsymbol{y} \tag{7-105}$$

决策函数为

$$f(\boldsymbol{x})=\sum_{i=1}^{m}\alpha_iK(\boldsymbol{x}_i,\boldsymbol{x}) \tag{7-106}$$

这样, 就可以把计算复杂度从 $O(l^3)$ 降为 $O(m^3+lm)$.

7.3 缩减支持向量机

为了解决大规模的分类问题, 2000 年, Lee 和 Mangasarian 提出了缩减支持向量机的数学模型 (reduced support vector machine)[19]:

$$\min_{\boldsymbol{u},b,\boldsymbol{\xi}} \quad \frac{1}{2}\boldsymbol{u}^{\mathrm{T}}\boldsymbol{u}+\frac{1}{2}b^2+C\sum_{i=1}^{l}\xi_i^2 \tag{7-107}$$

$$\text{s.t.} \quad y_i\left(\sum_{j=1}^{m}u_jy_jK(\boldsymbol{x}_j,\boldsymbol{x}_i)+b\right)\geqslant 1-\xi_i, \quad i=1,2,\cdots,l \tag{7-108}$$

$$\xi_i\geqslant 0, \quad i=1,2,\cdots,l \tag{7-109}$$

其中 m 是随机抽取出的样本个数.

该优化问题可以表示为无约束优化问题

$$\min_{\boldsymbol{u},b} \quad \frac{1}{2}\boldsymbol{u}^{\mathrm{T}}\boldsymbol{u}+\frac{1}{2}b^2+C\sum_{i=1}^{l}\left(1-y_i\left(\sum_{j=1}^{m}u_jy_jK(\boldsymbol{x}_j,\boldsymbol{x}_i)+b\right)\right)_+^2 \tag{7-110}$$

借鉴光滑支持向量机的想法[20], 用函数

$$P(t,\alpha)=t+\frac{1}{\alpha}\log(1+\varepsilon^{-\alpha t}), \quad \alpha>0 \tag{7-111}$$

代替 (7-110) 中的加函数, 则得到光滑缩减支持向量机 (smooth reduced support vector machine)[19]

$$\min_{\boldsymbol{u},b} \quad \frac{1}{2}\boldsymbol{u}^{\mathrm{T}}\boldsymbol{u}+\frac{1}{2}b^2+C\sum_{i=1}^{l}\left(P\left(1-y_i\left(\sum_{j=1}^{m}u_jy_jK(\boldsymbol{x}_j,\boldsymbol{x}_i)+b\right),\alpha\right)\right)^2 \tag{7-112}$$

基于上述优化问题, 文献 [19] 给出了缩减支持向量机算法的框架:

算法 7.9

(1) 从原始训练数据集中随机抽取 m 个数据点.

(2) 用文献 [20] 中的算法解无约束优化问题 (7-112).

(3) 最优超平面方程为

$$\sum_{j=1}^{m} u_j y_j K(\boldsymbol{x}_j, \boldsymbol{x}) + b = 0 \tag{7-113}$$

(4) 对于新的测试数据, 判别函数为

$$f(\boldsymbol{x}) = \operatorname{sgn}\left(\sum_{j=1}^{m} u_j y_j K(\boldsymbol{x}_j, \boldsymbol{x}) + b\right) \tag{7-114}$$

如果 $f(\boldsymbol{x}) = 1$, 则测试样本属于正类; 否则属于负类.

对于缩减支持向量机算法, 如何抽取数据子集是关键的. 对于分类问题, 人们常常从各个类中均匀随机地抽取特定数目的样本, 然后把它们合在一起形成训练子集[19]. 基于最小二乘支持向量机[21] 和 Lagrange 支持向量机[22], 文献 [23] 首先提出了两种缩减支持向量机模型, 然后把包括优化模型 (7-107)~(7-109) 在内的三个缩减支持向量机和标准的支持向量机进行了比较. 实验结果表明, 缩减支持向量机的泛化能力比标准支持向量机稍微差一些, 它适合大规模模式识别问题或支持向量比较多的模式识别问题. 文献 [24] 从采样设计、鲁棒性和缩减核矩阵的谱分析等三个方面对缩减支持向量机进行了研究, 结果表明: 从模型变化测度最小的角度来看, 均匀随机抽样对缩减支持向量机来说是最好的采样方法.

7.4 核向量机

基于近似最小闭球的思想, 2005 年, Tsang 等提出了核向量机 (core vector machine, CVM) 解大规模分类问题[25]. 为了详细地说明该算法的思想, 首先给出几个关于最小闭球的基本定义, 然后给出无监督一类 L_2-范支持向量机、有监督二类 L_2-范支持向量机与最小闭球之间的关系.

定义 7.2(最小闭球) 设点集 $S = \{\boldsymbol{x}_1, \boldsymbol{x}_2, \cdots, \boldsymbol{x}_l\}$, 其中 $\boldsymbol{x}_i \in R^d$. S 的最小闭球 (用 $\mathrm{MEB}(S)$ 表示) 是指包含 S 中所有点的最小球.

定义 7.3($(1+\varepsilon)$ 近似) 设 $B(\boldsymbol{c}, R)$ 是中心为 $\boldsymbol{c}$、半径为 R 的球, $\varepsilon > 0$. 如果 $R \leqslant r_{\mathrm{MEB}(S)}$, $S \subset B(\boldsymbol{c}, (1+\varepsilon)R)$, 则称 $B(\boldsymbol{c}, (1+\varepsilon)R)$ 是 $\mathrm{MEB}(S)$ 的 $(1+\varepsilon)$ 近似.

定义 7.4(核集) 如果 $Q \subseteq S$, $B(\boldsymbol{c}, r) = \mathrm{MEB}(Q)$, $S \subset B(\boldsymbol{c}, (1+\varepsilon)r)$, 则称点集 Q 为点集 S 的核集.

7.4.1 最小闭球问题

最小闭球问题等价于硬间隔支持向量域描述问题, 其对应的原始优化问题为[26]

$$\min_{\boldsymbol{c},R} \quad R^2 \tag{7-115}$$

$$\text{s.t.} \quad \|\boldsymbol{c}-\varphi(\boldsymbol{x}_i)\|^2 \leqslant R^2, \quad i=1,2,\cdots,l \tag{7-116}$$

其对偶问题的分量形式为

$$\max_{\boldsymbol{\alpha}} \quad \sum_{i=1}^{l}\alpha_i K(\boldsymbol{x}_i,\boldsymbol{x}_i)-\sum_{i=1}^{l}\sum_{j=1}^{l}\alpha_i\alpha_j K(\boldsymbol{x}_i,\boldsymbol{x}_j) \tag{7-117}$$

$$\text{s.t.} \quad \alpha_i \geqslant 0, \quad i=1,2,\cdots,l \tag{7-118}$$

$$\sum_{i=1}^{l}\alpha_i = 1 \tag{7-119}$$

上述优化问题的矩阵形式为

$$\max_{\boldsymbol{\alpha}} \quad \boldsymbol{\alpha}^{\mathrm{T}}\mathrm{diag}(\boldsymbol{K})-\boldsymbol{\alpha}^{\mathrm{T}}\boldsymbol{K}\boldsymbol{\alpha} \tag{7-120}$$

$$\text{s.t.} \quad \boldsymbol{\alpha} \geqslant 0 \tag{7-121}$$

$$\boldsymbol{\alpha}^{\mathrm{T}}\boldsymbol{e} = 1 \tag{7-122}$$

其中 $\boldsymbol{\alpha}=(\alpha_1,\alpha_2,\cdots,\alpha_l)$, $\boldsymbol{e}=(1,1,\cdots,1)$.

Lagrange 乘子 $\boldsymbol{\alpha}$ 和原始变量 $\boldsymbol{c}$ 和 R 之间的关系如下:

$$\boldsymbol{c}=\sum_{i=1}^{l}\alpha_i\varphi(\boldsymbol{x}_i) \tag{7-123}$$

$$R=\sqrt{\sum_{i=1}^{l}\alpha_i K(\boldsymbol{x}_i,\boldsymbol{x}_i)-\sum_{i=1}^{l}\sum_{j=1}^{l}\alpha_i\alpha_j K(\boldsymbol{x}_i,\boldsymbol{x}_j)} \tag{7-124}$$

对于特殊的核函数, 如高斯核函数、多项式核函数

$$K(\boldsymbol{x},\boldsymbol{x})=k \tag{7-125}$$

优化问题 (7-120)~(7-122) 可以简化为

$$\max_{\boldsymbol{\alpha}} \quad -\boldsymbol{\alpha}^{\mathrm{T}}\boldsymbol{K}\boldsymbol{\alpha} \tag{7-126}$$

$$\text{s.t.} \quad \boldsymbol{\alpha} \geqslant 0 \tag{7-127}$$

$$\boldsymbol{\alpha}^{\mathrm{T}}\boldsymbol{e} = 1 \tag{7-128}$$

7.4.2 一类 L_2-范支持向量机

对于无标注样本集 $\{\boldsymbol{z}_i\}_{i=1}^l$ ($\boldsymbol{z}_i$ 的输入向量为 $\boldsymbol{x}_i$), 受文献 [27] 的启发，一类 L_2-范支持向量机通过解下列优化问题把孤立点和正常点分开[25]：

$$\min_{\boldsymbol{w},\rho,\boldsymbol{\xi}} \quad \frac{1}{2}\boldsymbol{w}^{\mathrm{T}}\boldsymbol{w} - \rho + \frac{C}{2}\sum_{i=1}^{l}\xi_i^2 \tag{7-129}$$

$$\text{s.t.} \quad \boldsymbol{w}^{\mathrm{T}}\varphi(\boldsymbol{x}_i) \geqslant \rho - \xi_i, \quad i = 1, 2, \cdots, l \tag{7-130}$$

其中 $\boldsymbol{w}^{\mathrm{T}}\varphi(\boldsymbol{x}_i) = \rho$ 为理想超平面.

令非线性映射

$$\tilde{\varphi}(\boldsymbol{z}_i) = \begin{pmatrix} \varphi(\boldsymbol{x}_i) \\ \dfrac{1}{\sqrt{C}}\boldsymbol{e}_i \end{pmatrix} \tag{7-131}$$

其中 $\boldsymbol{e}_i$ 是第 i 个元素为 1, 其余元素均为 0 的 l 维向量. 则优化问题 (7-129)~(7-130) 的对偶问题为

$$\max_{\boldsymbol{\alpha}} \quad -\frac{1}{2}\boldsymbol{\alpha}^{\mathrm{T}}\tilde{\boldsymbol{K}}\boldsymbol{\alpha} \tag{7-132}$$

$$\text{s.t.} \quad \boldsymbol{\alpha} \geqslant 0 \tag{7-133}$$

$$\boldsymbol{\alpha}^{\mathrm{T}}\boldsymbol{e} = 1 \tag{7-134}$$

其中 $\tilde{\boldsymbol{K}} = [\tilde{K}(\boldsymbol{z}_i, \boldsymbol{z}_j)] = \left[(K(\boldsymbol{x}_i, \boldsymbol{x}_j) + \frac{1}{C}\delta_{ij})\right]$.

由 KKT 条件可知：Lagrange 乘子 $\boldsymbol{\alpha}$ 和原始变量 $\boldsymbol{w}$, ρ 和 $\boldsymbol{\xi}$ 之间存在下列关系：

$$\boldsymbol{w} = \sum_{i=1}^{l}\alpha_i\varphi(\boldsymbol{x}_i) \tag{7-135}$$

$$\xi_i = \frac{\alpha_i}{C} \tag{7-136}$$

$$\rho = \boldsymbol{w}^{\mathrm{T}}\varphi(\boldsymbol{x}_i) + \frac{\alpha_i}{C}, \quad \text{其中 } \alpha_i \neq 0 \tag{7-137}$$

比较对偶问题 (7-126)~(7-128) 和对偶问题 (7-132)~(7-134), 我们发现, 一类 L_2-范支持向量机的解可以通过解最小闭球问题得到.

7.4.3 两类 L_2-范支持向量机

对于带标注样本集 $\{\boldsymbol{z}_i = (\boldsymbol{x}_i, y_i)\}_{i=1}^l$, 其中 $y_i \in \{-1, 1\}$, 两类 L_2-范支持向量机优化模型如下：

$$\max_{\boldsymbol{w},b,\rho,\boldsymbol{\xi}} \quad \frac{1}{2}\left(\boldsymbol{w}^{\mathrm{T}}\boldsymbol{w} + b^2\right) - \rho + \frac{C}{2}\sum_{i=1}^{l}\xi_i^2 \tag{7-138}$$

$$\text{s.t.} \quad y_i(\boldsymbol{w}^{\mathrm{T}}\varphi(\boldsymbol{x}_i)+b) \geqslant \rho-\xi_i, \quad i=1,2,\cdots,l \tag{7-139}$$

令非线性映射

$$\tilde{\varphi}(\boldsymbol{z}_i)=\begin{pmatrix} y_i\varphi(\boldsymbol{x}_i) \\ y_i \\ \dfrac{1}{\sqrt{C}}\boldsymbol{e}_i \end{pmatrix} \tag{7-140}$$

则对偶问题为

$$\max_{\boldsymbol{\alpha}} \quad -\frac{1}{2}\boldsymbol{\alpha}^{\mathrm{T}}\tilde{\boldsymbol{K}}\boldsymbol{\alpha} \tag{7-141}$$

$$\text{s.t.} \quad \boldsymbol{\alpha} \geqslant 0 \tag{7-142}$$

$$\boldsymbol{\alpha}^{\mathrm{T}}\boldsymbol{e}=1 \tag{7-143}$$

其中 $\tilde{\boldsymbol{K}}=[\tilde{K}(\boldsymbol{z}_i,\boldsymbol{z}_j)]=\left[\left(y_iy_jK(\boldsymbol{x}_i,\boldsymbol{x}_j)+y_iy_j+\dfrac{1}{C}\delta_{ij}\right)\right]$.

由 KKT 条件可知, 原始变量和 Lagrange 乘子之间存在如下关系:

$$\boldsymbol{w}=\sum_{i=1}^{l}\alpha_iy_i\varphi(\boldsymbol{x}_i) \tag{7-144}$$

$$b=\sum_{i=1}^{l}\alpha_iy_i \tag{7-145}$$

$$\xi_i=\frac{\alpha_i}{C} \tag{7-146}$$

$$\rho=y_i(\boldsymbol{w}^{\mathrm{T}}\varphi(\boldsymbol{x}_i)+b)+\frac{\alpha_i}{C}, \quad \text{其中 } \alpha_i \neq 0 \tag{7-147}$$

比较对偶问题 (7-126)~(7-128) 和对偶问题 (7-141)~(7-143), 我们发现, 两类 L_2-范支持向量机的解也可以通过解最小闭球问题得到.

详细的 CVM 算法如下[25]:

算法 7.10

(1) 初始化 S_0, $\boldsymbol{c}_0$ 和 R_0.

(2) 如果没有训练点落在球 $B(\boldsymbol{c}_t,(1+\varepsilon)R_t)$ 的外边, 则停止计算.

(3) 寻找距离 $\boldsymbol{c}_t$ 最远的点 $\boldsymbol{z}$, 设 $S_{t+1}=S_t\cup\{\boldsymbol{z}\}$.

(4) 解对偶问题 (7-126)~(7-128) 得到最优解 $\boldsymbol{\alpha}$, 根据公式 (7-123) 和 (7-124) 计算最小闭球 MEB(S_{t+1}) 的中心和半径, 设置 $\boldsymbol{c}_{t+1}=\boldsymbol{c}_{\mathrm{MEB}(S_{t+1})}$, $R_{t+1}=r_{\mathrm{MEB}(S_{t+1})}$.

(5) $t=t+1$, 转步骤 (2).

7.4.4 算法实现方面的一些讨论

(1) 初始化

从集合 S 中的任意一点 $\boldsymbol{z}$ 出发, 在高维特征空间中选择距离 $\boldsymbol{z}$ 最远的点 $\boldsymbol{z}_a$, 然后选择距离 $\boldsymbol{z}_a$ 最远的 $\boldsymbol{z}_b$, 则初始核集 $S_0=(\boldsymbol{z}_a,\boldsymbol{z}_b)$, 球心 $\boldsymbol{c}_0=\dfrac{1}{2}(\tilde{\varphi}(\boldsymbol{z}_a)+\tilde{\varphi}(\boldsymbol{z}_b))$, 球半径 $R_0=\dfrac{1}{2}\|\tilde{\varphi}(\boldsymbol{z}_a)-\tilde{\varphi}(\boldsymbol{z}_b)\|=\dfrac{1}{2}\sqrt{\tilde{K}(\boldsymbol{z}_a,\boldsymbol{z}_a)+\tilde{K}(\boldsymbol{z}_b,\boldsymbol{z}_b)-2\tilde{K}(\boldsymbol{z}_a,\boldsymbol{z}_b)}$.

(2) 距离计算

步骤 (2) 和 (3) 涉及集合 S 中的点在高维特征空间中与球中心之间的距离, 其计算公式如下:

$$
\begin{aligned}
\|\boldsymbol{c}_t-\tilde{\varphi}(\boldsymbol{z}_m)\|^2 &= \left\|\sum_{\boldsymbol{z}_j\in S_t}\alpha_j\tilde{\varphi}(\boldsymbol{z}_j)-\tilde{\varphi}(\boldsymbol{z}_m)\right\|^2\\
&=\sum_{\boldsymbol{z}_i\in S_t,\boldsymbol{z}_j\in S_t}\alpha_i\alpha_j\tilde{K}(\boldsymbol{z}_i,\boldsymbol{z}_j)-2\sum_{\boldsymbol{z}_j\in S_t}\alpha_j\tilde{K}(\boldsymbol{z}_j,\boldsymbol{z}_m)+\tilde{K}(\boldsymbol{z}_m,\boldsymbol{z}_m)
\end{aligned}
\tag{7-148}
$$

在第 t 步迭代中计算距离的时间复杂度为 $O(|S_t|^2+l\,|S_t|)=O(l\,|S_t|)$, 对于大规模计算问题, 这个复杂度是非常高的. 为了降低复杂度, 从集合 S 中随机地选择 59 个点, 然后计算这 59 个点中哪个点距离球中心最远. 这时计算复杂度降为 $O(|S_t|^2+59\,|S_t|)=O(|S_t|^2)$.

(3) 加入最远点

对于一分类问题

$$
\begin{aligned}
&\arg\max_{\boldsymbol{z}_m\notin B(\boldsymbol{c}_t,(1+\varepsilon)R_t)}\|\boldsymbol{c}_t-\tilde{\varphi}(\boldsymbol{z}_m)\|^2\\
=&\arg\min_{\boldsymbol{z}_m\notin B(\boldsymbol{c}_t,(1+\varepsilon)R_t)}\sum_{\boldsymbol{z}_j\in S_t}\alpha_j\tilde{K}(\boldsymbol{z}_j,\boldsymbol{z}_m)\\
=&\arg\min_{\boldsymbol{z}_m\notin B(\boldsymbol{c}_t,(1+\varepsilon)R_t)}\sum_{\boldsymbol{z}_j\in S_t}\alpha_jK(\boldsymbol{z}_j,\boldsymbol{z}_m)\\
=&\arg\min_{\boldsymbol{z}_m\notin B(\boldsymbol{c}_t,(1+\varepsilon)R_t)}\boldsymbol{w}^{\mathrm{T}}\varphi(\boldsymbol{x}_m)\\
=&\arg\min_{\boldsymbol{z}_m\notin B(\boldsymbol{c}_t,(1+\varepsilon)R_t)}(\tilde{\boldsymbol{K}}\boldsymbol{\alpha})_m
\end{aligned}
\tag{7-149}
$$

对于二分类问题

$$
\begin{aligned}
&\arg\max_{\boldsymbol{z}_m\notin B(\boldsymbol{c}_t,(1+\varepsilon)R_t)}\|\boldsymbol{c}_t-\tilde{\varphi}(\boldsymbol{z}_m)\|^2\\
=&\arg\min_{\boldsymbol{z}_m\notin B(\boldsymbol{c}_t,(1+\varepsilon)R_t)}\sum_{\boldsymbol{z}_j\in S_t}\alpha_j\tilde{K}(\boldsymbol{z}_j,\boldsymbol{z}_m)
\end{aligned}
$$

$$
\begin{aligned}
&= \arg \min_{\boldsymbol{z}_m \notin B(\boldsymbol{c}_t,(1+\varepsilon)R_t)} \sum_{\boldsymbol{z}_j \in S_t} \alpha_j y_j y_m (K(\boldsymbol{x}_j, \boldsymbol{x}_m)+1) \\
&= \arg \min_{\boldsymbol{z}_m \notin B(\boldsymbol{c}_t,(1+\varepsilon)R_t)} y_m(\boldsymbol{w}^{\mathrm{T}}\varphi(\boldsymbol{x}_m) + b) \\
&= \arg \min_{\boldsymbol{z}_m \notin B(\boldsymbol{c}_t,(1+\varepsilon)R_t)} (\tilde{\boldsymbol{K}}\boldsymbol{\alpha})_m
\end{aligned} \tag{7-150}
$$

由于 $-(\tilde{\boldsymbol{K}}\boldsymbol{\alpha})_m$ 是对偶问题 (7-132)~(7-134) 或对偶问题 (7-141)~(7-143) 目标函数的梯度, 因此, 最远点策略保证了对偶目标函数的最速下降. 另外, 这种策略也保证了所选样本是最坏冲突样本.

(4) 寻找最小闭球

利用 SMO 算法[28] 解最小闭球的对偶问题 (7-126)~(7-128).

7.4.5 算法的时间复杂度

在不考虑概率加速的情况下, 设迭代变量为 t. 由于 CVM 的最大迭代次数为 $\frac{2}{\varepsilon}$, 初始化的时间复杂度为 $O(l)$, 第 (2) 步和第 (3) 步的时间复杂度为 $O((t+2)^2+lt) = O(t^2+lt)$, 寻找最小闭球的时间复杂度为 $O((t+2)^3) = O(t^3)$. 因此, 总的时间复杂度为

$$
T = O\left(\sum_{t=1}^{\frac{2}{\varepsilon}} (lt + t^3)\right) = O\left(\frac{4l}{\varepsilon^2} + \frac{1}{\varepsilon^4}\right) \tag{7-151}
$$

当考虑概率加速时, 由于第 (2) 步和第 (3) 步的时间复杂度为 $O((t+2)^2) = O(t^2)$, 所以, 总的时间复杂度为 $T = O\left(\sum_{t=1}^{\frac{2}{\varepsilon}} t^3\right) = O\left(\left(\frac{2}{\varepsilon}\right)^4\right) = O\left(\frac{16}{\varepsilon^4}\right)$.

原始的核向量机仅仅适合 $K(\boldsymbol{x},\boldsymbol{x}) = k$ 的二分类问题[25]. 2006 年, Tsang 等基于中心约束的最小闭球思想对原算法进行了扩充, 使其可以解决基于 L_2-范的回归问题[29]. 2007 年, Asharaf 等把核向量机推广到多分类问题[30].

7.5 多核学习机

考虑到实际数据可能是多源的, 为了增加模型的灵活性和可解释性, 研究者提出了多核学习的问题. 2004 年, Lanckriet 等提出了多核学习的框架[31]. 由于该问题是一个二次约束的二次规划问题, 原来解决大规模计算的 SMO 算法不再适用. Bach 等基于锥优化提出了新的多核学习模型, 该模型可以用 SMO 求解[32]. 2006 年, Sonnenburg 等把多核学习问题看成一个半无限线性规划问题, 提出了基于标准支持向量机优化和线性规划的嵌套算法[33]. 2007 年, 基于文献 [33] 中的思想, Zien 和 Ong 提出了多类多核学习算法[34]. 2008 年, Rakotomamonjy 等提出了基于标准

支持向量机优化的算法, 该算法不仅适合二分类问题, 而且也适合回归、聚类和多分类问题[35]. 在这一节中, 主要介绍文献 [33] 和文献 [35] 的工作.

7.5.1 多核学习的嵌入算法

二分类问题的多核学习机的数学模型如下[33]:

$$\min_{\boldsymbol{w}_p,b,\boldsymbol{\xi}} \quad \frac{1}{2}\left(\sum_{p=1}^{K}\|\boldsymbol{w}_p\|_2\right)^2 + C\sum_{i=1}^{l}\xi_i \tag{7-152}$$

$$\text{s.t.} \quad y_i\left(\sum_{p=1}^{K}\boldsymbol{w}_p^{\mathrm{T}}\varphi_p(\boldsymbol{x}_i)+b\right) \geqslant 1-\xi_i, \quad i=1,2,\cdots,l \tag{7-153}$$

$$\xi_i \geqslant 0, \quad i=1,2,\cdots,l \tag{7-154}$$

引入实数 u, 则优化问题 (7-152)~(7-154) 可以化为下列等价优化问题:

$$\min_{\boldsymbol{w}_p,u,b,\boldsymbol{\xi}} \quad \frac{1}{2}u^2 + C\sum_{i=1}^{l}\xi_i \tag{7-155}$$

$$\text{s.t.} \quad y_i\left(\sum_{p=1}^{K}\boldsymbol{w}_p^{\mathrm{T}}\varphi_p(\boldsymbol{x}_i)+b\right) \geqslant 1-\xi_i, \quad i=1,2,\cdots,l \tag{7-156}$$

$$\sum_{p=1}^{K}\|\boldsymbol{w}_p\|_2 \leqslant u \tag{7-157}$$

$$\xi_i \geqslant 0, \quad i=1,2,\cdots,l \tag{7-158}$$

令 $\|\boldsymbol{w}_p\|_2 \leqslant t_p$, 则优化问题 (7-155)~(7-158) 可以转化为下列优化问题:

$$\min_{\boldsymbol{w}_p,u,b,\boldsymbol{\xi}} \quad \frac{1}{2}u^2 + C\sum_{i=1}^{l}\xi_i \tag{7-159}$$

$$\text{s.t.} \quad y_i\left(\sum_{p=1}^{K}\boldsymbol{w}_p^{\mathrm{T}}\varphi_p(\boldsymbol{x}_i)+b\right) \geqslant 1-\xi_i, \quad i=1,2,\cdots,l \tag{7-160}$$

$$\|\boldsymbol{w}_p\|_2 \leqslant t_p \tag{7-161}$$

$$\sum_{p=1}^{K}t_p \leqslant u \tag{7-162}$$

$$\xi_i \geqslant 0, \quad i=1,2,\cdots,l \tag{7-163}$$

使用二阶锥的定义, 优化问题 (7-159)~(7-163) 可以转化为一个锥优化问题:

$$\min_{\boldsymbol{w}_p,u,b,\boldsymbol{\xi}} \quad \frac{1}{2}u^2 + C\sum_{i=1}^{l}\xi_i \tag{7-164}$$

$$\text{s.t.} \quad y_i\left(\sum_{p=1}^{K} \boldsymbol{w}_p^{\mathrm{T}} \varphi_p(\boldsymbol{x}_i)+b\right) \geqslant 1-\xi_i, \quad i=1,2,\cdots,l \tag{7-165}$$

$$(\boldsymbol{w}_p, t_p) \in \left\{(\boldsymbol{w}_p, t_p) \in R^p \times R, \|\boldsymbol{w}_p\|_2 \leqslant t_p\right\}, \quad p=1,2,\cdots,K \tag{7-166}$$

$$\sum_{p=1}^{K} t_p \leqslant u \tag{7-167}$$

$$\xi_i \geqslant 0, \quad i=1,2,\cdots,l \tag{7-168}$$

上述锥优化问题的 Lagrange 函数为

$$\begin{aligned} L(\boldsymbol{w}, b, \boldsymbol{\alpha}, \boldsymbol{t}, \gamma, \boldsymbol{\lambda}, \boldsymbol{\mu}, u, \boldsymbol{\xi}) = & \frac{1}{2}u^2 + C\sum_{i=1}^{l}\xi_i - \sum_{i=1}^{l}\alpha_i\left(y_i\left(\sum_{p=1}^{K}\boldsymbol{w}_p^{\mathrm{T}}\varphi_p(\boldsymbol{x}_i)+b\right)-1+\xi_i\right) \\ & + \gamma\left(\sum_{p=1}^{K}t_p - u\right) - \sum_{p=1}^{K}(\lambda_p^{\mathrm{T}}\boldsymbol{w}_p + \mu_p t_p) - \sum_{i=1}^{l}\pi_i\xi_i \end{aligned} \tag{7-169}$$

由 $L(\boldsymbol{w}, b, \boldsymbol{\alpha}, \boldsymbol{t}, \gamma, \boldsymbol{\lambda}, \boldsymbol{\mu}, u, \boldsymbol{\xi})$ 对原始变量 $\boldsymbol{w}_p$, b, $\boldsymbol{t}_p$, u 和 ξ_i 的偏导数等于零可得

$$\lambda_p = -\sum_{i=1}^{l}\alpha_i y_i \varphi_p(\boldsymbol{x}_i) \tag{7-170}$$

$$\sum_{i=1}^{l}\alpha_i y_i = 0 \tag{7-171}$$

$$\gamma = \mu_p \tag{7-172}$$

$$u = \gamma \tag{7-173}$$

$$C - \alpha_i - \pi_i = 0 \tag{7-174}$$

由二阶锥的性质可知：Lagrange 乘子 λ_p 和 μ_p 之间存在下列关系

$$\|\lambda_p\|_2 \leqslant \mu_p \tag{7-175}$$

把 (7-170)~(7-174) 代入 (7-169) 和 (7-175) 并取最大值可以得到多核学习的对偶问题：

$$\min_{\gamma, \boldsymbol{\alpha}} \quad \frac{1}{2}\gamma^2 - \sum_{i=1}^{l}\alpha_i \tag{7-176}$$

$$\text{s.t.} \quad 0 \leqslant \alpha_i \leqslant C, \quad i=1,2,\cdots,l \tag{7-177}$$

$$\sum_{i=1}^{l}\alpha_i y_i = 0 \tag{7-178}$$

$$\frac{1}{2}\sum_{i=1}^{l}\sum_{j=1}^{l}\alpha_i\alpha_j y_i y_j K_p(\boldsymbol{x}_i, \boldsymbol{x}_j) \leqslant \frac{1}{2}\gamma^2, \quad p=1,2,\cdots,K \tag{7-179}$$

我们用 γ 替换对偶问题中的 $\frac{1}{2}\gamma^2$, 则对偶问题 (7-176)~(7-179) 可以化为下面的优化问题:

$$\min_{\gamma,\boldsymbol{\alpha}} \quad \gamma - \sum_{i=1}^{l} \alpha_i \tag{7-180}$$

$$\text{s.t.} \quad 0 \leqslant \alpha_i \leqslant C, \quad i = 1, 2, \cdots, l \tag{7-181}$$

$$\sum_{i=1}^{l} \alpha_i y_i = 0 \tag{7-182}$$

$$\frac{1}{2}\sum_{i=1}^{l}\sum_{j=1}^{l} \alpha_i\alpha_j y_i y_j K_p(\boldsymbol{x}_i, \boldsymbol{x}_j) \leqslant \gamma, \quad p = 1, 2, \cdots, K \tag{7-183}$$

令 $S_p(\boldsymbol{\alpha}) = \frac{1}{2}\sum_{i=1}^{l}\sum_{j=1}^{l} \alpha_i\alpha_j y_i y_j K_p(\boldsymbol{x}_i, \boldsymbol{x}_j) - \sum_{i=1}^{l}\alpha_i$, $\gamma - \sum_{i=1}^{l}\alpha_i$ 用 γ 替换, 则优化问题 (7-180)~(7-183) 可以化为下述优化问题

$$\min_{\gamma,\boldsymbol{\alpha}} \quad \gamma \tag{7-184}$$

$$\text{s.t.} \quad 0 \leqslant \alpha_i \leqslant C, \quad i = 1, 2, \cdots, l \tag{7-185}$$

$$\sum_{i=1}^{l} \alpha_i y_i = 0 \tag{7-186}$$

$$S_p(\boldsymbol{\alpha}) \leqslant \gamma, \quad p = 1, 2, \cdots, K \tag{7-187}$$

解上述优化问题等价于解优化问题:

$$\max_{\boldsymbol{\beta}} \min_{\alpha} \quad \gamma + \sum_{p=1}^{K} \beta_p (S_p(\boldsymbol{\alpha}) - \gamma) \tag{7-188}$$

$$\text{s.t.} \quad 0 \leqslant \alpha_i \leqslant C, \quad i = 1, 2, \cdots, l \tag{7-189}$$

$$\sum_{i=1}^{l} \alpha_i y_i = 0 \tag{7-190}$$

$$\beta_p \geqslant 0, \quad p = 1, 2, \cdots, K \tag{7-191}$$

令目标函数 $\gamma + \sum_{p=1}^{K} \beta_p (S_p(\boldsymbol{\alpha}) - \gamma)$ 对 γ 的导数等于零, 则有 $\sum_{p=1}^{K} \beta_p = 1$, 从而优化问题 (7-188)~(7-191) 等价于下列优化问题:

$$\max_{\boldsymbol{\beta}} \min_{\alpha} \quad \sum_{p=1}^{K} \beta_p S_p(\boldsymbol{\alpha}) \tag{7-192}$$

$$\text{s.t.} \quad 0 \leqslant \alpha_i \leqslant C, \quad i = 1, 2, \cdots, l \tag{7-193}$$

$$\sum_{i=1}^{l} \alpha_i y_i = 0 \tag{7-194}$$

$$\beta_p \geqslant 0, \quad p = 1, 2, \cdots, K \tag{7-195}$$

$$\sum_{p=1}^{K} \beta_p = 1 \tag{7-196}$$

显然, 优化问题 (7-192)~(7-196) 等价于下列半无限线性规划问题:

$$\max_{\boldsymbol{\alpha},\boldsymbol{\beta},\theta} \quad \theta \tag{7-197}$$

$$\text{s.t.} \quad 0 \leqslant \alpha_i \leqslant C, \quad i = 1, 2, \cdots, l \tag{7-198}$$

$$\sum_{i=1}^{l} \alpha_i y_i = 0 \tag{7-199}$$

$$\beta_p \geqslant 0, \quad p = 1, 2, \cdots, K \tag{7-200}$$

$$\sum_{p=1}^{K} \beta_p = 1 \tag{7-201}$$

$$\sum_{p=1}^{K} \beta_p S_p(\boldsymbol{\alpha}) \geqslant \theta \tag{7-202}$$

为了解上述半无限线性规划问题, 文献 [33] 给出了多核学习的嵌入算法 (MKL-wrapper algorithm):

算法 7.11

(1) 置 $S^0 = 1$, $\theta^0 = -\infty$, $t = 1$, $\beta_p^1 = \dfrac{1}{K}$, $p = 1, 2, \cdots, K$.

(2) 解下列优化问题, 得到 $\boldsymbol{\alpha}^t$

$$\min_{\boldsymbol{\alpha}} \quad \frac{1}{2}\sum_{i=1}^{l}\sum_{j=1}^{l} \alpha_i \alpha_j y_i y_j K(\boldsymbol{x}_i, \boldsymbol{x}_j) - \sum_{i=1}^{l} \alpha_i \tag{7-203}$$

$$\text{s.t.} \quad 0 \leqslant \alpha_i \leqslant C, \quad i = 1, 2, \cdots, l \tag{7-204}$$

$$\sum_{i=1}^{l} \alpha_i y_i = 0 \tag{7-205}$$

其中 $K(\boldsymbol{x}_i, \boldsymbol{x}_j) = \sum_{p=1}^{K} \beta_p^t K_p(\boldsymbol{x}_i, \boldsymbol{x}_j)$.

(3) $S^t = \sum_{p=1}^{K} \beta_p^t S_p(\boldsymbol{\alpha}^t)$.

(4) 如果 $\left|1 - \dfrac{S^t}{\theta^t}\right| \leqslant \varepsilon_{\text{MKL}}$, 则停止计算.

(5) 设 $(\boldsymbol{\beta}^{t+1},\theta^{t+1})$ 为下列优化问题的最优解

$$\max_{\boldsymbol{\beta},\theta} \quad \theta \tag{7-206}$$

$$\text{s.t.} \quad \beta_p \geqslant 0, \quad p=1,2,\cdots,K \tag{7-207}$$

$$\sum_{p=1}^{K}\beta_p=1 \tag{7-208}$$

$$\sum_{p=1}^{K}\beta_p S_p(\boldsymbol{\alpha}^t)\geqslant\theta \tag{7-209}$$

(6) $t=t+1$, 转步骤 (2).

从嵌入算法的第 2 步可以看出, 多核算法的计算速度决定于单核学习算法的计算速度.

7.5.2 加权多核学习机

二分类问题的加权多核学习机数学模型如下[35]:

$$\min_{\boldsymbol{w}_p,b,\boldsymbol{\xi}} \quad \frac{1}{2}\sum_{p=1}^{K}\frac{1}{d_p}\boldsymbol{w}_p^{\mathrm{T}}\boldsymbol{w}_p+C\sum_{i=1}^{l}\xi_i \tag{7-210}$$

$$\text{s.t.} \quad y_i\left(\sum_{p=1}^{K}\boldsymbol{w}_p^{\mathrm{T}}\varphi_p(\boldsymbol{x}_i)+b\right)\geqslant 1-\xi_i, \quad i=1,2,\cdots,l \tag{7-211}$$

$$\xi_i\geqslant 0, \quad i=1,2,\cdots,l \tag{7-212}$$

$$\sum_{p=1}^{K}d_p=1 \tag{7-213}$$

$$d_p\geqslant 0, \quad p=1,2,\cdots,K \tag{7-214}$$

其 Lagrange 函数为

$$\begin{aligned}&L(\boldsymbol{w},b,\boldsymbol{\xi},\boldsymbol{\nu},\lambda,\boldsymbol{\eta},\boldsymbol{d})\\=&\frac{1}{2}\sum_{p=1}^{K}\frac{1}{d_p}\boldsymbol{w}_p^{\mathrm{T}}\boldsymbol{w}_p+C\sum_{i=1}^{l}\xi_i-\sum_{i=1}^{l}\alpha_i\left(y_i\left(\sum_{p=1}^{K}\boldsymbol{w}_p^{\mathrm{T}}\varphi_p(\boldsymbol{x}_i)+b\right)-1+\xi_i\right)-\sum_{i=1}^{l}\nu_i\xi_i\\&+\lambda\left(\sum_{p=1}^{K}d_p-1\right)-\sum_{p=1}^{K}\eta_p d_p\end{aligned} \tag{7-215}$$

由 $L(\boldsymbol{w},b,\boldsymbol{\xi},\boldsymbol{\nu},\lambda,\boldsymbol{\eta},\boldsymbol{d})$ 对原始变量 $\boldsymbol{w}_p$, b, ξ_i 和 d_p 的偏导数分别等于零得

$$\frac{1}{d_p}\boldsymbol{w}_p=\sum_{i=1}^{l}\alpha_i y_i\varphi_p(\boldsymbol{x}_i) \tag{7-216}$$

$$\sum_{i=1}^{l} \alpha_i y_i = 0 \tag{7-217}$$

$$C - \alpha_i - \nu_i = 0 \tag{7-218}$$

$$-\frac{1}{2d_p^2} \boldsymbol{w}_p^{\mathrm{T}} \boldsymbol{w}_p + \lambda - \eta_p = 0 \tag{7-219}$$

把表达式 (7-216)~(7-219) 代入式 (7-215), 注意到 $\frac{1}{2}\sum_{i=1}^{l}\sum_{j=1}^{l}\alpha_i\alpha_j y_i y_j K_p(\boldsymbol{x}_i, \boldsymbol{x}_j) \leqslant \lambda$, 就可以得到其对偶问题

$$\max_{\lambda, \boldsymbol{\alpha}} \quad -\lambda + \sum_{i=1}^{l} \alpha_i \tag{7-220}$$

$$\text{s.t.} \quad 0 \leqslant \alpha_i \leqslant C, \quad i = 1, 2, \cdots, l \tag{7-221}$$

$$\sum_{i=1}^{l} \alpha_i y_i = 0 \tag{7-222}$$

$$\frac{1}{2}\sum_{i=1}^{l}\sum_{j=1}^{l}\alpha_i\alpha_j y_i y_j K_p(\boldsymbol{x}_i, \boldsymbol{x}_j) \leqslant \lambda, \quad p = 1, 2, \cdots, K \tag{7-223}$$

对于对偶优化问题 (7-220)~(7-223), 可以利用文献 [33] 中的嵌入算法进行求解. 现在考虑解原始优化问题的算法.

原始优化问题 (7-210)~(7-214) 可以表示成如下形式:

$$\min_{\boldsymbol{d}} \quad J(\boldsymbol{d}) \tag{7-224}$$

$$\text{s.t.} \quad \sum_{p=1}^{K} d_p = 1 \tag{7-225}$$

$$d_p \geqslant 0, \quad p = 1, 2, \cdots, K \tag{7-226}$$

其中 $J(\boldsymbol{d})$ 是下列优化问题的最优目标函数值:

$$\min_{\boldsymbol{w}_p, b, \boldsymbol{\xi}} \quad \frac{1}{2}\sum_{p=1}^{K}\frac{1}{d_p}\boldsymbol{w}_p^{\mathrm{T}}\boldsymbol{w}_p + C\sum_{i=1}^{l}\xi_i \tag{7-227}$$

$$\text{s.t.} \quad y_i\left(\sum_{p=1}^{K}\boldsymbol{w}_p^{\mathrm{T}}\varphi_p(\boldsymbol{x}_i) + b\right) \geqslant 1 - \xi_i, \quad i = 1, 2, \cdots, l \tag{7-228}$$

$$\xi_i \geqslant 0, \quad i = 1, 2, \cdots, l \tag{7-229}$$

优化问题 (7-227)~(7-229) 的对偶问题为

$$\max_{\boldsymbol{\alpha}} \quad -\frac{1}{2}\sum_{i=1}^{l}\sum_{j=1}^{l}\alpha_i\alpha_j y_i y_j \sum_{p=1}^{K} d_p K_p(\boldsymbol{x}_i, \boldsymbol{x}_j) + \sum_{i=1}^{l}\alpha_i \tag{7-230}$$

$$\text{s.t.} \quad 0 \leqslant \alpha_i \leqslant C, \quad i = 1, 2, \cdots, l \tag{7-231}$$

$$\sum_{i=1}^{l} \alpha_i y_i = 0 \tag{7-232}$$

设 $\boldsymbol{\alpha}^*$ 为其对应的最优解, 则

$$J(\boldsymbol{d}) = -\frac{1}{2}\sum_{i=1}^{l}\sum_{j=1}^{l}\alpha_i^*\alpha_j^* y_i y_j \sum_{p=1}^{K} d_p K_p(\boldsymbol{x}_i, \boldsymbol{x}_j) + \sum_{i=1}^{l}\alpha_i^* \tag{7-233}$$

$$\frac{\partial J(\boldsymbol{d})}{\partial d_p} = -\frac{1}{2}\sum_{i=1}^{l}\sum_{j=1}^{l}\alpha_i^*\alpha_j^* y_i y_j K_p(\boldsymbol{x}_i, \boldsymbol{x}_j) \tag{7-234}$$

为了满足等式约束, 考虑简约梯度. 设 d_μ 是 $\boldsymbol{d}$ 的非零元素, $\Delta_{\text{red}}J(\boldsymbol{d})$ 是 $J(\boldsymbol{d})$ 的简约梯度, 则有

$$[\Delta_{\text{red}}J(\boldsymbol{d})]_p = \frac{\partial J(\boldsymbol{d})}{\partial d_p} - \frac{\partial J(\boldsymbol{d})}{\partial d_\mu}, \quad p \neq \mu \tag{7-235}$$

$$[\Delta_{\text{red}}J(\boldsymbol{d})]_p = \sum_{p\neq\mu}^{K}\frac{\partial J(\boldsymbol{d})}{\partial d_\mu} - \frac{\partial J(\boldsymbol{d})}{\partial d_p}, \quad p = \mu \tag{7-236}$$

为了满足非负约束, 下降方向为

$$D_p = \begin{cases} 0, & d_p = 0, \dfrac{\partial J(\boldsymbol{d})}{\partial d_p} - \dfrac{\partial J(\boldsymbol{d})}{\partial d_\mu} > 0 \\ -\left(\dfrac{\partial J(\boldsymbol{d})}{\partial d_p} - \dfrac{\partial J(\boldsymbol{d})}{\partial d_\mu}\right), & d_p > 0, p \neq \mu \\ -\displaystyle\sum_{m\neq\mu, d_m>0}^{K}\left(\dfrac{\partial J(\boldsymbol{d})}{\partial d_\mu} - \dfrac{\partial J(\boldsymbol{d})}{\partial d_m}\right), & p = \mu \end{cases} \tag{7-237}$$

基于上述公式, 文献 [35] 给出了 SimpleMKL 算法, 它本质上是最速下降算法.

算法 7.12

(1) 置 $d_p = \dfrac{1}{K}, p = 1, 2, \cdots, K$.

(2) 如果算法终止条件满足, 则终止算法, 否则继续.

(3) 用 SMO 算法解优化问题 (7-230)~(7-232).

(4) 利用公式 (7-234) 和 (7-237) 计算梯度 $\dfrac{\partial J(\boldsymbol{d})}{\partial d_p}$ 和下降方向 D_p.

(5) 利用一维搜索寻找最优步长, 然后对 $d_p, p = 1, 2, \cdots, K$ 进行修正, 转步骤 (2).

由 (7-220)~(7-223) 和 (7-233) 可知, 原优化问题与对偶问题的目标差为

$$\text{Dualgap} = -\frac{1}{2}\sum_{i=1}^{l}\sum_{j=1}^{l}\alpha_i^*\alpha_j^* y_i y_j \sum_{p=1}^{K} d_p K_p(\boldsymbol{x}_i, \boldsymbol{x}_j) + \sum_{i=1}^{l}\alpha_i^*$$

$$-\left(-\frac{1}{2}\max_{p}\sum_{i=1}^{l}\sum_{j=1}^{l}\alpha_i^*\alpha_j^*y_iy_jK_p(\boldsymbol{x}_i,\boldsymbol{x}_j)+\sum_{i=1}^{l}\alpha_i^*\right)$$

$$=-\frac{1}{2}\sum_{i=1}^{l}\sum_{j=1}^{l}\alpha_i^*\alpha_j^*y_iy_j\sum_{p=1}^{K}d_pK_p(\boldsymbol{x}_i,\boldsymbol{x}_j)$$

$$+\frac{1}{2}\max_{p}\sum_{i=1}^{l}\sum_{j=1}^{l}\alpha_i^*\alpha_j^*y_iy_jK_p(\boldsymbol{x}_i,\boldsymbol{x}_j) \tag{7-238}$$

因此, 可以把

$$\left|-\frac{1}{2}\sum_{i=1}^{l}\sum_{j=1}^{l}\alpha_i^*\alpha_j^*y_iy_j\sum_{p=1}^{K}d_pK_p(\boldsymbol{x}_i,\boldsymbol{x}_j)+\frac{1}{2}\max_{p}\sum_{i=1}^{l}\sum_{j=1}^{l}\alpha_i^*\alpha_j^*y_iy_jK_p(\boldsymbol{x}_i,\boldsymbol{x}_j)\right|<\varepsilon \tag{7-239}$$

当做算法终止条件.

从上面的讨论中, 我们知道: 多核学习机的目的并不是解决大规模模式识别问题, 它仅仅是增加了解的可解释性和模型的灵活性. 我们把它放在大规模问题中的主要目的是想说明多核学习机的计算速度决定于单核学习机的计算速度, 大规模单核学习机的快速算法可以推广到多核的情况.

7.6 局部化支持向量机

为了处理大规模的分类问题, 2006 年, Zhang 等提出了基于 k 近邻的局部化支持向量机算法[36]. 在该算法中, 对于每一个测试数据, 首先在训练数据集中寻找它的 k 近邻. 如果这 k 个近邻都属于同一类, 则把测试样本标注为该类; 否则, 用这 k 个近邻构造支持向量机分类器, 然后用局部分类器对测试样本进行划分. 当测试样本比较多时, 这种算法将是非常费时的. 另外, 该算法的局部学习问题常常是不平衡的. 针对文献 [36] 存在的缺陷, 2010 年, Cheng 等提出了基于有监督聚类的局部化支持向量机算法[37]. 在这一节中, 将详细地介绍文献 [37] 的工作.

7.6.1 有监督聚类算法 (MagKMeans)

设 $\Sigma=(\boldsymbol{\sigma}(\bar{\boldsymbol{x}}_1),\boldsymbol{\sigma}(\bar{\boldsymbol{x}}_2),\cdots,\boldsymbol{\sigma}(\bar{\boldsymbol{x}}_n))\in R^{l\times n}$ 是训练样本和测试样本之间的相似度矩阵, 其中 l 和 n 分别是训练样本和测试样本的个数, $\boldsymbol{\sigma}(\bar{\boldsymbol{x}}_i)$ 是第 i 个测试样本和训练样本之间的相似度向量, $Z_{i,j}$ 表示第 i 个训练样本属于第 j 个簇的隶属度, X_i 表示相似度矩阵 Σ 的第 i 行, $\tilde{C}_j$ 表示第 j 个簇的中心. 在考虑簇中训练样本类

分布的情况下, 文献 [37] 给出了 MagKmeans 聚类的数学模型:

$$\min_{\boldsymbol{Z},t} \quad \sum_{j=1}^{K}\sum_{i=1}^{l} Z_{i,j}\left\|X_j-\tilde{C}_j\right\|^2+R\sum_{j=1}^{K}\left|\sum_{i=1}^{l} Z_{i,j}y_i\right| \tag{7-240}$$

$$\text{s.t.} \quad 0\leqslant Z_{i,j}\leqslant 1, \quad i=1,2,\cdots,l, \quad j=1,2,\cdots,K \tag{7-241}$$

$$\sum_{j=1}^{K} Z_{i,j}=1 \tag{7-242}$$

目标函数中的第二项确保了每个簇中正负类的数目是平衡的. 在引入松弛变量 t_j 的基础上, 优化问题 (7-240)~(7-242) 可以转化为下列优化问题:

$$\min_{\boldsymbol{Z},t} \quad \sum_{j=1}^{K}\sum_{i=1}^{l} Z_{i,j}\left\|X_j-\tilde{C}_j\right\|^2+R\sum_{j=1}^{K} t_j \tag{7-243}$$

$$\text{s.t.} \quad -t_j\leqslant Z_{i,j}y_i\leqslant t_j, \quad i=1,2,\cdots,l, \quad j=1,2,\cdots,K \tag{7-244}$$

$$t_j\geqslant 0, \quad j=1,2,\cdots,K \tag{7-245}$$

$$0\leqslant Z_{i,j}\leqslant 1, \quad i=1,2,\cdots,l, \quad j=1,2,\cdots,K \tag{7-246}$$

$$\sum_{j=1}^{K} Z_{i,j}=1 \tag{7-247}$$

簇中心和隶属度之间的关系如下:

$$\tilde{C}_j=\frac{\sum_{j=1}^{K} Z_{i,j}X_i}{\sum_{j=1}^{K} Z_{i,j}} \tag{7-248}$$

优化问题 (7-243)~(7-247) 可以用线性规划算法求解[38].

7.6.2 局部化支持向量机

对于第 k 个簇, 基于模糊支持向量机模型[39] 构造局部支持向量机:

$$\min_{\boldsymbol{w},b,\xi} \quad \frac{1}{2}\|\boldsymbol{w}\|^2+C\sum_{i=1}^{l} Z_{i,k}\xi_i \tag{7-249}$$

$$\text{s.t.} \quad y_i((\boldsymbol{w}\cdot\boldsymbol{x}_i)+b)>1-\xi_i, \quad i=1,2,\cdots,l \tag{7-250}$$

$$\xi_i\geqslant 0, \quad i=1,2\cdots,l \tag{7-251}$$

优化问题 (7-249)~(7-251) 的对偶问题为

$$\min_{\boldsymbol{\alpha}} \quad \sum_{i=1}^{l}\sum_{j=1}^{l} \alpha_i\alpha_j y_i y_j \boldsymbol{x}_i\cdot\boldsymbol{x}_j-\sum_{j=1}^{l}\alpha_j \tag{7-252}$$

$$\text{s.t.} \quad \sum_{i=1}^{l} \alpha_i y_i = 0 \tag{7-253}$$

$$0 \leqslant \alpha_i \leqslant C Z_{i,k}, \quad i = 1, 2, \cdots, l \tag{7-254}$$

基于有监督聚类的思想, 文献 [37] 给出了详细的局部化支持向量机算法:

算法 7.13

(1) 计算训练样本和测试样本之间的相似度矩阵 Σ.

(2) 利用 MagKmeans 聚类进行聚类, 得到训练样本属于各个簇的隶属度矩阵 $\boldsymbol{Z}$ 和簇中心向量 $\boldsymbol{C}$.

(3) 对于每一个簇, 分别建立局部化支持向量机 SVM_k.

(4) 对每一个测试样本 $\bar{\boldsymbol{x}}_s$, 计算与它最近的簇中心, 然后用该簇中心对应的支持向量机对该测试样本进行预测, 即

$$k = \arg\min_i \left\| \tilde{\boldsymbol{C}}_i - \bar{\boldsymbol{x}}_s \right\|_2 \tag{7-255}$$

$$y = \text{SVM}_k(\bar{\boldsymbol{x}}_s) \tag{7-256}$$

局部化支持向量机[37] 是针对线性分类问题提出的, 如果在高维特征空间中利用 MagKmeans 算法进行聚类, 分类器采用非线性分类器, 则该方法可以很容易地扩展到非线性分类问题. 另外, 从局部化支持向量机的算法流程中可以看出, 该算法的泛化能力受聚类算法的影响很大. 因此, 如果想在局部化支持向量机的框架下得到好的泛化能力, 研究高效的大规模聚类算法是非常重要的. 最近, Chang 等提出了基于决策树分解的大规模支持向量机分类算法 (DTSVM)[40], Wu 等提出了基于聚类特征树的大规模支持向量机分类算法[41]. 在这两个算法中, 作者都首先利用树结构对训练样本进行分割, 然后对包含不同类的子集构造支持向量机. 从本质上来说, 这两个算法都属于局部化的支持向量机分类算法. 对于这一类算法, 可以利用并行支持向量机算法[42~46] 进一步加快学习速度.

7.7 基于带类标聚类特征树和局部学习的支持向量机分类算法

在层次聚类算法 BIRCH[47] 中, 聚类特征树的每个叶子结点都包含了若干个聚类特征项, 而每个聚类特征项都是对一个簇的总体描述, 这是一种紧凑的数据压缩存放格式. 聚类特征树的最大优点是仅需扫描一次数据集, 可以根据内存大小建立. 所以聚类特征树可以实现数据压缩存储和划分, 从而有效地组织大规模数据. 受聚类特征树的启发, 2005 年, Yu 等提出了针对大规模分类的 CB-SVM 算法[48]. 从

算法的执行过程中, 我们知道这是一个全局学习算法. 2010 年, Chang 等基于决策树和局部学习提出了 DTSVM 算法[40]. 在该算法中, 作者首先采用决策树将训练样本分到各个叶子节点中, 再对叶子节点使用 SVM 训练出一个子分类器, 这些子分类器最终通过树结构组成总的分类器. 由于各个叶子节点的训练样本规模较小, 所以 DTSVM 可以有效降低训练和测试的时间. 遗憾的是, DTSVM 在建立树结构的过程中需要对数据进行多次扫描, 并且不能对数据压缩存储, 当数据规模太大时, 便不再适用. 受文献 [40] 和 [48] 的启发, 吴广潮提出了基于带类标聚类特征树和局部学习的支持向量机分类算法[49]. 为了和其他算法进行公平的比较研究, 作者参考 DTSVM 作者的方法, 将实验数据集划分成训练集、验证集和测试集. 其中, 训练集用来建立树结构和局部分类器, 验证集用来验证分类器性能和寻找最优参数, 测试集用来获取测试精度. 在本节中, 将详细地介绍该算法.

7.7.1 带类标的聚类特征树

考虑到原始聚类算法 BIRCH 中的聚类特征树是无监督的层次聚类, 当将其用于有监督分类问题时, 为了有效利用样本的标记信息, 作者将 BIRCH 中的聚类特征 (CF) 概念扩展到带类标的聚类特征 (clustering feature with label, CFL), 并利用它构建新的大规模支持向量机分类算法. 为了描述方便起见, 先给出带类标的聚类特征的定义.

定义 7.5(带类标的聚类特征) 给定包含 l 个 d 维数据点的一个簇: $\{(\boldsymbol{x}_1, y_1),\cdots,(\boldsymbol{x}_l,y_l)\}$, 这个簇的带类标的聚类特征即 CFL 项定义为: $\mathrm{CFL}=(l,\boldsymbol{LS},SS,LB)$, 其中 n 是簇中 d 维数据点的个数; $\boldsymbol{LS}$ 是簇中 l 个数据点的线性和, 即 $\boldsymbol{LS}=\sum\limits_{i=1}^{l}\boldsymbol{x}_i$, SS 是簇中 l 个数据点的平方和, 即 $SS=\sum\limits_{i=1}^{l}\|\boldsymbol{x}_i\|^2$; 而 LB 是该簇的类标, 如果簇中所有的点都是同一类数据, 簇的类标就跟簇中的数据同一类标, 否则该簇的类标是混合的, 可用 $-\infty$ 表示, 见公式 (7-257).

$$LB=\begin{cases} y_1, & 当\ y_1=y_2=\cdots=y_l \\ -\infty, & 其他 \end{cases} \tag{7-257}$$

有了 CFL 项的概念之后, 在下文中, 就用一个 CFL 项代表一个簇. 根据原聚类算法 BIRCH 可知, 下面的两个定理依然成立.

定理 7.3(CFL 项可表达性定理) 如果 CFL 项中的信息已知, 则由它所代表的簇中心 $\overline{\boldsymbol{C}}=\dfrac{\sum\limits_{i=1}^{l}\boldsymbol{x}_i}{l}$ 和半径 $R=\left(\dfrac{\sum\limits_{i=1}^{l}(\boldsymbol{x}_i-\overline{\boldsymbol{C}})^2}{l}\right)^{\frac{1}{2}}$ 均可以精确地计算出来.

定理 7.4(CFL 项可加性定理) 给定两个不同的簇, 它们的带类标的聚类特征项分别为 $\mathrm{CFL}_1 = (l_1, \boldsymbol{LS}_1, SS_1, LB_1)$ 和 $\mathrm{CFL}_2 = (l_2, \boldsymbol{LS}_2, SS_2, LB_2)$, 则这两个簇合并后的带类标的聚类特征项如式 (7-258) 所定义:

$$\mathrm{CFL}_1 + \mathrm{CFL}_2 = (l_1 + l_2, \boldsymbol{LS}_1 + \boldsymbol{LS}_2, SS_1 + SS_2, LB_1 + LB_2) \tag{7-258}$$

其中 $LB_1 + LB_2$ 的值由下式计算:

$$LB_1 + LB_2 = \begin{cases} -\infty, & LB_1 \neq LB_2 \\ LB_1, & LB_1 = LB_2 \end{cases} \tag{7-259}$$

定义 7.6(带类标的聚类特征树) 一棵带类标的聚类特征树 (CFL 树) 是一个有两个参数的高度平衡的树. 这两个参数分别为分支因子 B 和半径阈值 T. 每个非叶结点最多包含 B 个 $[\mathrm{CFL}_i, \mathrm{child}_i], i = 1, \cdots, B$ 形式的项, 其中 child_i 是指向该结点的第 i 个孩子结点的指针, CFL_i 是它对应的孩子结点所代表的簇的 CFL 项, 其值为它对应的孩子结点中的所有 CFL 项的累加和. 每个叶子结点最多包含 B 个 $[\mathrm{CFL}_i], i = 1, \cdots, B$ 形式的项, 且叶子结点中的所有 CFL 项的半径都小于半径阈值 T. 图 7.1 展示了一棵分支因子 B 为 3 的 CFL 树.

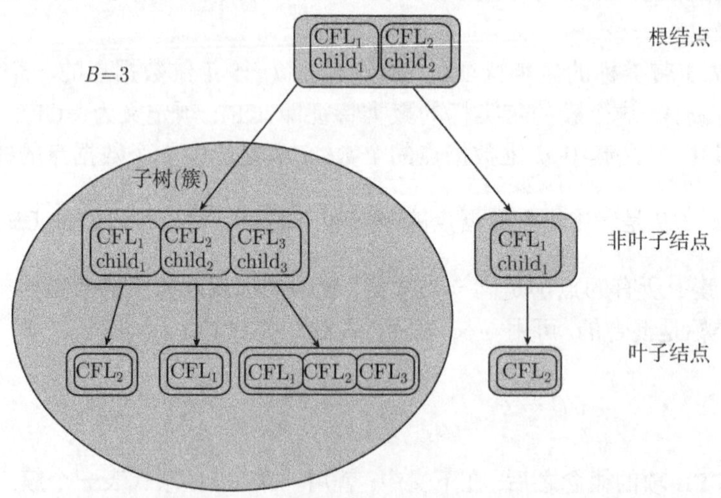

图 7.1 一棵分支因子 B 为 3 的 CFL 树

根据 CFL 树的定义, 每个结点都代表一个簇. 树的规模是半径阈值 T 的一个函数, T 越大, 树的规模越小. 给定数据的维数 d, 每个 CFL 项所占用的内存大小就可以得到, 再给定分支因子 B, 则每个结点需要的内存大小也可以得到. 显然, 聚类特征树可以实现数据的压缩、划分和层次聚类. 我们可以从不同功能的角度去看待它. 从数据压缩角度来看, 它是一种数据的多层索引, 只需要存储各层的数据统计摘要即可, 而不需要存储整个数据集, 从而实现数据压缩存储, 而样本则可以通过索引结构逐层定位. 从层次聚类角度来看, 它根据某种距离, 把靠近的样本点聚成簇, 再不断将互相靠近的簇聚成更大的簇, 最终形成整个样本集, 这样就形成一个嵌套的层次聚类. 从数据划分角度来看, 它先把整个数据划分成若干个子集, 然后不断将每个子集再划分成更小的子集, 从而细分成一系列的局部数据集.

7.7.2 带类标聚类特征树的建立过程

带类标的聚类特征树的建立过程如下:

算法 7.14

(1) 输入训练样本集 $\mathcal{S}$、分支因子 B、半径阈值 T 和可用内存 msize.

(2) 根据样本维数 d、分支因子 B 和可用内存 msize 计算最大结点数 $n_{\max}$.

(3) 建立一棵 CFL 树 Tr, Tr 只有一个空的根结点.

(4) 对每个样本点, 做如下操作:

a. 将该样本点插入到 Tr 中.

b. 如果插入该样本点后, Tr 中的结点个数超过了最大结点数 $n_{\max}$, 则更新半径阈值 T, 并重建 Tr.

(5) 把建好的 Tr 中的所有叶子 CFL 项重定位.

(6) 标记重定位后的 Tr.

(7) 返回标记后的 Tr.

该算法中的插入、重建和重定位过程, 请读者参考文献 [49]. 从算法的过程中, 我们知道: 假设可用于建 CFL 树的内存为 msize, 当 msize 大于需要的内存时, 算法 7.14 就建立一棵无数据压缩的 CFL 树, 其半径阈值 T 为零; 否则, 算法 7.14 建立一棵带数据压缩的 CFL 树, 这时半径阈值 T 大于零. 通常输入参数半径阈值 $T=0$ 而可用内存 msize 可输入或由程序获得. 通过算法 7.14 得到的 CFL 树的每个叶子 CFL 项都代表单个样本点 $(T=0)$ 或者一个单类簇 $(T>0)$.

7.7.3 训练 CFL 树的过程

训练 CFL 树, 就是按照分支因子 B 建立 CFL 树后, 根据给定的局部规模阈值 τ, 按前序遍历 CFL 树, 对非单类且规模不大于 τ 的子树用 SVM 进行训练, 获得该子树的局部分类器. 训练 CFL 树的详细过程描述如下:

算法 7.15

(1) 输入 CFL 树 Tr、局部规模阈值 τ 和 SVM 超参数 $\boldsymbol{\pi}$.

(2) 前序遍历 CFL 树 Tr, 当遍历到一棵子树时, 作以下操作:

a. 检查该子树是否是一棵单类子树, 如果是, 将该单类子树的类标记录在该子树的根结点 (即当前遍历到的结点), 跳过该子树的后续遍历过程, 否则继续 b.

b. 检查该子树的规模是否不大于局部规模阈值 τ, 如果是, 则直接训练该子树, 并跳过该子树的后续遍历过程, 否则继续该子树的后续遍历过程.

(3) 返回带局部 SVM 分类器的 CFL 树 Tr.

7.7.4 局部分类器的测试过程

对于一个测试样本, 用局部 SVM 分类器对其进行测试的详细过程如下:

算法 7.16

(1) 输入一个测试样本点和一棵带局部 SVM 分类器的 CFL 树 Tr.

(2) 从根结点开始, 执行步骤 (3)~(6).

(3) 检查该结点是否是一个单类子树的根结点 (即该结点记录了一个实际的类标), 如果是, 返回该结点上记录的类标.

(4) 检查该结点是否是一个已训练的子树的根结点 (即该结点记录了一个局部 SVM 分类器), 如果是, 利用该局部分类器将该测试样本点分类, 返回得到的类标.

(5) 检查该结点是否是叶子结点, 如果是, 在该结点中搜索离该测试样本最近的 CFL 项, 返回该 CFL 项的类标.

(6) 在该结点中搜索离该测试样本最近的 CFL 项, 对该 CFL 项对应的孩子结点执行步骤 (3)~(6).

7.7.5 基于带类标聚类特征树和局部学习的支持向量机分类算法

利用上述的带类标聚类特征树的建立、训练和测试过程, 作者给出了基于带类标聚类特征树和局部学习的支持向量机分类算法 (CFL tree and local learning based support vector machine, CFLL-SVM). 该算法通过带类标的聚类特征树划分样本集, 对一定规模的子树 (局部) 采用 SVM 进行训练, 处理多类时 SVM 采用一对一的策略. 其详细的过程如下:

(1) 输入训练样本集 $\mathcal{S}$、验证样本集 $\mathcal{T}$、可用内存 msize、分支因子寻优空间 $\mathcal{B}$、半径阈值 T、局部规模阈值初值 τ、SVM 超参数寻优空间 Ω 和 SVM 超参数寻优规模 k.

(2) 对每个 $B \in \mathcal{B}$, 执行步骤 (4)~(8).

(3) 用 $\mathcal{S}, B, T$ 和 msize 运行算法 7.14 建立 CFL 树.

(4) 设 $i = 0$, 并设置局部规模阈值初始值 $\tau_i = \tau$.

(5) 对每个 SVM 超参数 $\boldsymbol{\pi} \in \Omega$, 执行算法 7.15 训练 CFL 树; 然后对 $\mathcal{T}$ 中的每个样本执行.

算法 7.17 统计得到当前局部规模阈值 τ_i 和 SVM 超参数 $\boldsymbol{\pi}$ 对应的验证精

度, 记为 $\nu(\tau_i, \boldsymbol{\pi})$; 如果是第一次执行步骤 (5), 则从所有的精度中选取 k 个最好值, 并且将 Ω 中对应的 k 个 SVM 超参数的值选出来, 删除其他 SVM 超参数的值.

(6) 令 $\boldsymbol{\pi}_i = \arg\max\limits_{\boldsymbol{\pi}\in\Omega} \nu(\tau_i, \boldsymbol{\pi})$, 为当前最优的 SVM 超参数; 如果当前局部规模阈值 τ_i 大于等于整个 CFL 树的叶子 CFL 项的个数并且 $i = 0$, 则令 $(\tau_{\text{opt}}^B, \boldsymbol{\pi}_{\text{opt}}^B) = (\tau_0, \boldsymbol{\pi}_0)$ 并且跳过 (6)-(7); 如果当前局部规模阈值 τ_i 小于整个 CFL 树的叶子 CFL 项的个数并且 $i = 0$, 则令 $i = i + 1$, $\tau_i = 4\tau_{i-1}$, 跳到步骤 (5).

(7) 如果 $\nu(\tau_i, \boldsymbol{\pi}_i) - \nu(\tau_{i-1}, \boldsymbol{\pi}_{i-1}) \geqslant 0.5\%$, 即增加局部规模阈值后精度增长了 0.5%以上, 并且当前局部规模阈值 τ_i 小于整个 CFL 树的叶子 CFL 项的个数, 则令 $i = i + 1$, $\tau_i = 4\tau_{i-1}$, 跳到步骤 (5).

(8) 如果当前局部规模阈值 τ_i 小于整个 CFL 树的叶子 CFL 项的个数, 则令 $(\tau_{\text{opt}}^B, \boldsymbol{\pi}_{\text{opt}}^B) = (\tau_{i-1}, \boldsymbol{\pi}_{i-1})$; 否则令 $(\tau_{\text{opt}}^B, \boldsymbol{\pi}_{\text{opt}}^B) = (\tau_i, \boldsymbol{\pi}_i)$.

(9) 取 $B_{\text{opt}} = \arg\max\limits_{B\in\mathcal{B}} \left(\nu(\tau_{\text{opt}}^B, \boldsymbol{\pi}_{\text{opt}}^B)\right)$, 并且令 $(\tau_{\text{opt}}, \boldsymbol{\pi}_{\text{opt}}) = \left(\tau_{\text{opt}}^{B_{\text{opt}}}, \boldsymbol{\pi}_{\text{opt}}^{B_{\text{opt}}}\right)$.

(10) 返回带最优局部分类器的 CFL 树 Tr_{opt}.

算法中间层循环的目的是为了寻找合适的局部规模阈值 τ. 通过不断增加 τ 的值, 看 τ 增加后, 精度有没有明显提高 (这里以 0.5%为界限), 如果精度提高大于等于 0.5%, 则继续增加 τ 的值. 那么, 如何增加 τ 的值呢? 参考 DTSVM 的策略, 作者也令局部规模阈值 τ 每次增长翻四倍. 主要原因是: 一方面, 四倍增长局部规模阈值可以使得前后两次精度之间的差距更加明显; 另一方面, 如果这个过程要在多次迭代后才停止, 那么四倍增长局部规模阈值可以使得这个过程加快, 从而节省了参数寻优的时间.

算法内层循环的目的是为了寻找 SVM 的超参数 $\boldsymbol{\pi}$. 由于 $\boldsymbol{\pi}$ 的寻优空间 Ω 通常比较大, 而 SVM 的最优超参数主要由样本集确定, 故为了加快寻优速度, 在第一次进行内层的寻优时, 寻找整个空间 Ω, 然后找出 k 组排在前面的参数, 后续对 SVM 的超参数 $\boldsymbol{\pi}$ 寻优就只在这 k 组参数中寻找, 从而将 Ω 的寻优规模降到 k.

显然, 与 CB-SVM 相比, 虽然它们都使用了聚类算法 BIRCH 的数据组织方式, 但是它们有明显的不同: CFLL-SVM 用所有的训练样本建立一棵带类标的 CFL 树, 其中用到了无监督和有监督的聚类方法, 在训练时用的是局部学习策略; 而 CB-SVM 对不同类别的数据分别建 CF 树, 其中只用到了无监督聚类, 在训练时用的是全局学习的策略. 与 DTSVM 相比, 尽管 CFLL-SVM 也使用了树结构作为数据缩减的技术, 但是 CFLL-SVM 在建立树结构时只需要对数据进行一次扫描, 根据内存的情况可以选择对数据进行压缩存储来适应可用内存大小; 而 DTSVM 在建立树结构的过程中需要对数据进行多次扫描, 并且不能对数据压缩存储.

7.7.6 算法的时间复杂度分析

假定有标记样本数为 l, 分支因子为 B, 局部规模阈值为 τ. 下面分析 CFLL-

SVM 算法的时间复杂度.

当内存有限时 (需要重建树): 令 msize 为可用内存大小, m_d 为一个结点所用的内存大小, 则最大结点数为 msize/m_d, 树的高度约为 $1+\log_B(\text{msize}/m_d)$, 最大叶子节点数小于 msize/m_d. 初建 CFL 树时, 每个样本访问从树根到树叶 $1+\log_B(\text{msize}/m_d)$ 个结点, 每个结点需和 B 个 CFL 项比较, 则插入所有样本点的时间复杂度为 $O(l\times B(1+\log_B(\text{msize}/m_d)))$; 重建时最大的叶子 CFL 项数小于 $B\times \text{msize}/m_d$, 因此重建一次 CFL 树的时间复杂度为 $O((B\times \text{msize}/m_d)B(1+\log_B(\text{msize}/m_d)))$, 假定每次重建可缩减一半的数据量, 则重建次数约为 $\log_2(l/l_0)$, 其中 l_0 是按初始半径阈值 T 的设置内存可装入的数据量, 因此重建 CFL 树的时间复杂度为 $O(\log_2(l/l_0)(B\times \text{msize}/m_d)B(1+\log_B(\text{msize}/m_d)))$. 从而建立 CFL 树的时间复杂度为 $O(l\times B(1+\log_B(\text{msize}/m_d))+\log_2(l/l_0)(B\times \text{msize}/m_d)B(1+\log_B(\text{msize}/m_d)))$, 显然 $m_d=c\times B$, c 是与一个样本大小相关的比例常数, 则建立 CFL 树的时间复杂度可化为 $O(l\times B\times\log_B(\text{msize}/c)+\log_2(l/l_0)\times B\times(\text{msize}/c)\log_B(\text{msize}/c))$, 注意到通常 msize/c 与 l_0 相当, $l_0<l$, 所以时间复杂度约为 $O(l\times B\times\log_B l)$.

当内存足够时 (不需要重建树): 树的高度约为 $1+\log_B l$, 因此建立 CFL 树的时间复杂度约为 $O(l\times B\times\log_B l)$.

通常支持向量机的训练时间复杂度为 $O(l^2)$, 如果每个局部划分的样本数为 τ, 则每个局部划分的训练复杂度为 $O(\tau^2)$, 各个局部训练时间复杂度之和为 $O((l/\tau)\times\tau^2)=O(l\times\tau)$.

综上所述, CFLL-SVM 算法的总的时间复杂度约为 $O(l\times B\times\log_B l+l\times\tau)$, 一般情况下第二项要比第一项大, 算法的时间复杂度可约为 $O(l\times\tau)$, 也就是主要取决于训练的时间复杂度.

7.7.7 实验结果与分析

为了验证 CFLL-SVM 的有效性, 作者把它和 DTSVM、CVM 和 LIBSVM[50] 在 14 个公开数据集上进行了比较. 实验中所用的数据集如表 7.1 所示. 其中 “PenHandWritten(PHW)”“mnist70k”“mnist600k” 与 “mnist8m” 为手写体数字数据; “forest” 与 “covtype” 为森林覆盖类型数据; “letter” 为大写英文字母数据; “shuttle” 为航天飞机数据; “poker” 为扑克手牌数据; “PPI” 为蛋白质相互作用研究所用数据; “ijcnn1” 为 IJCNN2001 神经网络竞赛所用数据; “seismic” 为分布式传感器网络中的车辆分类数据; “cod-rna” 为非编码 RNA 监测数据; “KDD-full” 为国际知识发现与数据挖掘工具竞赛所用数据. 在这些数据集中, “PenHandWritten(PHW)”“letter”“shuttle”“poker”“forest”“PPI” 和 “KDD-full” 从 [40] 中获得而 “ijcnn1”“seismic”“cod-rna”“covtype”“mnist70k” 和 “mnist8m” 则从 [50] 中获得.

表 7.1 实验中所用数据集

数据集	类别数	维数	训练样本数	验证样本数	测试样本数	总样本数
letter	26	16	13,294	3,336	3,370	20,000
PHW	10	16	7,227	1,872	1,893	10,992
poker	10	10	16,674	4,165	4,171	25,010
shuttle	7	9	38,664	9,573	9,763	58,000
ijcnn1	2	22	35,000	14,990	91,701	141,691
mnist70k	10	50	46,666	11,667	11,667	70,000
seismic	3	50	65,686	16,421	16,421	98,528
cod-rna	2	8	325,710	81,427	81,428	488,565
covtype	2	54	387,342	96,835	96,835	581,012
forest	7	54	387,343	96,835	96,834	581,012
mnist600k	10	50	400,000	100,000	100,000	600,000
PPI	2	14	836,544	206,635	206,635	1,249,814
KDD-full	5	41	3,265,623	816,405	816,403	4,898,431
mnist8m	10	50	5,400,000	1,350,000	1,350,000	8,100,000

对于数据集 “ijcnn1” 和 “cod-rna”, 作者使用 LIBSVM 主页上的归一化软件 svm-scale.exe 将其归一化到 0 和 1 之间. 对于数据集 “mnist70k” 和 “mnist8m”, 作者首先利用基于主成分分析 (PCA) 的降维方法将它们的维数从 784 降到 50 维, 然后再用软件 svm-scale.exe 将其归一化到 0 和 1 之间. 数据集 “mnist600k” 是从 “mnist8m” 经过降维并且归一化后的数据集中随机抽取了 600,000 个样本得到的.

在上面所介绍的数据集中, 除了“cod-rna”“mnist70k”“mnist600k”和“mnist8m”之外, 其他的数据集都是分成了训练集、验证集和测试集的. 为了使得这几个数据集与其他的一致, 作者把这几个数据集都作如下操作: 将数据集随机划分成六份, 取其中一份作为验证集, 再取其中一份作为测试集, 剩下的四份作为训练集.

在作者的实验中, 所有算法的核函数均选用高斯径向基核函数. 实验中 CFLL-SVM 和 DTSVM 均选用 LIBSVM 作为训练局部分类器的分类算法. 对于 DTSVM、CVM 和 LIBSVM, 所有的默认参数值都选择其默认设定. 在处理多类问题时, CFLL-SVM 和 DTSVM 在建立局部分类器时都选择一对一策略, 而 CVM 和 LIBSVM 在建立全局分类器时选择一对多策略. 作者对 SVM 的超参数 $\boldsymbol{\pi}=(C,\sigma)$ 进行了网格剖分, 其中 $C\in\{10^{-1},10^{0},10^{1},10^{2},10^{3},10^{4},10^{5}\}$, $\sigma\in\{10^{-4},10^{-3},10^{-2},10^{-1},10^{0},10^{1},10^{2},10^{3},10^{4}\}$, 从而整个寻优空间 Ω 有 63 个候选值. 设定 SVM 超参数寻优规模 $k=5$. 设置分支因子 B 的寻优空间 $\mathcal{B}=\{4,5\}$, 局部规模阈值初始值 $\tau=1500$.

所有算法均采用 C++ 平台实现. 运行环境为: CPU 为 Intel Core(TM) 2 4300K 1.80GHz; 内存为 4GB; 操作系统是 Windows XP.

首先在 7 个中等规模的数据集 “letter”“PHW”“poker”“shuttle”“ijcnn1”“mnist70k” 和 “seismic” 上进行实验. 表 7.2 列出了 CFLL-SVM、DTSVM、CVM

和 LIBSVM 在中等规模数据集上的最优参数. 表 7.3、表 7.4 和表 7.5 分别列出了 CFLL-SVM、DTSVM、CVM 和 LIBSVM 在中等规模数据集上的训练时间、测试精度和测试时间. 其中 CFLL-SVM 和 DTSVM 的训练时间包括: 在最优参数下, 建立树结构划分数据的时间和训练局部分类器的时间. 而 CVM 和 LIBSVM 的训练时间仅包括在最优参数下训练全局分类器的时间. 如果没有特别说明, 寻找最优参数的时间和数据读写时间都不计算. CFLL-SVM 和 DTSVM 的测试时间包括: 在树结构上寻找测试样本点所属局部分类器的时间和利用局部分类器进行测试的时

表 7.2　四个算法在中等规模数据集上的最优参数

算法	CFLL-SVM				DTSVM			CVM		LIBSVM	
参数	B	τ	C	σ	τ	C	σ	C	σ	C	σ
letter	4	6000	10	10	24000	1000	10	10	10	100	10
phw	5	1500	10	1	1500	10	1	100	1	100	1
poker	4	1500	1	0.1	1500	1	0.1	0.1	0.1	10	0.01
shuttle	5	1500	100000	10	1500	100000	0.1	1000	100	100000	10
ijcnn1	4	1500	10	1	24000	10000	0.01	10	1	10	1
mnist70k	4	24000	10	1	24000	10	1	10	1	10	1
seismic	5	6000	10	1	6000	10000	0.01	10	1	1000	0.1

表 7.3　四个算法在中等规模数据集上的训练时间/s

数据集	letter	PHW	poker	shuttle	ijcnn1	mnist70k	seismic
CFLL-SVM	16.80	0.30	3.60	0.61	1.11	**50.16**	**97.32**
DTSVM	16.64	0.38	4.25	**0.30**	19.95	80.00	357.00
CVM	30.63	1.09	1197.59	2.69	175.17	111.58	49015.73
LIBSVM	**16.28**	0.77	111.52	4.50	34.94	**123.05**	12741.99

表 7.4　四个算法在中等规模数据集上的测试精度/%

数据集	letter	PHW	poker	shuttle	ijcnn1	mnist70k	seismic
CFLL-SVM	97.60	99.52	57.18	99.93	97.83	98.05	75.78
DTSVM	97.60	99.40	57.56	99.93	97.95	97.90	75.73
CVM	97.72	99.74	58.04	99.91	98.61	98.46	76.72
LIBSVM	97.60	99.74	57.95	99.92	98.56	98.50	76.66

表 7.5　四个算法在中等规模数据集上的测试时间/s

数据集	letter	PHW	poker	shuttle	ijcnn1	mnist70k	seismic
CFLL-SVM	5.31	**0.03**	0.52	**0.00**	**0.19**	18.71	17.08
DTSVM	5.25	0.05	**0.44**	**0.00**	7.64	**15.73**	**11.69**
CVM	6.20	0.23	10.98	0.611	109.30	72.38	346.19
LIBSVM	**5.08**	0.22	13.56	0.218	52.20	59.25	197.29

间. 而 CVM 和 LIBSVM 的测试时间仅仅包括利用全局分类器进行测试的时间. 如果统计时间为 “0.00”, 则说明该时间过短, 可以忽略.

从表 7.3~ 表 7.5 可以看出:

1) 在训练时间方面, CFLL-SVM 在数据集 “PHW” “poker” “ijcnn1” “mnist70k” 和 “seismic” 上比 DTSVM 快. CFLL-SVM 和 DTSVM 在这 7 个数据集上都比 CVM 快. LIBSVM 仅仅在数据集 “letter” 上比 CFLL-SVM 和 DTSVM 快, 在其他数据集上都比 CFLL-SVM 和 DTSVM 慢.

2) 在测试精度方面, 除了在数据集 “shuttle” 上, CVM 比其他算法表现都要好. 除了数据集 “shuttle” 之外, LIBSVM 在其他数据集上都比 CFLL-SVM 和 DTSVM 要好. CFLL-SVM 的测试精度与 DTSVM 是可比的.

3) 在测试时间方面, 除了数据集 “ijcnn1” 之外, DTSVM 在其他数据集上都比 CFLL-SVM 快. 除了数据集 “letter” 之外, CFLL-SVM 在其他数据集上都比 CVM 和 LIBSVM 快. 除了数据集 “poker” 之外, LIBSVM 在其他数据集上都比 CVM 快.

在数据集 “letter” 和 “shuttle” 上, CFLL-SVM 的训练时间比 DTSVM 长的原因是: 如果局部规模的阈值超过了训练样本数, DTSVM 仅仅扫描了一遍数据集, 建立了一棵只有一个结点的决策树, 而 CFLL-SVM 同样需要建立一棵 CFL 树.

其次, 作者在大规模数据集 “cod-rna” “covtype” “forest” “mnist600k” 和 “PPI” 上进行实验. 表 7.6 列出了 CFLL-SVM、DTSVM、CVM 和 LIBSVM 在大规模数据集上的最优参数. 表 7.7~ 表 7.9 分别列出了 CFLL-SVM、DTSVM、CVM 和 LIBSVM 在大规模数据集上的训练时间、测试精度和测试时间. 由于 CVM 和 LIBSVM 在数据集 “PPI” 上在超过一个星期的时间内无法完成参数的寻优, 所以无法得出其实验结果, 作者在表格中对应的地方用 “—” 代替.

表 7.6 四个算法在大规模数据集上的最优参数

算法	CFLL-SVM				DTSVM			CVM		LIBSVM	
参数	B	τ	C	σ	τ	C	σ	C	σ	C	σ
cod-rna	5	1500	100	10	1500	100	10	10	100	10	100
covtype	4	1500	10	100	1500	100	10	10	100	100	10
forest	5	1500	10	100	1500	100	10	10	100	10	100
mnist600k	4	24000	100	1	24000	100	1	100	1	100	1
PPI	5	1500	1000	10000	1500	1000	10000	—	—	—	—

表 7.7 四个算法在大规模数据集上的训练时间/s

数据集	codrna	covtype	forest	mnist600k	PPI
CFLL-SVM	23.99	95.55	81.64	345.43	229.42
DTSVM	34.80	179.00	157.00	715.00	1133.00
CVM	29270.41	78803.50	292197.00	4025.49	—
LIBSVM	11605.75	190816.80	302134.80	9289.48	—

表 7.8 四个算法在大规模数据集上的测试精度/%

数据集	codrna	covtype	forest	mnist600k	PPI
CFLL-SVM	96.74	95.45	94.11	98.83	92.38
DTSVM	96.85	95.80	94.61	98.95	92.29
CVM	96.98	95.53	94.32	99.59	—
LIBSVM	96.92	96.11	94.64	99.62	—

表 7.9 四个算法在大规模数据集上的测试时间/s

数据集	codrna	covtype	forest	mnist600k	PPI
CFLL-SVM	1.80	6.21	8.43	116.15	46.57
DTSVM	0.75	2.17	2.44	120.00	35.88
CVM	245.70	568.80	2438.68	1333.82	—
LIBSVM	596.63	1541.21	2501.56	2103.38	—

从表 7.7~ 表 7.9 可以看出:

1) 在训练时间方面, CFLL-SVM 在 5 个大规模数据集上都比其他三个算法快. DTSVM 在 5 个大规模数据集上都比 CVM 和 LIBSVM 快. CVM 在大部分数据集上比 LIBSVM 快.

2) 在测试精度方面, CFLL-SVM 与其他三个算法是可比的.

3) 在测试时间方面, 除了数据集 "mnist600k" 之外, DTSVM 在其他数据集上比 CFLL-SVM 快. CFLL-SVM 在 5 个大规模数据集上比 CVM 和 LIBSVM 快. CVM 比 LIBSVM 快.

最后, 作者在两个超大规模数据集 "KDD-full" 和 "mnist8m" 上进行实验.

DTSVM 在进行数据集 "KDD-full" 的实验时发生了内存不足情况, 所以实验结果无法获得. 数据集 "KDD-full" 非常稀疏, 可以以稀疏形式加载进内存, 所以 CVM 和 LIBSVM 的实验结果可以获得. 在进行数据集 "mnist8m" 的实验时, DTSVM、CVM 和 LIBSVM 均发生了内存不足, 无法加载数据集 "mnist8m". 表 7.10 列出了 CFLL-SVM、CVM 和 LIBSVM 在两个数据集上的最优参数, 无法得出实验结果的情况在表格中对应的地方用 "—" 代替. 表 7.11 列出了 CFLL-SVM、CVM 和 LIBSVM 在两个数据集上训练时间、测试精度和测试时间.

表 7.10 四个算法在超大规模数据集上的最优参数

算法	CFLL-SVM				DTSVM			CVM		LIBSVM	
参数	B	τ	C	σ	τ	C	σ	C	σ	C	σ
KDD-full	4	1500	10000	0.1	—	—	—	10	1	1000	0.1
mnist8m	5	1500	10	1	—	—	—	—	—	—	—

表 7.11 四个算法在超大规模数据集上的运行结果

数据集	算法	训练时间/s	测试精度/%	测试时间/s
KDD-full	CFLL-SVM	171.96	99.98	10.97
	CVM	196.13	99.92	2947.42
	LIBSVM	4917.83	99.98	730.62
	DTSVM	—	—	—
mnist8m	CFLL-SVM	3097.64	98.99	255.92
	CVM	—	—	—
	LIBSVM	—	—	—
	DTSVM	—	—	—

从表 7.11 可以看出:

1) 在训练时间和测试时间方面, CFLL-SVM 在稀疏数据集 “KDD-full” 上比 CVM 和 LIBSVM 都快. 在测试精度方面, CFLL-SVM 与 CVM、LIBSVM 是可比的.

2) 对于数据集 “mnist8m”, 当其他三个算法都因为内存不足而无法完成计算时, CFLL-SVM 仍然能完成计算, 并且表现出较高的效率.

为了观察可用内存对 CFLL-SVM 的影响, 作者从 0.1GB 开始, 每次增加 0.1GB, 一直增加到 0.5GB, 对这些可用内存在数据集 “covtype” 和 “forest” 上运行 CFLL-SVM, 结果如表 7.12 所示.

表 7.12 可用内存 msize 对 CFLL-SVM 测试精度的影响/%

内存	0.1GB	0.2GB	0.3GB	0.4GB	0.5GB
covtype	92.03	93.48	93.86	94.07	95.45
forest	89.74	91.11	91.73	92.09	94.10

从表 7.12 可知, 可用内存的大小对测试精度有明显的影响, 内存越大获得的测试精度越高. 即使在很少的内存下, CFLL-SVM 也获得了不错的测试精度.

从作者的实验结果中, 我们可以看出: 对于大规模分类问题, 与 DTSVM、CVM 和 LIBSVM 相比, 在具有可比的测试精度的情况下, CFLL-SVM 的训练速度比 DTSVM、CVM 和 LIBSVM 都快; 在测试速度方面, CFLL-SVM 仅仅比 DTSVM 慢; 在内存使用方面, CFLL-SVM 即使在较少内存的环境下, 也获得了较高的精度. CFLL-SVM 的测试速度比 DTSVM 慢的主要原因是, 在寻找所属局部分类器的时候, 每个测试样本在到达一个非叶结点的时候, 如果这个非叶结点不能完成对这个测试样本的分类, 则需要寻找离这个测试样本最近的 CFL 项, 这需要计算距离, 而这个计算花费在 DTSVM 上是不需要的.

参考文献

[1] Vishwanathan S V N, Smola A J, Murty M N. Simple SVM. Proceedings of the Twentieth International Conference on Machine Learning (ICML-2003), Washington DC, 2003: 760-767.

[2] Zhang T. Solving large scale linear prediction problems using stochastic gradient descent algorithms. Proceedings of the Twentieth-First International Conference on Machine Learning (ICML-2004), New York, 2004: 919-926.

[3] Shalev S S, Singer Y, Srebro N. Pegasos: primal estimated sub-gradient solver for SVM. International Conference on Machine Learning (ICML), 2007: 807-814.

[4] Bottou L. Stochastic gradient descent examples. http://leon.bottou.org/projects/sgd, 2007.

[5] Kelley J. The cutting-plane method for solving convex programs. Journal of the Society for Industrial Applied Mathematics, 1960, 8: 703-712.

[6] Joachims T. Training linear SVMs in linear time. Proceedings of the 12th ACM SIGKDD International Conference on Knowledge Discovery and Data Mining, 2006: 217-226.

[7] Smola A J, Vishwanathan S V N, Le Q V. Bundle methods for machine learning. Advances in Neural Information Processing Systems 20, 2008: 1-8.

[8] Teo C H, Vishwanathan S V N, Smola A J, Le Q V. Bundle methods for regularized risk minimization. Journal of Machine Learning Research, 2010, 11: 311-365.

[9] Mangasarian O L, Musicant D R. Lagrangian support vector machines. Journal of Machine Learning Research, 2001, 1: 161-177.

[10] Keerthi S S, DeCoste D. A modified finite Newton method for fast solution of large scale linear SVMs. Journal of Machine Learning Research, 2005, 6: 341-361.

[11] Chang K W, Hsieh C J, Lin C J. Coordinate descent method for large-scale L2-loss linear SVM. Journal of Machine Learning Research, 2008, 9: 1369-1398.

[12] Hsieh C J, Chang K W, Lin C J, Keerthi S S, Sundararajan S. A dual coordinate descent method for large-scale linear SVM. Proceedings of the 25th International Conference on Machine Learning, Helsinki, Finland, 2008: 408-415.

[13] Fine S, Scheinberg K. Efficient SVM training using low-rank kernel representations. Journal of Machine Learning Research, 2001, 2: 243-264.

[14] Mehrotra S. On implementation of a primal-dual interior point method. SIAM Journal on Optimization, 1992, 2(4): 575-601.

[15] Ferris M C, Munson T S. Interior-point methods for massive support vector machines. SIAM Journal of Optimization, 2003, 13(3): 783-804.

[16] Williams C K I, Seeger M. Using the Nystrōm method to speed up kernel machines// Leen T, Dietterich T, Tresp V. Advances in Neural Information Processing Systems13.

Cambridge, MA: MIT Press, 2001: 682-688.

[17] Smola A J, Schölkopf B. Sparse greedy matrix approximation for machine learning// Proceedingsof the Seventeenth International Conference on Machine Learning. CA, USA: Stanford, 2000: 911-918.

[18] Achlioptas D, McSherry F, Schölkopf B. Sampling techniques for kernel methods// Dietterich T G, Becker S, and Ghahramani Z. Advances in Neural Information Processing Systems 14, Cambridge, MA: MIT Press, 2002: 335-342.

[19] Lee Y J, Mangasarian O L. RSVM: reduced support vector machines. Data Mining Institute, Computer Sciences Department, University of Wisconsin, Technical Report 00-07, 2000.

[20] Lee Y J, Mangasarian O L. SSVM: A smooth support vector machine. Computational Optimization and Applications, 2001, 20: 5-22.

[21] Suykens J, Vandewalle J. Least squares support vector machine classifiers. Neural Processing Letters, 1999, 9 (3): 293-300.

[22] Mangasarian O L, Musicant D. Lagrangian support vector machines. Journal of Machine Learning Research, 2001, 1: 161-177.

[23] Lin K M, Lin C J. A study on reduced support vector machines. IEEE Transactions on Neural Networks, 2003, 14(6): 1449-1459.

[24] Lee Y J, Huang S Y. Reduced support vector machines: a statistical theory. IEEE Transactions on Neural Networks, 2007, 18(1): 1-13.

[25] Tsang I W H, Kwok J T Y, and Cheung P M. Core vector machines: fast SVM training on very large data sets. Journal of Machine Learning Research, 2005, 6: 363-392.

[26] Tax D M J, Duin R P W. Support vector domain description. Pattern Recognition Letters, 1999, 20(14): 1191-1199.

[27] Schölkopf B, Platt J C, Shawe-Taylor J, Smola A J. Williamson R C. Estimating the support of a high-dimensional distribution. Neural Computation, 2001, 13: 1443-1471.

[28] Keerthi S S, Shevade S K, Bhattacharyya C, Murthy K R K. Improvements to Platt's SMO algorithm for SVM classifier design. Neural Computation, 2001, 13(3): 637-649.

[29] Tsang I W H, Kwok J T Y, and Zurada J M. Generalized core vector machines. IEEE Transactions on Neural Networks, 2006, 17(5): 1126-1140.

[30] Asharaf S, Murty M N, Shevade S K. Multiclass core vector machine. Proceedings of the 24 th International Conference on Machine Learning, 2007: 41-48.

[31] Lanckriet G, Cristianini N, Ghaoui L E, Bartlett P, Jordan M I. Learning the kernel matrix with semi-definite programming. Journal of Machine Learning Research, 2004, 5: 27-72.

[32] Bach F R, Lanckriet G R G, Jordan M I. Multiple kernel learning, conic duality, and the SMO algorithm. Banff, Canada. The Twenty-first International Conference on Machine Learning, 2004.

[33] Sonnenburg S, Rätsch G, Schäfer C, Schölkopf B. Large scale multiple kernel learning. Journal of Machine Learning Research, 2006, 7: 1531-1565.

[34] Zien A, Ong C S. Multiclass multiple kernel learning. Proceedings of the 24th International Conference on Machine Learning (ICML 2007), 2007: 1191-1198.

[35] Rakotomamonjy A, Bach F R, Canu S, Grandvalet Y. SimpleMKL. Journal of Machine Learning Research, 2008, 9: 2491-2521.

[36] Zhang H, Berg A C, Maire M, Malik J. Svm-knn: discriminative nearest neighbor for visual object recognition. Proceedings of IEEE Conference on Computer Vision and Pattern Recognition, 2006: 2126-2136.

[37] Cheng H B, Tan P N, Jin R. Efficient algorithm for localized support vector machine. IEEE Transactions on Knowledge and Data Engineering, 2010, 22(4): 537-549.

[38] Schrijver A. Theory of linear and integer programming. John Wiley and Sons, 1998.

[39] Lin C F, Wang S D. Fuzzy support vector machines. IEEE Transactions on Neural Networks, 2002, 13(2): 464-471.

[40] Chang F, Guo C Y, Lin X R, Lu C J. Tree decomposition for large-scale SVM problems. Journal of Machine Learning Research, 2010,11: 2935-2972.

[41] Wu G C, Xiao F Z, Xi J Q, Yang X W, He L F, Lv H R, Liu X L. A hierarchical clustering and fixed-layer local learning based support vector machine algorithm for large scale classification problems. Journal of Donghua University, 2012, 29 (2): 46-50.

[42] Graf H P, Cosatto E, Bottou L et al.. Parallel support vector machines: the cascade SVM//Saul L K. Weiss Y, and Bottou L. Advances in Neural Information Processing Systems. Cambridge, MA: MIT Press, 2005, 17: 521-528.

[43] Dong J X, Krzyzak A, Suen C Y. A fast parallel optimization for training support vector machine. Machine Learning and Data Mining in Pattern Recognition, 2003, 2734: 96-105.

[44] Zanghirati G, Zanni L. A parallel solver for large quadratic programs in training support vector machines. Parallel Computing, 2003, 29(4): 535-551.

[45] Cao L J, Keerthi S S, Ong C J et al.. Parallel sequential minimal optimization for the training of support vector machines. IEEE Transactions on Neural Networks, 2006, 17(4): 1039-1049.

[46] Zanni L, Serafini T, Zanghirati G. Parallel software for training large scale support vector machines on multiprocessor systems. Journal of Machine Learning Research, 2006, 7: 1467-1492.

[47] Zhang T, Ramakrishnan R, Livny M. BIRCH: An efficient data clustering method for very large databases. Proceedings of the ACM SIGMOD Conference on Management of Data, New York, USA: ACM Press, 1996, 25(2): 103-114.

[48] Yu H, Han J, Yang J et al.. Making SVMs scalable to large data sets using hierarchical cluster indexing. Data Mining and Knowledge Discovery, 2005, 11(3):295-321.

[49] 吴广潮. 基于聚类特征树的大规模分类算法研究. 华南理工大学博士论文, 2012.

[50] Chang C C, Lin C J. LIBSVM: a library for support vector machines. ACM Transactions on Intelligent Systems and Technology, 2001, 2(3): 1-27. Software and Datasets available at http://www.csie.ntu.edu.tw/~cjlin/libsvm.

索 引

《信息与计算科学丛书》已出版书目

1 样条函数方法 1979.6 李岳生 齐东旭 著
2 高维数值积分 1980.3 徐利治 周蕴时 著
3 快速数论变换 1980.10 孙 琦等 著
4 线性规划计算方法 1981.10 赵凤治 编著
5 样条函数与计算几何 1982.12 孙家昶 著
6 无约束最优化计算方法 1982.12 邓乃扬等 著
7 解数学物理问题的异步并行算法 1985.9 康立山等 著
8 矩阵扰动分析 1987.2 孙继广 著
9 非线性方程组的数值解法 1987.7 李庆扬等 著
10 二维非定常流体力学数值方法 1987.10 李德元等 著
11 刚性常微分方程初值问题的数值解法 1987.11 费景高等 著
12 多元函数逼近 1988.6 王仁宏等 著
13 代数方程组和计算复杂性理论 1989.5 徐森林等 著
14 一维非定常流体力学 1990.8 周毓麟 著
15 椭圆边值问题的边界元分析 1991.5 祝家麟 著
16 约束最优化方法 1991.8 赵凤治等 著
17 双曲型守恒律方程及其差分方法 1991.11 应隆安等 著
18 线性代数方程组的迭代解法 1991.12 胡家赣 著
19 区域分解算法——偏微分方程数值解新技术 1992.5 吕 涛等 著
20 软件工程方法 1992.8 崔俊芝等 著
21 有限元结构分析并行计算 1994.4 周树荃等 著
22 非数值并行算法(第一册)模拟退火算法 1994.4 康立山等 著
23 矩阵与算子广义逆 1994.6 王国荣 著
24 偏微分方程并行有限差分方法 1994.9 张宝琳等 著
25 非数值并行算法(第二册)遗传算法 1995.1 刘 勇等 著
26 准确计算方法 1996.3 邓健新 著
27 最优化理论与方法 1997.1 袁亚湘 孙文瑜 著
28 黏性流体的混合有限分析解法 2000.1 李 炜 著
29 线性规划 2002.6 张建中等 著
30 反问题的数值解法 2003.9 肖庭延等 著
31 有理函数逼近及其应用 2004.1 王仁宏等 著
32 小波分析·应用算法 2004.5 徐 晨等 著
33 非线性微分方程多解计算的搜索延拓法 2005.7 陈传淼 谢资清 著
34 边值问题的Galerkin有限元法 2005.8 李荣华 著
35 Numerical Linear Algebra and Its Applications 2005.8 Xiao-qing Jin, Yi-min Wei
36 不适定问题的正则化方法及应用 2005.9 刘继军 著

37 Developments and Applications of Block Toeplitz Iterative Solvers 2006.3 Xiao-qing Jin
38 非线性分歧：理论和计算 2007.1 杨忠华 著
39 科学计算概论 2007.3 陈传淼 著
40 Superconvergence Analysis and a Posteriori Error Estimation in Finite Element Methods 2008.3 Ningning Yan
41 Adaptive Finite Element Methods for Optimal Control Governed by PDEs 2008.6 Wenbin Liu Ningning Yan
42 计算几何中的几何偏微分方程方法 2008.10 徐国良 著
43 矩阵计算 2008.10 蒋尔雄 著
44 边界元分析 2009.10 祝家麟 袁政强 著
45 大气海洋中的偏微分方程组与波动学引论 2009.10 〔美〕Andrew Majda 著
46 有限元方法 2010.1 石钟慈 王 鸣 著
47 现代数值计算方法 2010.3 刘继军 编著
48 Selected Topics in Finite Elements Method 2011.2 Zhiming Chen Haijun Wu
49 交点间断 Galerkin 方法：算法、分析和应用 〔美〕Jan S. Hesthaven T. Warburton 著 李继春 汤涛 译
50 Computational Fluid Dynamics Based on the Unified Coordinates 2012.1 Wai-How Hui Kun Xu
51 间断有限元理论与方法 2012.4 张 铁 著
52 三维油气资源盆地数值模拟的理论和实际应用 2013.1 袁益让 韩玉笈 著
53 偏微分方程外问题——理论和数值方法 2013.1 应隆安 著
54 Geometric Partial Differential Equation Methods in Computational Geometry 2013.3 Guoliang Xu Qin Zhang
55 Effective Condition Number for Numerical Partial Differential Equations 2013.1 Zi-Cai Li Hung-Tsai Huang Yimin Wei Alexander H.-D. Cheng
56 积分方程的高精度算法 2013.3 吕 涛 黄 晋 著
57 支持向量机的算法设计与分析 2013.5 杨晓伟 郝志峰 著
58 Finite Element Methods 2013.6 Shi Zhongci Wang Ming 著